碳基纳米材料的生物化学传感分析

Biochemical Sensing Analysis of Carbon-Based Nanomaterials

何艳华 著

化学工业出版社

·北京·

内容简介

本书聚焦氧化石墨烯量子点、碳量子点及单壁碳纳米管等碳基材料的生物传感特性，介绍相关材料的合成与表征，系统探讨其在医药、生物体内的传感分析。通过构建 GOQDs@apt 荧光探针实现磺胺二甲嘧啶痕量检测，开发 DNA 杂交生物传感器用于转基因 nos 序列识别，建立碳量子点-FRET 体系完成小麦钾离子及胰岛素灵敏检测。实验数据验证了各传感器在选择性、稳定性及实用性方面的优势，同时揭示了羧基化单壁碳纳米管对小麦幼苗和盐地碱蓬抗逆性的调控机制。

本书适合从事纳米材料以及生物和化学传感分析的研究生和科研工作者参考。

图书在版编目（CIP）数据

碳基纳米材料的生物化学传感分析 / 何艳华著. 北京 ：化学工业出版社，2025. 10. -- ISBN 978-7-122-48955-5

Ⅰ. TB383；TP212

中国国家版本馆 CIP 数据核字第 2025ZT4937 号

责任编辑：李晓红　　装帧设计：刘丽华
责任校对：王　静

出版发行：化学工业出版社
（北京市东城区青年湖南街 13 号　邮政编码 100011）
印　　装：北京天宇星印刷厂
710mm×1000mm　1/16　印张 13½　字数 221 千字
2025 年 10 月北京第 1 版第 1 次印刷

购书咨询：010-64518888　　售后服务：010-64518899
网　　址：http://www.cip.com.cn
凡购买本书，如有缺损质量问题，本社销售中心负责调换。

定　　价：98.00 元

前言

在当代生命科学与分析检测领域，微量物质的精准检测技术始终是推动学科发展的核心驱动力。随着全球范围内抗生素滥用、粮食安全危机、慢性疾病高发等重大问题的日益凸显，发展新型检测技术已成为国际科研界共同关注的焦点课题。传统分析方法虽然成熟可靠，但在面对复杂生物样本时，往往存在仪器设备昂贵、操作繁琐、灵敏度不足等固有局限，难以满足日益增长的快速、精准检测需求。因此，发展简单、快速、高效的纳米传感技术，以实现对这些目标物的灵敏检测，已成为迫切需求。

纳米传感技术作为21世纪最具突破性的交叉领域之一，正以其独特的材料特性和创新的检测原理，为分析检测带来革命性变革。特别是在环境污染物监测、食品安全保障、疾病早期诊断等关键应用场景，纳米生物传感器展现出传统技术难以企及的性能优势。在这一背景下，本研究团队基于多年科研积累，系统开展了碳基纳米材料在生物传感领域的创新应用研究。

碳基纳米材料因其优异的光电特性、良好的生物相容性和可调控的表面化学性质，已成为构建高性能生物传感器的理想材料。这类材料在细胞成像、光化学及环境监测中已有广泛的应用。然而，其作为荧光探针在化学分析领域的应用尚处于起步阶段。值得注意的是，单链DNA、单链DNA结合蛋白和核酸适配体等生物大分子具有高度特异性识别能力，其与纳米材料结合可以显著提升检测灵敏度。本研究通过将碳量子点与特异性生物识别元件（如核酸适配体、单链DNA结合蛋白等）有机结合，成功开发了一系列具有自主知识产权的新型纳米生物传感器。这些传感器不仅在灵敏度、选择性和稳定性方面表现突出，更在以下应用领域取得了突破性进展：在食品安全检测方面，我们开发的适配体传感器实现了对磺胺类抗生素和赭曲霉毒素的超灵敏检测，为食品污染物监控提供了可靠的技术手段。在转基因检测领域，基于 FRET 原理构建的核酸传感器将检测灵敏度提升至皮摩尔级，为生物安全监管提供了强有力的技术支撑。在医学诊断方面，创新的胰岛素检测方法为糖尿病等代谢性疾病的早期筛查开辟了新途径。此外，在农业应用领域，我们系统研究了碳纳米材料对作物抗逆性的调控作用，为纳米农业技术的发展奠定了重要理论基础。

这些纳米生物技术的使用，不仅展现了碳基量子点与生物分子结合的无限潜力，也为采用纳米生物技术调节生物生长发育提供了新的思路，更标志着纳米生物传感技术在检测灵敏度与特异性上的重大突破。

本书将深入探讨这些碳基纳米生物传感器的设计原理、构建过程、性能优化以及实际应用，旨在为相关领域的研究者、从业者提供全面的理论与实践参考，同时也希望以此为契机，激发更多科研人员投身于生物传感技术及纳米生物技术方面的创新研究，推动生命科学与分析检测领域的协同发展，为相关领域研究者提供新的研究范式，助力生物传感技术从实验室走向产业化应用的新跨越。

最后，我们要特别感谢在研究过程中山西电子科技学院各位同仁给予的支持和帮助、山西大学环境科学与工程学院博士后站提供的全方位滋养，正是你们的宝贵建议和无私分享，才使得这项研究工作得以不断深入。由于作者水平有限，书中难免存在疏漏和不足之处，恳请广大读者批评指正。我们相信，随着科学技术的不断进步，纳米生物传感技术必将在更多领域展现出其独特的价值，为人类社会的发展作出更大贡献。

目录

第 1 章　绪论 / **001**

1.1　生物传感器 / 001

1.1.1　生物传感器的分类 / 001

1.1.2　荧光生物传感器的检测机理 / 002

1.2　碳纳米材料 / 002

1.2.1　石墨烯 / 002

1.2.2　氧化石墨烯 / 003

1.2.3　碳量子点 / 009

1.2.4　石墨烯量子点 / 009

1.2.5　氧化石墨烯量子点 / 010

1.3　核酸适配体 / 019

1.3.1　核酸适配体的筛选方法 / 019

1.3.2　核酸适配体的应用 / 021

1.4　单链 DNA 结合蛋白 / 022

1.4.1　单链 DNA 结合蛋白的性质和检测方法 / 022

1.4.2　单链 DNA 结合蛋白与单链 DNA 结合的方式 / 022

1.4.3　单链 DNA 结合蛋白在生物检测方面的应用 / 023

1.5　碳基纳米材料的生物化学传感分析设计 / 029

参考文献 / 031

第 2 章　基于氧化石墨烯量子点偶联适配体的荧光探针对磺胺二甲嘧啶的检测 / **040**

2.1　概述 / 040

2.2 纳米材料的合成及特征分析 / 042
2.2.1 GO 的合成及特征分析 / 042
2.2.2 GOQDs 和 GOQDs@apt 的合成及特征分析 / 044
2.3 纳米荧光传感器的构建及机理分析 / 047
2.3.1 荧光传感器的构建 / 047
2.3.2 荧光传感器的检测机理分析 / 048
2.3.3 实验条件的优化 / 050
2.4 荧光传感器的检测性能分析 / 051
2.4.1 荧光传感器灵敏性分析 / 051
2.4.2 荧光传感器的选择性、抗干扰性和稳定性分析 / 052
2.4.3 荧光传感器实用性分析 / 053
2.4.4 荧光传感器优异性分析 / 054
2.5 小结 / 055
参考文献 / 055

第 3 章 基于 DNA 杂交的生物传感器对转基因生物体内 NOS 序列的检测 / **059**

3.1 概述 / 059
3.2 纳米材料的合成及特征分析 / 060
3.2.1 GO 和 GOQDs 的制备及特征分析 / 060
3.2.2 QDs-ssDNA 的合成及特征分析 / 063
3.3 纳米荧光传感器开关的构建及机理分析 / 064
3.3.1 荧光传感器的构建 / 064
3.3.2 荧光开关的检测机理分析 / 064
3.3.3 荧光传感器检测实验条件的优化 / 065
3.4 荧光传感器的检测性能分析 / 067
3.4.1 荧光传感器灵敏性分析 / 067
3.4.2 荧光传感器稳定性检测 / 068
3.4.3 荧光传感器选择性和抗干扰性检测 / 069

3.4.4 荧光传感器实用性分析 / 069

3.4.5 荧光传感器优异性分析 / 070

3.5 小结 / 071

参考文献 / 071

第 4 章 基于氧化石墨烯量子点偶联单链 **DNA** 结合蛋白的适配体传感器对卡那霉素的检测 / **074**

4.1 概述 / 074

4.2 纳米材料 QDs-SSB 的合成及特征分析 / 075

4.2.1 QDs-SSB 的合成 / 075

4.2.2 QDs-SSB 的特征分析 / 076

4.3 适配体荧光传感器开关的构建及机理分析 / 078

4.3.1 适配体传感器的构建 / 078

4.3.2 适配体传感器的检测机理分析 / 079

4.3.3 实验条件的优化 / 079

4.4 适配体传感器的检测性能分析 / 082

4.4.1 适配体传感器灵敏性分析 / 082

4.4.2 适配体传感器选择性、抗干扰性、稳定性检测 / 083

4.4.3 适配体传感器精确度和重复性分析 / 084

4.4.4 适配体传感器实用性分析 / 085

4.4.5 适配体传感器优异性分析 / 086

4.5 小结 / 087

参考文献 / 088

第 5 章 **2-**氨基腺嘌呤修饰发夹型适配体传感器实现赭曲霉毒素 **A** 灵敏检测的应用 / **091**

5.1 概述 / 091

5.2 免标记发卡型荧光适配体传感器的构建及机理分析 / 093

5.2.1 免标记发卡型荧光适配体传感器的构建 / 093
5.2.2 免标记发卡型荧光适配体传感器检测机理分析 / 094
5.2.3 免标记发卡型荧光适配体传感器检测实验条件优化 / 096

5.3 免标记发卡型荧光适配体传感器实现 OTA 检测的性能分析 / 098
5.3.1 荧光传感器灵敏性分析 / 098
5.3.2 荧光传感器选择性和抗干扰分析 / 098
5.3.3 荧光传感器实用性分析 / 099
5.3.4 荧光传感器的优异性分析 / 100

5.4 小结 / 101

参考文献 / 101

第 6 章 一种基于适配体的生物传感器通过荧光共振能量实现胰岛素检测的应用 / 105

6.1 概述 / 105

6.2 纳米材料的合成及特征分析 / 106
6.2.1 R-CDs@apt 的合成 / 106
6.2.2 荧光供体和荧光受体的特征分析 / 107
6.2.3 R-CDs 和 R-CDs@apt 的特征分析 / 109

6.3 生物传感器的构建及机理分析 / 110
6.3.1 生物传感器的构建 / 110
6.3.2 生物传感器的检测机理分析 / 111
6.3.3 实验条件的优化 / 112

6.4 生物传感器的检测性能分析 / 114
6.4.1 生物传感器灵敏性分析 / 114
6.4.2 生物传感器选择性和抗干扰性分析 / 115
6.4.3 生物传感器的实用性分析 / 115
6.4.4 生物传感器的优异性分析 / 116

6.5 小结 / 117

参考文献 / 117

第 7 章　一种基于红色发光碳点的适配体传感器用于钾离子检测及植物成像的应用 / **121**

7.1 概述 / 121

7.2 纳米材料的合成及特征分析 / 122

7.2.1 R-CDs 和 R-CDs@K-apt 的合成 / 122

7.2.2 R-CDs 和 R-CDs@K-apt 的特征分析 / 123

7.2.3 C-apt@GO 的制备 / 124

7.2.4 C-apt@GO 的特征分析 / 125

7.3 纳米荧光传感器的构建及机理分析 / 125

7.3.1 纳米荧光传感器的构建 / 125

7.3.2 纳米荧光传感器的检测机理分析 / 126

7.3.3 实验条件的优化 / 127

7.4 纳米荧光传感器的检测性能分析 / 129

7.4.1 纳米荧光传感器灵敏性分析 / 129

7.4.2 纳米荧光传感器的选择性和抗干扰性检测 / 130

7.4.3 纳米荧光传感器的实用性检测 / 131

7.4.4 纳米荧光传感器植物成像性能分析 / 131

7.4.5 纳米荧光传感器的优异性分析 / 133

7.5 小结 / 134

参考文献 / 134

第 8 章　羧基化单壁碳纳米管对钾胁迫下小麦幼苗生长发育的影响 / **137**

8.1 概述 / 137

8.2 SWCNTs-COOH 特征分析 / 138

8.3 小麦培养及指标测定 / 139

8.3.1 实验设计 / 139
8.3.2 指标测定方法 / 140
8.4 抗逆性指标测定结果分析与讨论 / 141
8.4.1 SWCNTs-COOH 对小麦生长指标的影响 / 141
8.4.2 SWCNTs-COOH 对小麦光合作用指标的影响 / 144
8.4.3 SWCNTs-COOH 对小麦抗逆生理指标的影响 / 146
8.5 小结 / 148
参考文献 / 149

第 9 章 羧基化单壁碳纳米管对盐碱胁迫下盐地碱蓬生长发育的影响 / 152

9.1 概述 / 152
9.2 SWCNTs-COOH 处理盐地碱蓬的培养 / 153
9.2.1 SWCNTs-COOH 的表征 / 153
9.2.2 盐地碱蓬种子与实验土壤采集 / 154
9.2.3 SWCNTs-COOH 处理盐地碱蓬的培养 / 155
9.2.4 植物组织中 SWCNTs-COOH 的检测 / 155
9.2.5 数据分析方法 / 157
9.3 盐地碱蓬对羧基化单壁碳纳米管的响应 / 157
9.3.1 盐地碱蓬对羧基化单壁碳纳米管的表型响应 / 157
9.3.2 盐地碱蓬对羧基化单壁碳纳米管的转录组响应 / 159
9.3.3 盐地碱蓬对羧基化单壁碳纳米管的代谢组响应 / 165
9.3.4 SWCNTs-COOH 对盐地碱蓬影响的转录组与代谢组联合分析 / 171
9.4 小结 / 182
参考文献 / 183

附录 1 缩略语对照表 / 188

附录 2 通路/代谢物编码对照表 / 193

CHAPTER 1

第1章

绪论

1.1 生物传感器

1.1.1 生物传感器的分类

生物传感器是一种可以将信息转化为可检测的信号的混合装置[1]，主要包括三个组成部分：①识别元件（生物受体），特异性地与目标分析物相互作用或捕获目标分析物；②信号转换器，将分析物-受体结合的程度转化为可测量的信号；③读取器，用来解释输出的信号[2]。自从20世纪60年代Leland等首次制备了生物传感器并将其成功应用于医学检测过程[3]以来，生物传感器因合成方法简单、快速、价格低廉、可实现连续监测等优势而受到人们的广泛关注，并被成功地应用于食品和化学工业[4]、污染检查[5]、过程监测和临床诊断[6]等方面。

生物传感器分类方法众多，根据不同的标准，可将其分为不同的类别。根据传感材料的不同可分为：免疫生物传感器、分子印迹生物传感器、核酸生物传感器等，其中核酸生物传感器又可分为DNA生物传感器和适配体生物传感器。根据信号转化原理的不同可以分为：电化学生物传感器、安培生物传感器、光学生物传感器等，其中光学生物传感器又可以分为荧光、磷光、比色法、化学发光和分光光度法等[7]。荧光生物传感器由于具有操作简单、灵敏度高等的优势而被广泛应用[8]，尤其是与核酸分子结合的生物传感器，由于同时结合了生物大分子和荧光探针的优势，从而进一步提高了其在生物检测方面的应用范围。

1.1.2 荧光生物传感器的检测机理

荧光生物传感器一般是通过目标检测物加入检测体系前后荧光强度的增强或减弱（猝灭）的程度来实现检测的。荧光猝灭的机理包括静态猝灭、动态猝灭、能量转移、光致电子转移（PET）和内滤效应（IFE）[9]。其中，能量转移分为福斯特共振能量转移（FRET）、德克斯特能量转移（DET）和表面能量转移（SET）[10]。FRET 是由 1948 年发现此机理的德国科学家西奥多·福斯特的名字命名的。这是一种在供体分子和受体分子的距离相互靠近（距离 1～10nm）时，将一个受激发的荧光团（供体）光子能转移到另一个荧光团（受体）的过程。它的发生要求供体分子的发射光谱与受体分子的吸收光谱具有一定程度的重叠[11]。

1.2 碳纳米材料

在纳米技术时代，碳纳米材料在新型生物传感器的开发和现有生物传感技术的发展中发挥了重要作用，以满足对更具体和更高灵敏度检测的需求。碳纳米材料包括碳纳米管（CNs）、碳纳米球（CNPs）、碳点（CDs）等。其中，碳点包括石墨烯量子点（GQDs）、碳纳米点（CNDs）、碳量子点（CQDs）和碳化聚合物点（CPDs）等[12]。GQDs 经处理后又可产生多种衍生物，如：氧化石墨烯量子点（GOQDs）和还原性石墨烯量子点（rGOQDs）等[13]。碳纳米材料由于其独特的物理化学性质，如高比表面积、高载流子迁移率、优异的机械柔韧性以及热稳定性和化学稳定性，已经引起了科研工作者的广泛关注[14, 15]。

1.2.1 石墨烯

石墨烯是一种由单层 sp^2 碳原子组成的二维蜂窝状结构的原子晶体（图 1-1）[16]，具有优异的电子和光学性质、高的内在迁移率、良好的热稳定性，而且在存储和穿透电子时具有高电导率[17]。自 2004 年 Novoselov 和 Geim 等首次通过热解石墨获得石墨烯以来[17]，该材料便引起了广泛关注。基于此，多种制备方法被发展出来，包括化学气相沉积法、化学剥离法、机械剥离法、分子组装法和液相剥离法。根据不同方法制备的不同特性的石墨烯，被广泛应用于涂料、复合材料、导电材料（太阳能电池用导电电极[18]、超级电容器[19]、锂离子电池[20]）、储能材料、传感器材料、高频晶体管和其他电子器件等（表 1-1）。其中，科研用石墨烯多采用化学剥离法制备[21]。由于石墨烯本身水溶性较小，且具有一定的化学惰性以及零带隙特点，其在光能转换中的应用受到一定的局限。

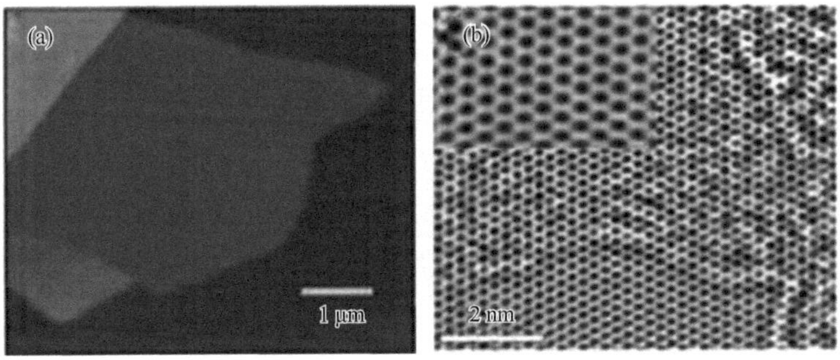

图 1-1　石墨烯的 AFM（a）[18]和 HR-TEM（b）[22]图像

表 1-1　不同方法获得的石墨烯的特点及其在不同领域的应用

方法	晶粒尺寸/mm	样品尺寸/mm	载流子迁移率（室温）/[cm^2/(V·s)]	应用范围
机械剥离法	＞1000	＞1	＞10^6（低温环境）	科研领域
化学剥离法	≤0.1	多层重叠的薄片	100	涂料、油墨、复合材料、透明导电层、能量存储、生物应用
通过氧化石墨烯实现的化学剥离	约 100	多层重叠的薄片	1 (单层薄片)	涂料、油墨、复合材料、透明导电层、能量存储、生物应用
化学气相沉积	1000	约 1000	10000	光学、纳米电子学、透明导电层、传感器、生物应用
超声剥离法	50	100	10000	高频晶体管和其他电子器件

1.2.2　氧化石墨烯

（1）氧化石墨烯的发现

氧化石墨烯（GO）是由英国化学家 Brodie 等[23]于 1859 年首次用化学方法加工石墨制备而成的，是石墨烯氧化后的一种富氧碳纳米材料，由羧基、羟基和环氧基等基团所包围的小石墨烯域组成[24]。厚度约为 1nm，横向尺寸从几纳米到几微米不等。由于其表面和周围含有大量含氧官能团（图 1-2），从而使其带隙结构不同于石墨烯[25]。GO 具有良好的水分散性、优异的生物相容性、高稳定性、低毒性、低成本，易于进行表面修饰，易于进行大规模生产，具有远程猝灭效应[26]，吸收光谱范围较广，几乎可以吸收所有的蓝紫光[27]，对大多数荧光染料和量子点的荧光都具有较好的猝灭效应。因而常被用作一种良好的荧光猝灭剂[28]用于荧光生物传感器，以实现对不同生物分子的检测。

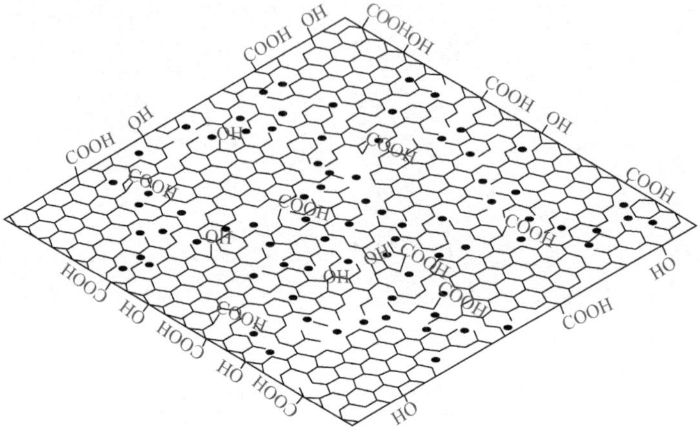

图 1-2　氧化石墨烯结构图[29]

（2）GO 在 DNA 检测方面的应用

据报道，氧化石墨烯片层与单链 DNA（ssDNA）的碱基之间存在较强的 π-π 相互作用，从而可以将 ssDNA 标记的荧光探针吸附至其表面，使得探针的荧光减弱甚至猝灭[30]。然而，当 ssDNA 与其互补链发生杂交时，新合成的双链 DNA（dsDNA）由于缺少暴露的碱基，失去了与氧化石墨烯的结合力而从 GO 表面解吸附，使得探针的荧光逐渐恢复，从而可以很好地起到区分 ssDNA 的互补序列寡核苷酸链、互补序列碱基错配的寡核苷酸链和 dsDNA 作用[31]。科研人员已经借助 GO 的此特性实现了 ssDNA 的互补链和非互补链的区分[32]以及 HIV1 病毒遗传物质 DNA 的检测[33]（图 1-3）。

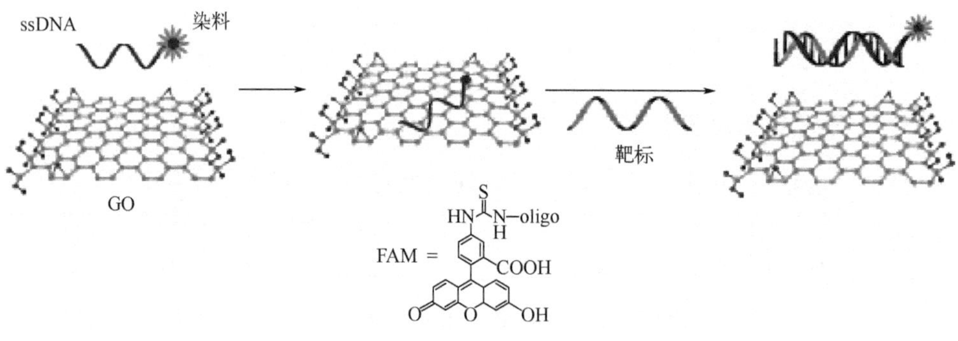

图 1-3　以 GO 为基础的荧光探针对 HIV1 DNA 检测的示意图[33]

2012 年 Luo 等在此基础上，发现氧化石墨烯可以在很大程度上抑制过氧化酶的活性，据此发展了一种超灵敏的 GO 基光化学 DNA 生物传感平台[34]。Peng 等[35]同样也将氧化石墨烯可以很好地区分 ssDNA 和 dsDNA 的性质应用到了 DNA 的检测过程中，然而，实验过程中他们发现在添加了互补 DNA 几小时后新合成的 dsDNA 才能从 GO 表面解吸。为了缩短培养时间，该课题组采用“后混合”的策略，即先将荧光染料标记的 DNA 分子与目标 DNA 链混合，让其发生杂交反应，然后再加入 GO。采取这种策略后，仅用 40min 的时间就实现了对癌细胞中端粒酶 DNA 的检测［图 1-4（a）］，检出限低至 0.00625nmol/L。这为氧化石墨烯更高效地应用于单链 DNA 的检测取得了突破性的进展。随后苏星光课题组将 ssDNA 与 $CuInS_2$ 量子点偶联也应用相同的方法实现了对幽门螺杆菌 DNA 的特异性检测[36]，进一步拓展了氧化石墨烯在医学方面的应用［图 1-4（b）］。

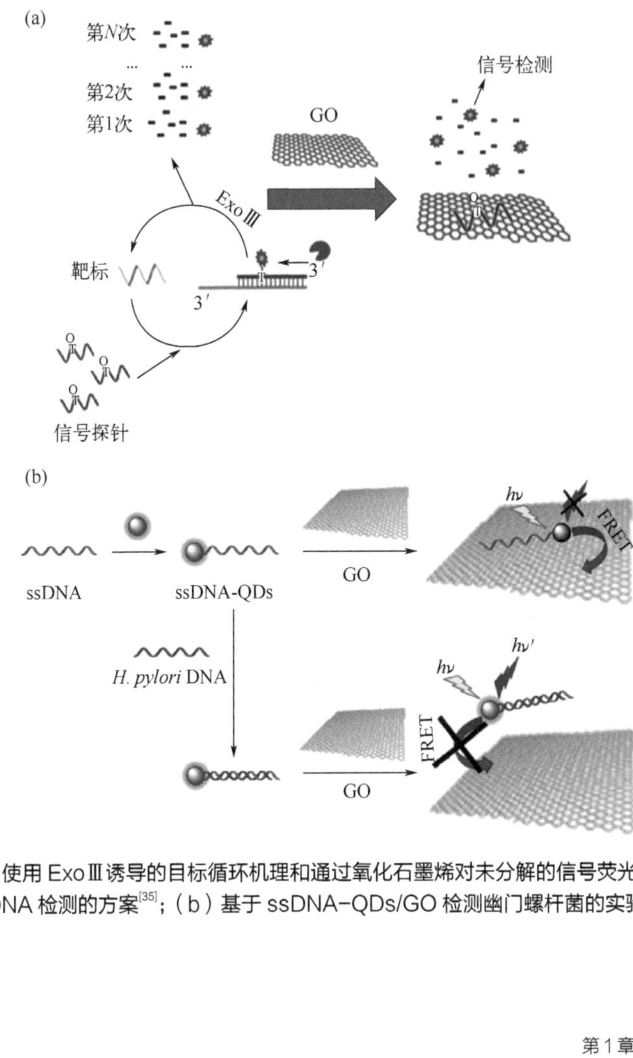

图 1-4 （a）使用 ExoⅢ诱导的目标循环机理和通过氧化石墨烯对未分解的信号荧光猝灭的传导对癌细胞 DNA 检测的方案[35]；（b）基于 ssDNA-QDs/GO 检测幽门螺杆菌的实验方案[36]

（3）氧化石墨烯在蛋白质检测方面的应用

DNA 解旋酶（helicases）是一类在 DNA 复制、修复和转录过程中起重要调节作用的酶[37]，它能够利用核苷三磷酸（NTP）水解产生的能量将双链核酸解旋成单链核酸[38]，因此在病毒复制和增殖中具有关键作用，从而被广泛应用于治疗许多由病毒引起的疾病[39,40]。因此，开发一个简单、快速和经济有效的检测平台以实现解旋酶活性的测定是很重要的。2010 年 Jang 等以氧化石墨烯为基础，利用其对 ssDNA 和 dsDNA 具有不同亲和力的特征实现了对解旋酶的灵敏检测[41]［图 1-5（a）］。考虑到另一种在 DNA 复制和修复过程中具有重要作用的酶——DNA 聚合酶在分子生物学研究和药物筛选方面的重要性，2012 年 Xu 等[42]利用氧化石

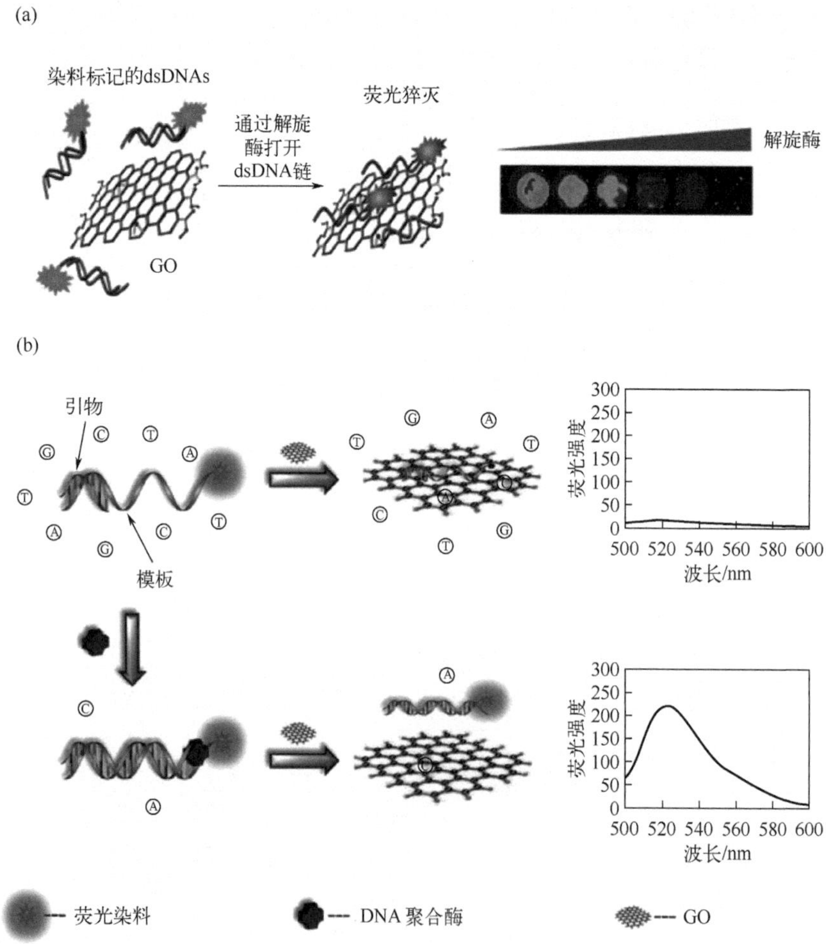

图 1-5　基于 GO 测定 DNA 解旋酶（a）[41]和 DNA 聚合酶（b）[42]的机理图

墨烯（GO）作为信号开关，报道了一种新颖、简单且具有较大成本效益的荧光DNA 聚合酶检测方法［图 1-5（b)］。在没有 DNA 聚合酶的情况下，荧光标记的模板 ssDNA 可以被 GO 强烈吸附并几乎完全猝灭。然而，加入 DNA 聚合酶后，由于 dsDNA 比 ssDNA 与 GO 的相互作用弱得多，聚合的 dsDNA 产物导致加入GO 后猝灭效率降低，从而导致检测到更高的荧光信号，以此实现了对 DNA 聚合酶的检测。随即 He 等[43]也利用相同的方法实现了对叶酸受体蛋白的检测。

分子适配体信标（molecular aptamer beacon，MAB）是一种特定的具有发夹结构的寡核苷酸序列，既具有一般适配体的特异性又具有分子信标的良好信号转导能力[44,45]。朊病毒蛋白 PrPc 是一种重要的糖基磷脂酰肌醇（GPI）锚定质膜蛋白[46,47]，其灵敏检测对人类健康至关重要。2013 年 Zhuang 等[48]将适配体与分子信标结合设计了一种新型的只有一个荧光标记末端的分子适配体信标作为荧光供体，GO 作为荧光受体并且应用长程共振能量转移（LrRET）的机理实现了对细胞中朊病毒蛋白的灵敏检测，检测系统猝灭效率高、特异性好、背景干扰低，为生物分子识别检测提供了新的方向（图 1-6）。

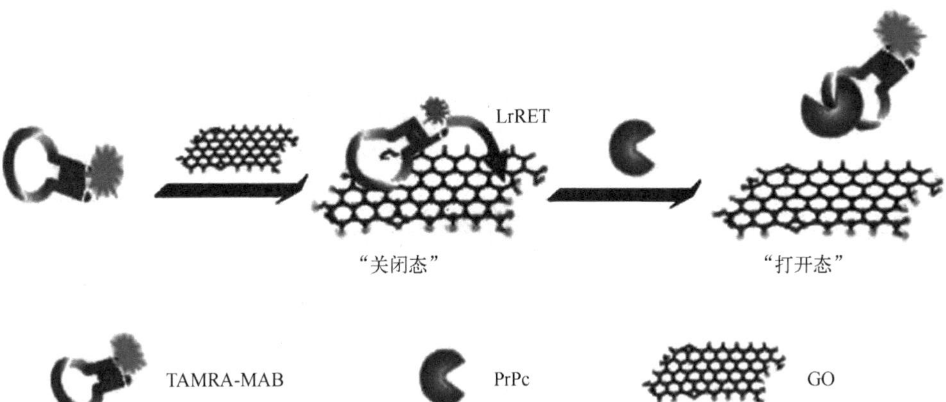

图 1-6　基于 GO 的分子信标荧光探针检测生物体内朊病毒蛋白的示意图[48]

（4）氧化石墨烯在其他生物小分子检测中的应用

氧化石墨烯对处于自由状态的适配体（ssDNA）具有较强的结合能力，而当适配体与目标结合呈折叠状态后便失去了与氧化石墨烯之间的吸附力[49]，因而很多科学家利用适配体标记的荧光探针与氧化石墨烯结合制成生物传感器并广泛用于生物分子的检测。2010 年 Wang 等[50]将羧基化的荧光素（FAM）标记 ATP 适配体后与氧化石墨烯结合，形成适配体-FAM/GO-nS 复合物。由于 FAM 和 GO-nS

之间发生荧光共振能量转移（FRET），使得体系的荧光猝灭，加入目标 ATP 后适配体与目标结合呈折叠状态，脱离氧化石墨烯的吸附而使荧光素的荧光恢复，以此实现了对 ATP 的灵敏检测，并且成功应用到活细胞内 ATP 传送和检测过程中［图 1-7（a）］。Wen 等使用 FAM 标记的富含胞嘧啶（C）的特异性的寡核苷酸序列（SSO），不存在 Ag^{+}的情况下 SSO 处于单链状态，加入 Ag^{+}后 Ag^{+}与 SSO 的碱基络合形成刚性的发夹结构，利用氧化石墨烯对处于不同状态的 ssDNA 的吸附力不同实现了对 Ag^{+}的检测[51]。2012 年 Zhang 等[52]利用相同的机理在 FAM 上标记对 Hg^{2+}具有特异性结合能力的寡核苷酸序列，实现了对其特异性的检测［图 1-7（b）］。随后，Cui 等[53]在此基础上将 FAM 替换为既环保又具有较强荧光信号的碳点，偶联适配体后实现了对重金属离子 Hg^{2+}的检测，检出限低至 2.6nmol/L，为氧化石墨烯在环保型生物传感器方面的应用开辟了一条新路径［图 1-7（c）］。

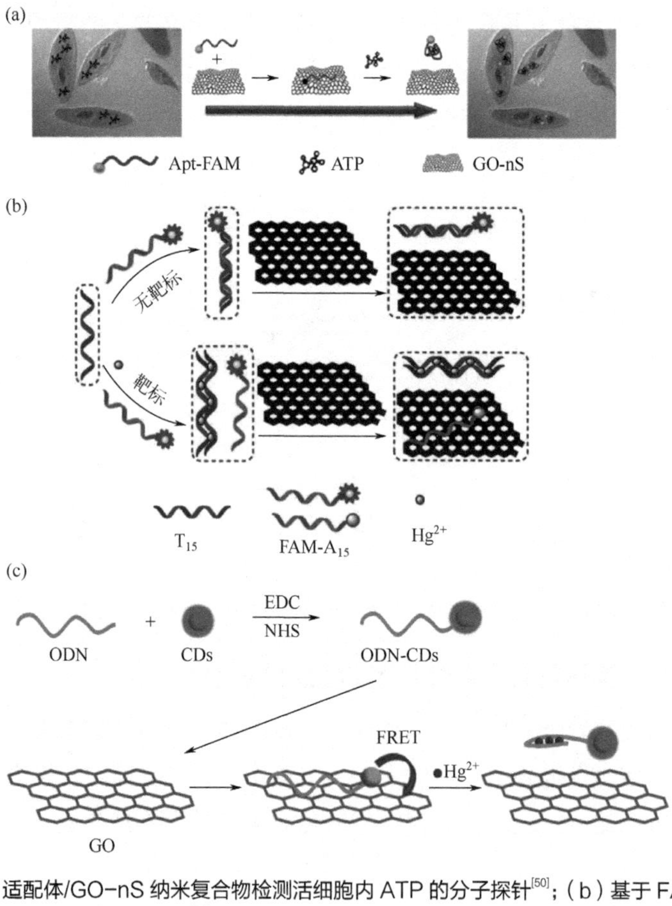

图 1-7 （a）适配体/GO-nS 纳米复合物检测活细胞内 ATP 的分子探针[50]；（b）基于 FAM/Apt/GO 的生物传感器检测 Hg^{2+}的机理图[52]；（c）基于 CDs/apt/GO 的生物传感器检测 Hg^{2+}的机理图[53]

1.2.3 碳量子点

碳量子点，是一种具有三维结构特征且尺寸小于 10nm 的准球形碳纳米颗粒[54]。首次是由 Xu 等[55]通过电弧放电方法制造单壁碳纳米管（SWCNT）的过程中发现的，随后开发出多种“自上而下”和“自下而上”的制备方法[56,57]。碳量子点因优异的生物相容性和低毒性而引起了人们的广泛关注。它既具有传统量子点的优势，而且相比重金属基量子点和有机荧光染料又具有优异的水溶性、低成本、良好的光稳定性、易于官能化和优异的细胞膜透过性等特点[54]，在生物成像和检测[53]等领域都得到了很好的应用。

1.2.4 石墨烯量子点

石墨烯量子点（GQDs）是一类横向尺寸介于 10nm 到 100nm 之间的石墨烯纳米片，多见由单层或多层的石墨烯片组成[58,59]。GQDs 多使用有机溶剂在超声波作用下剥离不含氧官能团的石墨纳米颗粒制备而成[60]。其化学结构由 sp^2 碳原子构成的正六边形格子组成，边缘带有羟基、环氧基和羧基等氧化基团，与氧化石墨烯的边缘结构相似[61]，具有良好的量子限域和边缘效应，是一种良好的非零带隙石墨烯类的纳米材料[62]，具有紫外-可见荧光、上转换光致发光、热载体生成等一系列优异的性能[63,64]。除此之外，GQDs 还具有高度的光稳定性、可调发光、光致发光、良好的生物相容性和低毒性[65]。归因于这些优势，近年来 GQDs 被广泛地应用于荧光生物检测［图 1-8（a）］[66]、细胞成像［图 1-8（b）］[67]、发光二极管、电致发光、有机光伏器件、催化和传感器[61,68]等方面。

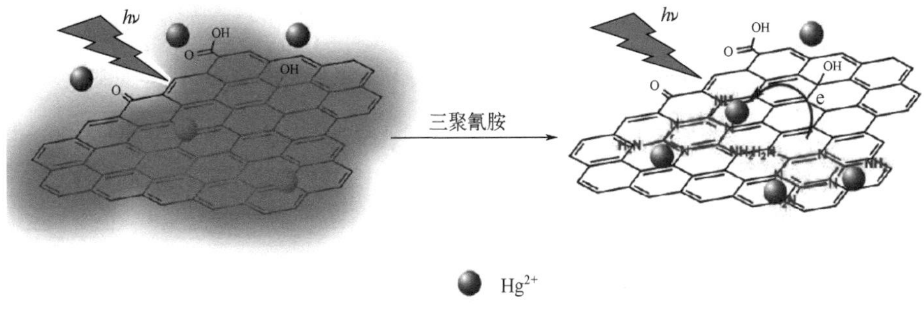

图 1-8

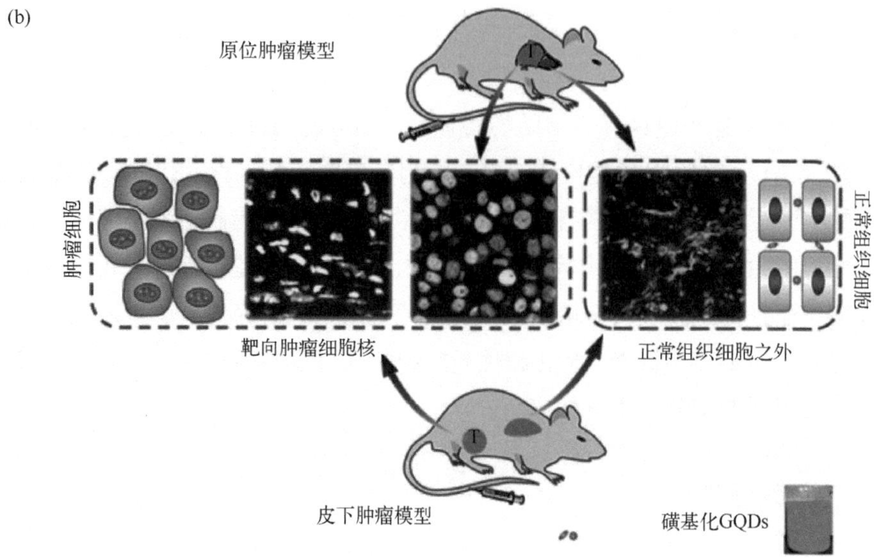

图 1-8 （a）基于 GQDs 的生物传感器对三聚氰胺的检测[66]；（b）磺基化 GQDs 对活体内肿瘤细胞的检测[67]

1.2.5 氧化石墨烯量子点

（1）氧化石墨烯量子点的制备方法

2015 年 Karin 等通过微波辅助水热法降解废纸中的纤维素，将其转化为一种粒径较大的碳纳米材料（CN），然后再加入 HNO_3，在加热的条件下，进一步将此纳米材料氧化形成氧化石墨烯量子点（GOQDs），并证明可以通过调整加热时间来调整量子点的粒径大小。该研究为我们提供了一种绿色、环保的生产 GOQDs 的方法［图 1-9（a）］[69]。

2016 年 Romero 等通过在氧化石墨烯中加入氧化剂 H_2O_2 和 $FeCl_3$ 的方法制成了 GOQDs[70]，并将其与聚苯胺（PANI）结合后用于电化学材料的合成。Torres 等[71]以鱼骨碳纳米纤维（CNF）为原材料，采用改进的 Hummers 方法获得氧化石墨烯，然后进一步借助超声波辅助剥离的方法制备了 GOQDs。Ahirwar 等[72]以氧化石墨烯粉末和强碱 NaOH 溶液为原料通过水热反应法制备获得了 GOQDs 的水溶液。他们首先将 80mg GO 分散在 80mL 去离子水中制备成 1mg/mL 的 GO 悬浮液；然后用 1mol/L NaOH 溶液将其 pH 调节至中性，超声振荡处理 GO 悬浮液 1h 使其充分分散，将此悬浮液转移到特氟隆衬里的高压釜（100mL）中加热至 180℃

并保持 5h，继续超声振荡 1h；最后通过在 9000r/min 离心力的作用下离心 20min 制备获得 GOQDs 的水溶液。

Zhu 等[73]在此基础上发明了一种自上而下的方法，采用强酸进一步氧化切割氧化石墨烯来制备 GOQDs。其主要步骤为：通入氮气的情况下，在管式炉中加入氧化石墨烯，以每分钟升高 5℃的速度程序升温至 250℃后继续加热 2h。然后以 0.05g 氧化石墨烯中加入 10mL H_2SO_4 和 30mL HNO_3 的浓度比例向氧化石墨烯中加入 H_2SO_4 和 HNO_3，继续超声处理 20h。接下来将处理后的氧化石墨烯用微孔膜稀释并纯化后分散在水中，然后将悬浮液在 200℃的高压釜中加热 5h，将胶体溶液在透析袋中裂解 12h 以除去较大的纳米颗粒。最后将制备的 5.0mg 量子点溶解在 10mL 二次水中并超声处理 5h，使其充分溶解，以制备 GOQDs 的水溶液。

Salman Hassanzadeh 等将微波辅助水热法处理废纸合成的 GOQDs 与环保材料聚 ε-己内酯（PCL）结合形成纳米复合材料［图 1-9（b)］，并进一步通过实验证明了量子点可以诱发 PCL 薄膜表面矿化，是一种很好的可以增强 PCL 可降解性能的添加剂。该研究为 GOQDs 调整纳米复合材料的形态和性能提供了新的方向[74]。

2017 年 He 等用硝酸氧化炭黑的方法合成了氧化石墨烯量子点[75]。首先，将 1.6g XC-72 炭黑与 300mL 15mol/L 的硝酸混合后在 160℃条件下加热 24h，然后在 180℃条件下加热以蒸发去除水和浓硝酸，得到浅黑色固体。将干燥处理后的样品溶解在 800mL 去离子水中，并以 12000r/min 的速度离心 30min 以获得上清液。最后，将上清液依次通过 220nm 和 25nm 的微孔膜在真空中过滤，以获得棕色的 GOQDs。Dong 等[76]在此基础上发明了另一种不同的用酸进一步氧化切割氧化石墨烯制备 GOQDs 的方法。具体过程如下：将 2g 氧化石墨烯粉末放入 500mL 三口烧瓶中，然后加入 90mL 质量分数为 98%的 H_2SO_4 和 30mL 质量分数 38%的 HNO_3 的混合液，在 85℃水浴锅中回流 48h。反应结束后，用水稀释产物并以 10000r/min 的速度离心 15min，将上清液用 7000Da 截留分子量的透析袋透析至中性［图 1-9（c)］。

2017 年 Lu 等开发了一种新型的用 H_2O_2 氧化炭黑制备 GOQDs 的方法，并成功地将此量子点用于细胞的荧光成像。这种合成方法不仅有效地避免了使用侵蚀性浓酸、浓碱的过程，而且可以有效地避免引入金属杂质污染，不需要任何其他后续处理步骤，仅需 90min 就可以合成[77]。Zhang 等[78]在此基础上发展了另外一种更加高效、简单、环保的用“自下而上”碳化柠檬酸的方法合成了氧化石墨烯量子点。如图 1-10 所示，将 2g 柠檬酸放入 5mL 的烧杯中，并使用加热套加热至 200℃。在加热过程中，柠檬酸首先被液化，液体的颜色从无色变成浅黄色，30min 后又变成橙色，这意味着 GOQDs 的形成。将此橙色液体在 1000Da 截留分子量的透析袋中用去离子水透析 48h 以除去过量的柠檬酸。最后，将袋中的溶液冷冻干燥获得固体 GOQDs。

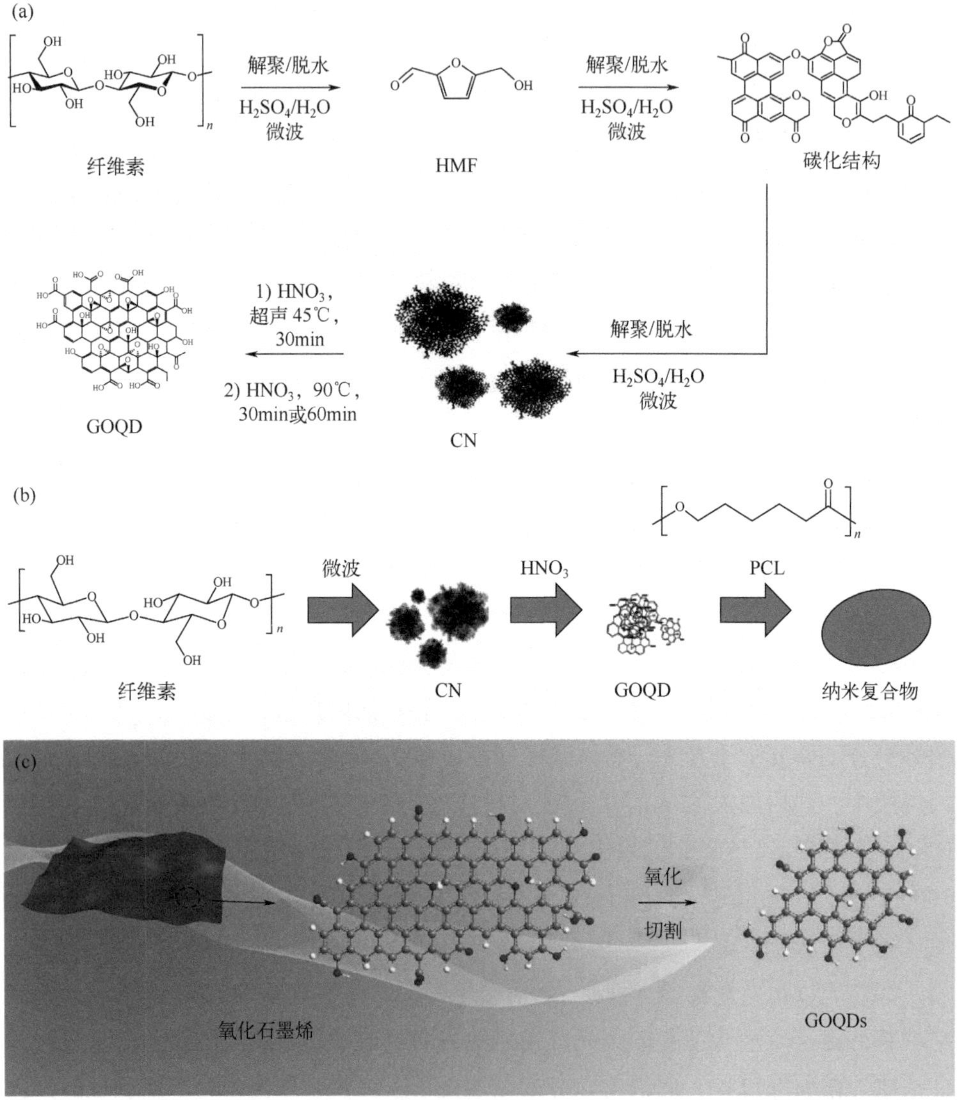

图 1-9 （a）利用废纸中的纤维素合成 GOQDs 的示意图[69]；（b）微波辅助水热法处理废纸合成 GOQDs 及量子点与 PCL 的结合过程示意图[72]；（c）酸氧化切割氧化石墨烯制备 GOQDs 的过程[76]

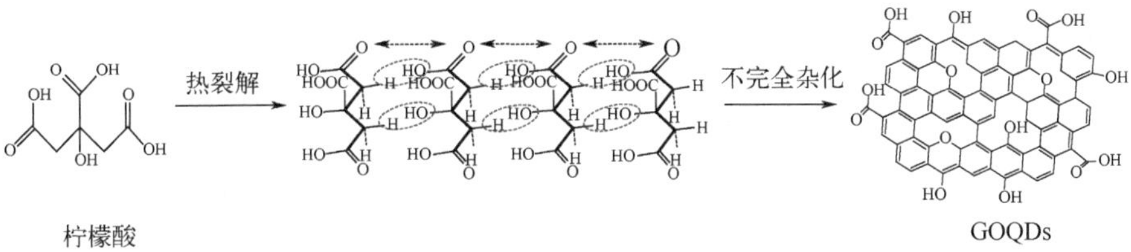

图 1-10　用碳化柠檬酸的方法合成氧化石墨烯量子点的过程[78]

(2) 氧化石墨烯量子点的功能化

2016 年 Baruah 等[68]用乙二胺（en）对 GOQDs 还原并进行功能化形成 GOQDs-en，在此基础上，将氧化钴（Co_3O_4）纳米粒子镶嵌在 GOQDs 表面，用过氧化氢进行处理后成功制备出了具有更强光学性能的氧化钴纳米粒子复合材料（GOQDs-en-Co_3O_4NPs）。这种功能化的处理过程使得 GOQDs 的荧光强度进一步增强，为其作为荧光探针应用于光学领域提供了很好的应用前景［图 1-11（a）］。

2016 年 Lu 等研究了不同剂量的 γ 射线照射对 GOQDs 表面性质的影响[79]。结果表明，随着辐射剂量的增加，表面官能团的缺陷密度和表面官能团数量呈现出先增加后减少的变化趋势。进一步通过使用不同剂量的 γ 射线照射后 GOQDs 对罗丹明 6G（R6G）的荧光影响程度来估算其 π 共轭体系的含量，结果表明，π 共轭体系的含量与静态猝灭系数呈显著的正相关关系［图 1-11（b）］。

2016 年 Hassanzadeh 等研究发现，可以通过改变二维 GOQDs 的温度、浓度、盐浓度和 pH 从而调整 GOQD 片层之间的排斥力和分子结合力［图 1-11（c）］，使得量子点自身发生聚集而最终形成三维的多孔性球状结构进而改变量子点的荧光强度和颜色，为氧化石墨烯量子点进一步应用于医学领域提供了基础[80]。

2017 年 Romero 等[70]将导电聚合物聚苯胺（PANI）与氧化石墨烯量子点结合后合成了聚苯胺-氧化石墨烯量子点（PANI-GOQDs）纳米复合材料，并对此材料的微观结构及其与电输运特性进行了研究，表明与量子点的结合使其电输运维度从 1D 增加到 3D，促进了新型有机电子材料的发展［图 1-11（d）］，拓展了氧化石墨烯量子点在电化学材料合成方面的应用。

(3) 氧化石墨烯量子点在生物检测方面的应用

2015 年 Ha 等[81]合成了一种匀质并且具有红外上转换发光特性的发绿色荧光的 GOQDs 并将其与适配体偶联后形成生物传感器，通过电子转移机制实现了对环境污水中 Cu^{2+} 离子的灵敏检测，拓宽了 GOQDs 在生物检测方面的应用（图 1-12）。

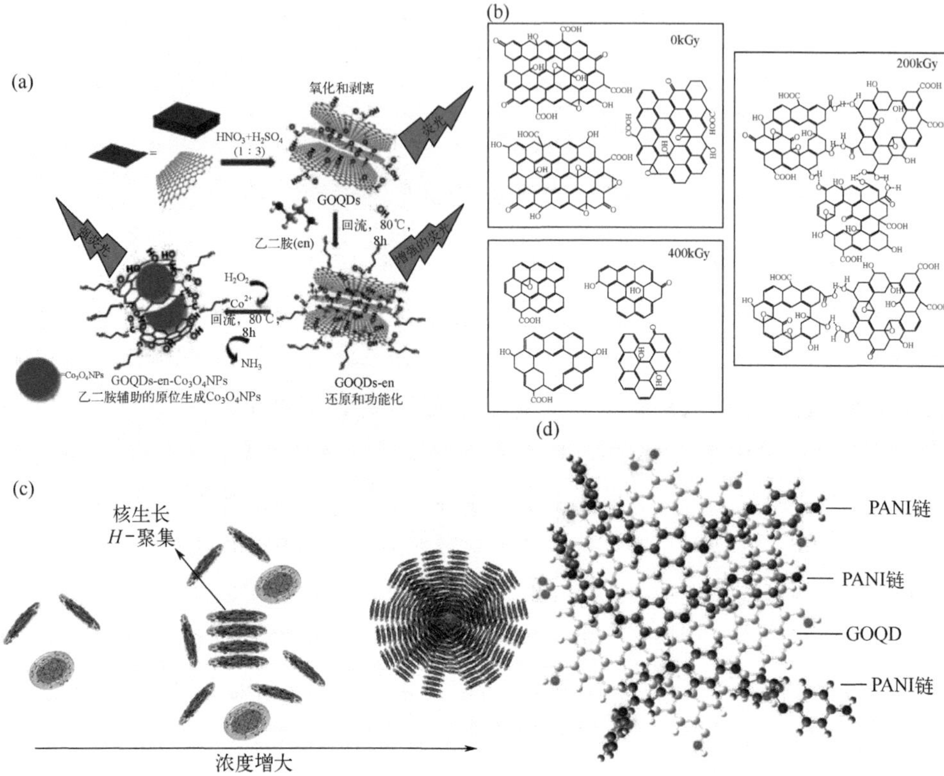

图 1-11 （a）GOQDs 的还原、官能化、形成 GOQDs-en 与乙二胺介导的 Co_3O_4 纳米颗粒形成 GOQDs-en-Co_3O_4 纳米复合材料的示意图[69]；（b）不同剂量的 γ 射线照射对 GOQDs 结构的影响[79]；（c）GOQD 自组装机理的示意图[80]；（d）聚苯胺-氧化石墨烯量子点纳米复合材料的结构[70]

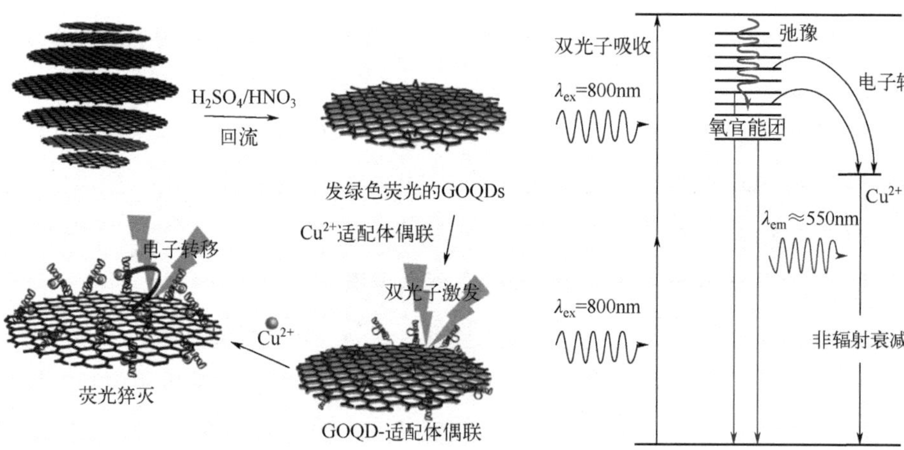

图 1-12 上转换光致发光 GOQDs-适配体传感器通过电子转移机理检测 Cu^{2+} 离子的示意图[84]

2016 年 Zhang 等[78]将氧化石墨烯量子点（GOQDs）纳入鞣酸（TA）层后通过低压界面聚合成功制备了 TA/GOQDs 薄膜纳米复合材料（TFN 膜），并将此膜成功地用于污染物异佛尔酮二异氰酸酯的处理过程（图 1-13）。实验中对 TFN 膜的通量和分离性能进行了测试，证明氧化石墨烯量子点的羟基和羧基与异佛尔酮二异氰酸酯（IPDI）表面的异氰酸酯基团形成共价键使得 TA/GOQDsTFN 在过滤和水力清洗过程中的稳定性得到了进一步的提高。

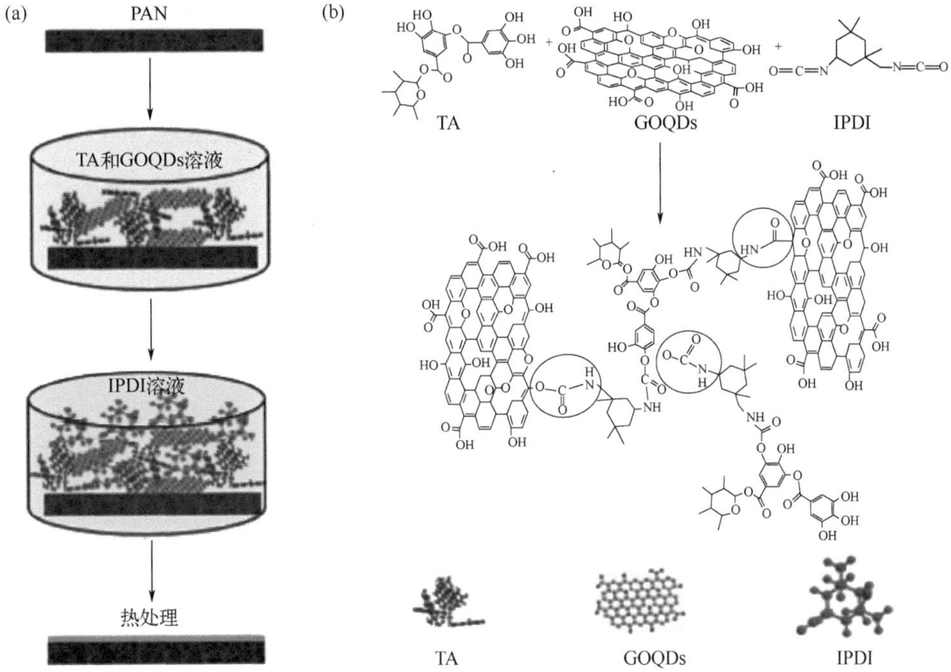

图 1-13 （a）TA/GOQDs 高通量纳米复合膜的制作过程；（b）鞣酸、GOQDs 和异佛尔酮二异氰酸酯的反应机理[78]

2017 年 Zhu 等[73]将氧化石墨烯量子点与羧基化多壁碳纳米管结合为一种新型的纳米复合材料（GOQDs/CMWCNTs），并用 PGE 进行修饰后与金属电极结合形成电化学传感器，对细胞中镉、汞、铅、2,4-二硝基苯酚、2,4,6-三氯酚和五氯苯酚的毒性进行了检测评估（图 1-14）。

（4）氧化石墨烯量子点在环境方面的应用

2014 年 Teng 等[82]用 NH_3 处理氧化石墨烯合成了氮掺杂的氧化石墨烯量子点光催化剂，并证明此催化剂可以利用与植物光合作用类似的方法成功地将水分解为 H_2 和 O_2，如图 1-15（a）所示。其中 p 型电导率导致在量子点和水的界面上形成积累层，有利于水分还原为氢，表现出 n 型特征的含氮量子点促进了水氧化成氧气的空穴转移，从而大大提高了分解速率[83, 84]。

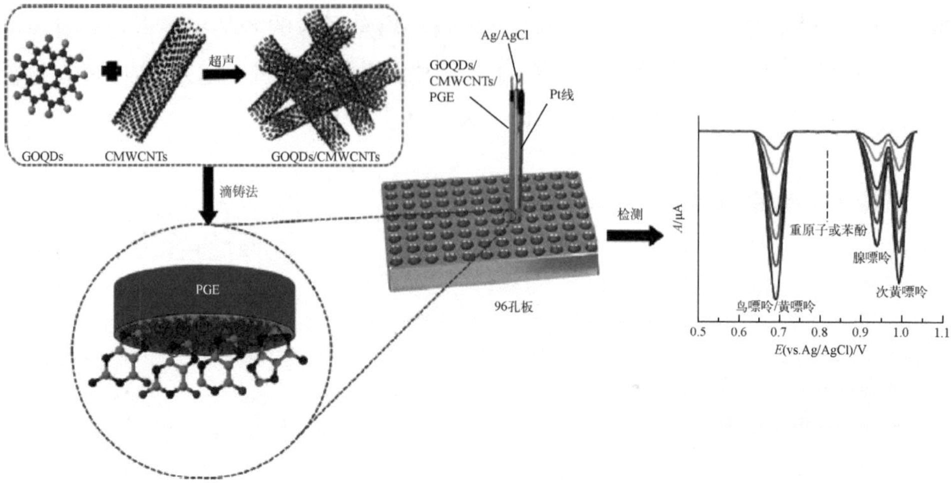

图 1-14　GOQDs/CMWCNTs 电化学传感器的合成及检测过程[73]

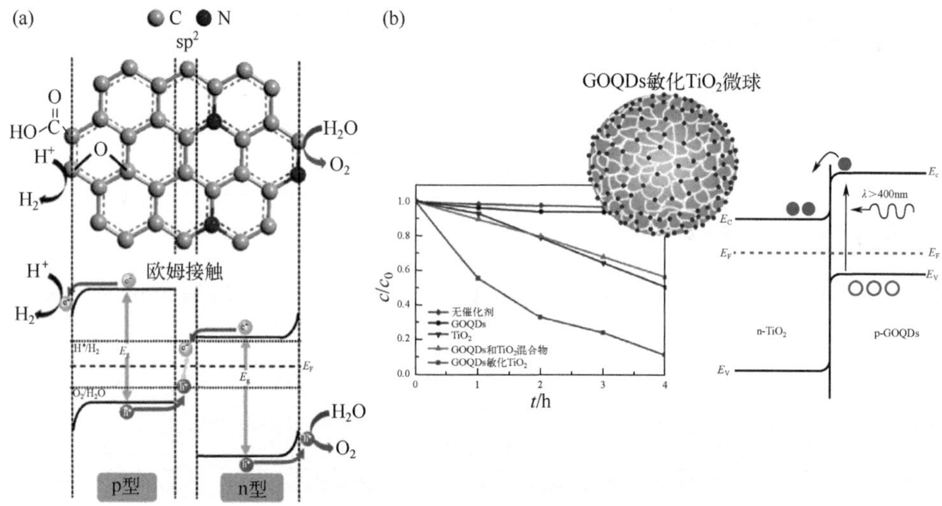

图 1-15　（a）基于氮掺杂的氧化石墨烯量子点的光催化剂催化水分解的反应方案[82]；（b）GOQDs /TiO_2 多孔微球的结构以及可见光照射下电荷载体的分离[85]

Zhang 等[85]制备了一种基于 GOQDs 敏化多孔 TiO_2 微球的可见光催化剂，并证明在太阳能转化和环境修复方面具有很好的前景［图 1-15（b）］。

2016 年 Zeng 等将 GOQDs 与氨基改性聚偏二氟乙烯（PVDF）膜的共价键结

合产生了一种新型的纳米碳功能化膜，并且使用了含大肠杆菌的进料水的连续过滤测试。结果表明，GOQDs 的独特结构和分散性，以及 PVDF 和 GOQDs 之间的强共价相互作用，使得 GOQDs 能有效杀死大肠杆菌和金黄色葡萄球菌细胞，并且可以防止膜表面由于污染而造成的生物膜的再次形成。GOQDs/PVDF 具有优异的亲水性、稳定性、抗污染性和抗菌性，为制造高效表面功能化聚合物膜开辟了一条新的合成途径，可用于废水处理和生物分子分离（图 1-16）[86]。

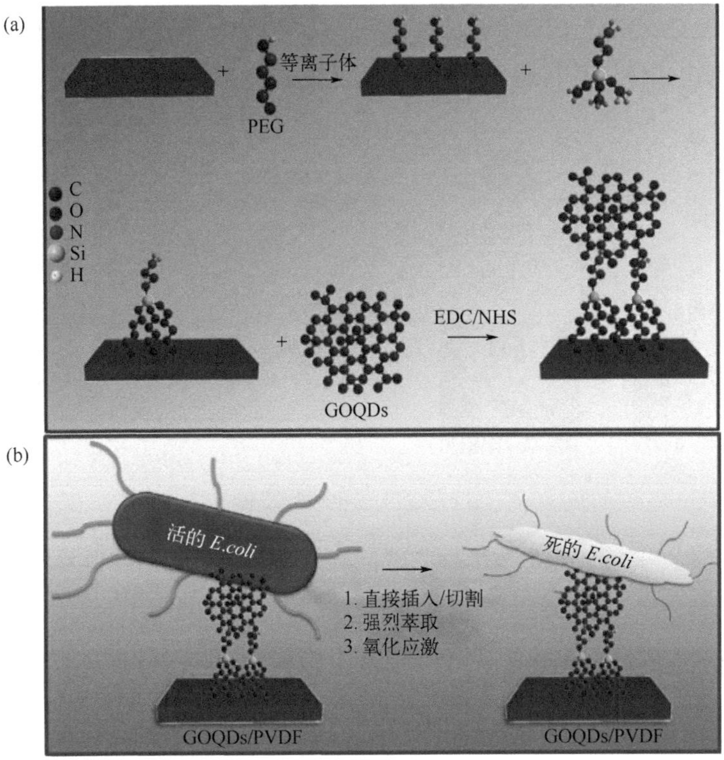

图 1-16 （a）GOQDs 共价固定到 PVDF 膜表面；（b）GOQDs/PVDF 杀菌机理示意图[86]

（5）GOQDs 在生物医学领域的应用

2015 年，Shi 等[87]将具有较高生物相容性的氧化石墨烯量子点与具有高发光性能氨基化的磁性纳米材料（Fe_3O_4）结合，使用双光子成像技术实现了对 Hep G2 肝癌细胞的分离和富集，并用非靶向 GPC3(−)-SK-BR-3 乳腺癌细胞验证了该复合材料具有较高的选择性。该研究进一步推动了氧化石墨烯量子点在医学诊断方面的应用［图 1-17（a）］。

2017 年，Sun 等[88]分析了 GOQDs 对含有大量乙醇的细胞活力的影响。结果表明 GOQDs 具有抗氧化作用，可显著缓解乙醇诱导的细胞活力下降，可作为纳米酶加速乙醇代谢，避免细胞内毒素中间体积累，而且可以减轻线粒体损伤和过多的自由基生成［图 1-17（b）］。Cho 等[89]以上转换纳米粒子（UCNP）为核心，用聚乙二醇（PEG）修饰后偶联 GOQDs 制成核壳型的纳米粒子，然后将一种常用且具有光敏性的化疗药物——竹红菌甲素（HA）通过 π-π 相互作用装载到 GOQDs 上，并将此纳米材料复合物（HA/GOQDs/UCNP）应用于 MTT 比色实验中，证明 HA/GOQDs/UCNP 纳米复合粒子可以在很大程度上减小给药造成的不良反应，在细胞成像、药物递送和细胞治疗方面具有很好的优势［图 1-17（c）］。

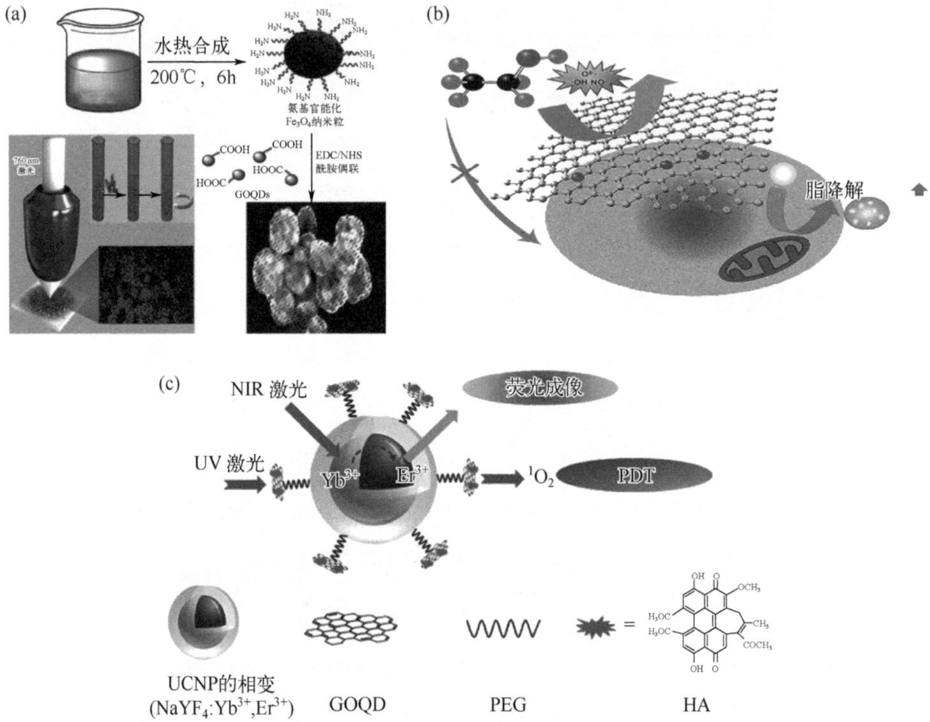

图 1-17 （a）GOQDs-包被的高荧光磁性纳米材料的合成过程和选择性分离血液中磷脂酰肌醇蛋白聚糖-3（GPC3）表达的 Hep G2 肝癌细胞的示意图[87]；（b）氧化石墨烯量子点对细胞中乙醇的降解[88]；（c）HA / GOQDs / UCNP 纳米粒子的作用过程[89]

（6）氧化石墨烯量子点在细胞成像方面的应用

2016 年，Ji 等[90]以 GC-2 和 TM4 细胞为例，应用细胞成像的方法研究了不同浓度的氧化石墨烯量子点对雄性生殖系统的影响和分子机制（图 1-18）。

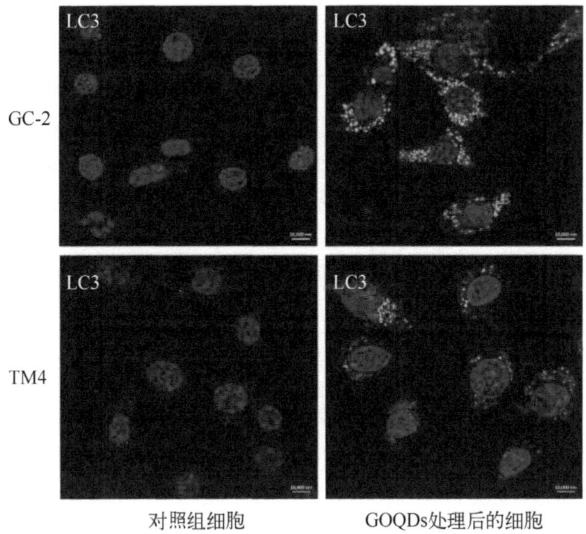

图 1-18　用 100mg/mL GOQDs 处理 24h 后细胞的荧光图像[90]

（7）氧化石墨烯量子点在材料合成方面的应用

2010 年 Yeh 等[83]通过湿法转移法将 GOQDs 与环氧树脂涂层结合并对比了 GO 和 GOQDs 在增强环氧涂层的性能方面的作用。研究发现，GOQDs 的存在使得环氧涂层的杨氏模量、断裂应力、断裂能和拉伸应变都显著增加，而且能够有效地抑制涂层中裂纹的扩展。

1.3　核酸适配体

1.3.1　核酸适配体的筛选方法

核酸适配体是一类对目标化合物具有特异性结合能力的特定的单链 DNA（ssDNA）或者是 RNA 寡核苷酸序列，通常包含 20～100 个碱基，能够折叠成明显的三维结构[91, 92]。自 1990 年被 Ellington 和 Tuerk 等首次使用“指数富集的配体系统进化”（SELEX）在体外选择和扩增产生具有特异性的 RNA 序列以来[62,93]，后人已经在此基础上筛选出多种对生物小分子（如核苷酸、辅因子或氨基酸）、多肽、多糖和蛋白质到整体复杂结构细胞、病毒和单细胞生物等具有高度特异性的核酸适配体[94]。在发展核酸适配体的同时，人们对选择不适合固定在固体表面上的目标适配体的筛选提出了更高的要求，如 2005 年 Stoltenburg 等[95]对传统的 SELEX 方法进行了改进：使用荧光标记代替传统的放射性标记用于 DNA 定量；使用磁珠用于固定目标，减少了筛选过程中需要的目标化合物的量，而且可以使结合的和未结合的分子快速并高效地分离，使用严格的洗涤步骤，简化了筛选过程，并将其称为 FluMag-SELEX 技术。2012 年，Stoltenburg 等[96]在此基础上，对筛选适配体的方法进行了进一步的改进（Capture-SELEX），将目标分子固定在磁珠上，对寡核苷酸的荧光标记进行了定量，并将此程序成功应用于混合药物（卡那霉素 A、磺胺甲酰胺、磺胺甲噁唑和盐酸索他洛尔）目标适配体的选择过程中（图 1-19），为筛选不适合固定在固体表面上的目标的适配体提供了一条新的路径。

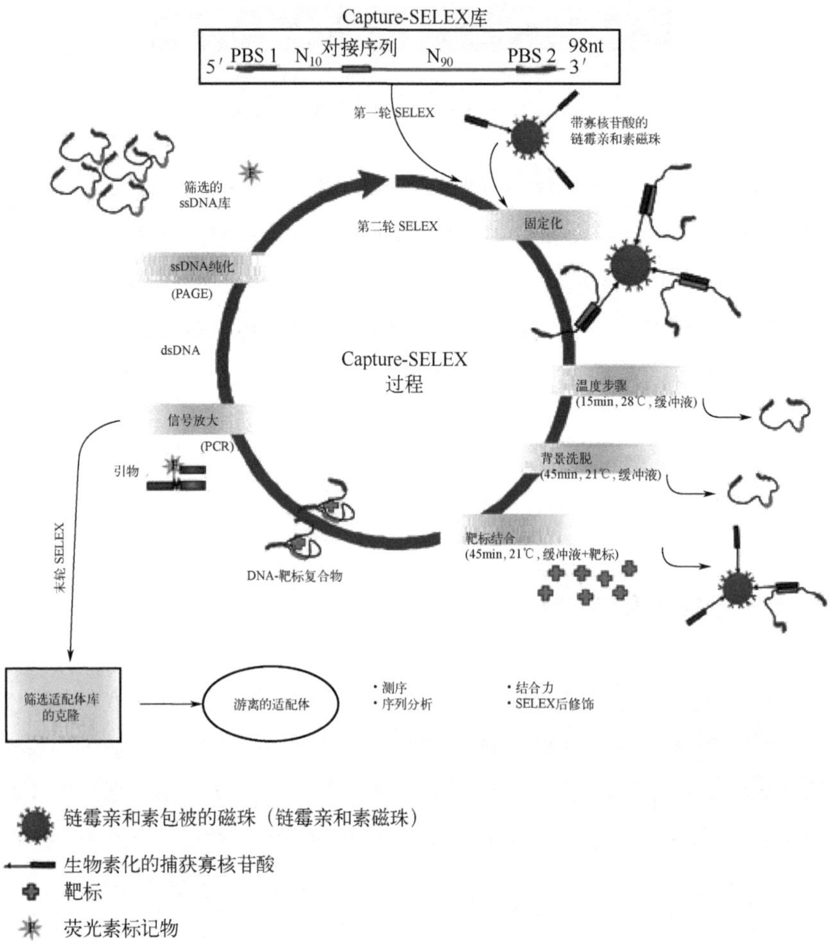

图 1-19　Capture-SELEX 策略筛选适配体的过程[96]

1.3.2 核酸适配体的应用

核酸适配体的目标范围广泛，包括金属离子[97]、小分子[98]、生物大分子[99]、微生物[100]，甚至细胞[101]。而且，其与自身的目标物质的结合方式不同：富含胸腺嘧啶（T）和鸟嘌呤（G）的 ssDNA 序列对 Cd^{2+}具有较强的特异性[102]；K^+、Na^+、Ca^{2+}和 Pb^{2+}可以使富含鸟嘌呤（G）的 ssDNA 从无规卷曲状态转换为 G-四链体结构[103]；Hg^{2+}可以选择性地与碱基 T 结合形成 T-Hg^{2+}-T 复合物[104]，胞嘧啶（C）可以特异性地识别 Ag^+并结合形成 C-Ag^+-C 复合物[105]；大多数抗生素的适配体可以通过卷曲折叠包裹抗生素，而表现出对抗生素的高度选择性和特异性。由于核酸适配体具有合成简单、纯度高、重复性好、成本较低、易于进行修饰、具有较高的稳定性等优势[106]，而被广泛应用于化学传感器、荧光传感器、比色传感器等方面（表 1-2）。

表 1-2 核酸适配体在不同生物传感器中的应用

应用范围	检测目标	检出限	线性范围	参考文献
电化学传感器	Pb^{2+}	0.4nmol/L	0.001～1000μmol/L	[107]
	青霉素 G	4μg/L	0.4～1000μg/L	[108]
	Pb^{2+}	0.40nmol/L	0.75～6.0nmol/L	[109]
	Hg^{2+}	2.6nmol/L	5～200nmol/L	[53]
	ATP	3μmol/L	6～1200μmol/L	[110]
	黄曲霉毒素 B	3.4nmol/L	10～400nmol/L	[111]
	氯霉素	3pg/mL	0.005～100ng/mL	[112]
	氯霉素	0.002ng/ mL	0.05～100ng /mL	[113]
荧光传感器	卵转铁蛋白	23.55ng/mL	0.05～3.8μg/mL	[114]
	HIV 基因	15fmol/L	50.0fmol/L～1.0nmol/L	[115]
	恩诺沙星	0.04ng/mL	0.5～10ng/mL	[116]
	凝血酶	2.6nmol/L	5.0～500nmol/L	[117]
	有机磷农药	23.4nmol/L	—	[118]
	溶菌酶	4.3nmol/L	8.9～71.2nmol/L	[119]
	Cu^{2+}	58nmol/L	0.1～10μmol/L	[120]
比色传感器	Pb^{2+}	0.6nmol/L	1～1×10^5nmol/L	[121]
	25-羟基维生素 D_3	11nmol/L	0.19～25μmol/L	[122]

1.4 单链 DNA 结合蛋白

1.4.1 单链 DNA 结合蛋白的性质和检测方法

单链DNA结合蛋白（SSB）是一种生物体正常新陈代谢所不可缺少的蛋白质。体外实验常用的是大肠杆菌（*Escherichia coli*）*ssb*基因表达的产物，由177个氨基酸组成，在溶液中通常以稳定的同型四聚体的形式存在，每个亚单位由一个OB折叠组成，用于结合单链DNA（ssDNA）[123]。SSB可以选择性地与ssDNA结合，使长链ssDNA达到饱和的状态，并且可以结合在DNA复制、重组和修复过程中起重要作用的蛋白质[124,125]，这一特性有助于保护DNA免受核酸酶的损害[126,127]，使得SSB成为一种细菌正常代谢过程中必不可缺的蛋白质[128]。考虑到SSB的重要作用，科学家们已经开发了多种用于检测SSB的方法，如原子力显微镜（AFM）[129]、分子信标[130]、表面等离子体共振显微镜（SPR）[131]等。Chang等[132]利用ssDNA对SSB具有特异性亲和力的性质，在DNA的存在下通过$NaBH_4$还原$AgNO_3$和$Cu(NO_3)_2$制备出具有强荧光性质且稳定的DNA-Cu/Ag贵金属纳米团簇并实现了对SSB的灵敏检测（图1-20）。

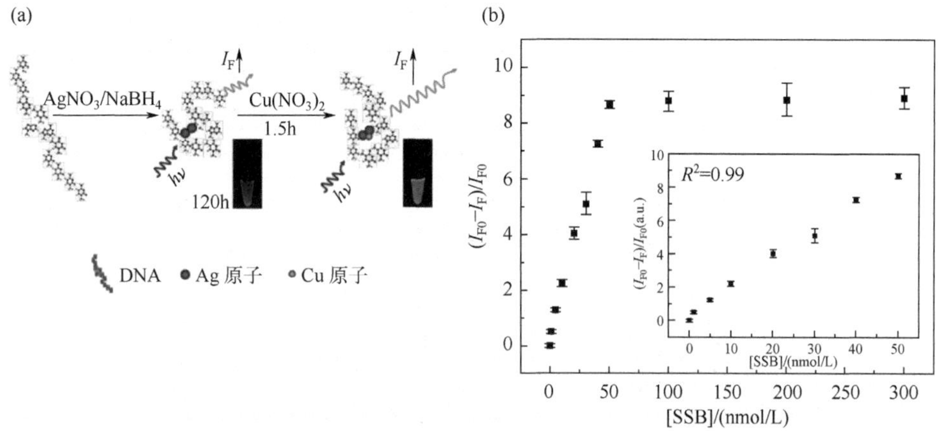

图1-20 （a）DNA-Ag和DNA-Cu/Ag贵金属纳米团簇的合成；（b）DNA-Cu/Ag贵金属纳米团簇加入SSB后的荧光响应曲线[132]

1.4.2 单链 DNA 结合蛋白与单链 DNA 结合的方式

在不同的溶液条件下SSB呈现出三种不同的结合ssDNA的模式，根据盐类型、浓度以及游离的 SSB 浓度的不同，每个四聚体所包裹的核苷酸数量可以有 35、56、65 的三个不同的值，其中，在盐浓度比较低或者 SSB 与 DNA 比率比较高的溶液中呈现出$(SSB)_{35}$的结合模式，四聚体中只有两个亚基与 35 个 ssDNA 相互作用[126]，而在单价盐浓度比较高（$Na^+ \geqslant 200mmol/L$）或者溶液中存在二价盐离子（$Mg^{2+} \geqslant 2mmol/L$）的情况下呈现$(SSB)_{65}$的结合模式，四聚体中的四个亚基都与 ssDNA 发生相互作用（图 1-21）[133, 134]。另一种结合模式$(SSB)_{56}$出现的概率比较小[126]。SSB 四聚体可以从一个 ssDNA 分子转移到另一个 ssDNA 分子而不经过游离的蛋白质中间体，并且转移的速率仅取决于初始 SSB-ssDNA 供体复合物内游离 DNA 结合位点的可用性，这种结合机制大大提高了 SSB 与 ssDNA 的结合速率[135, 136]。

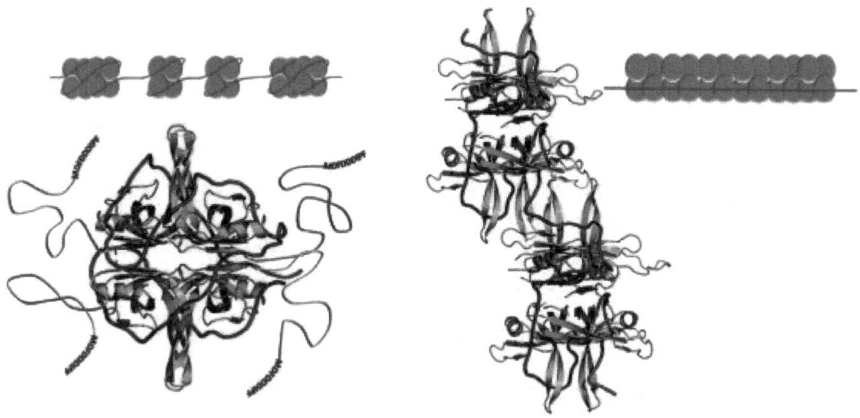

(a) $(SSB)_{65}$模式　　(b) $(SSB)_{35}$模式

图 1-21　$(SSB)_{65}$和 $(SSB)_{35}$结合 ssDNA 的模式图[134]

1.4.3　单链 DNA 结合蛋白在生物检测方面的应用

（1）单链 DNA 结合蛋白在 DNA 检测方面的应用

Lyubchenko 等通过在原子力显微镜和电子显微镜下观察发现 SSB 对单链 DNA 具有较高的亲和力，无论在 ssDNA 的末端还是间隙上都可以选择性地与其结合为稳定的复合物，而对 dsDNA 几乎不具亲和力[137]。2004 年，Kagan Kerman 等[138]利用 SSB 可以很好地区分 ssDNA 和 dsDNA 的特点，将 SSB 连接到单链寡核苷酸（ssDNA）修饰的 Au 纳米颗粒的自组装层（SAM）上，放大 Au 的氧化信号，与加入双链杂合体 DNA 后系统低的 Au 氧化信号进行对比，实现了对 DNA 杂交的检测，并得到了很好的结果（图 1-22）。该研究结果拓宽了 SSB 在电化学

DNA 杂交检测芯片制造方面的应用。2005 年 White 等用 SSB 可以特异性结合 ssDNA 的特性实现了对体外损伤 DNA 的检测[139]。

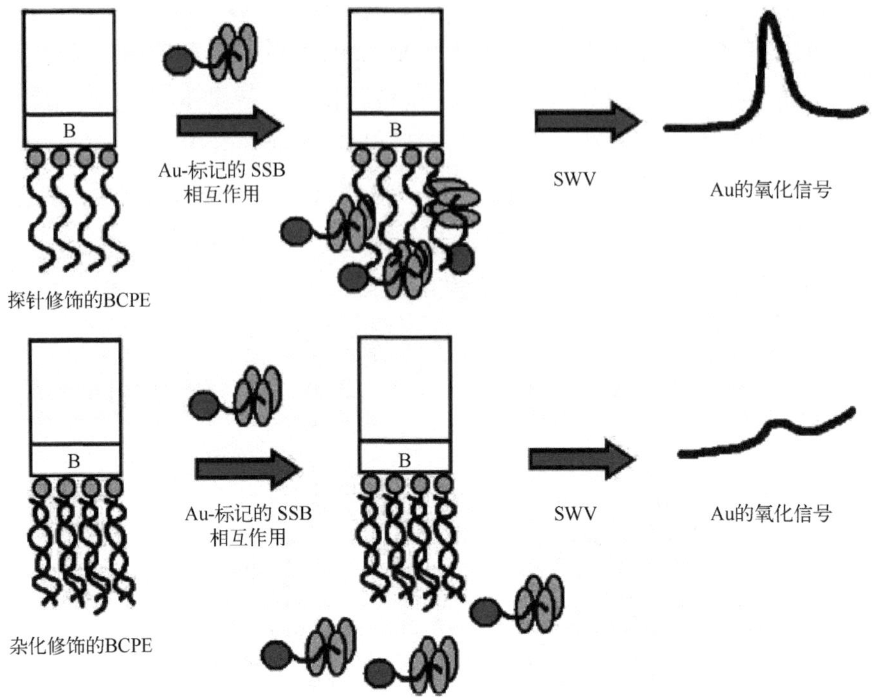

图 1-22　用电化学方法检测 DNA 杂交的示意图[138]

（2）SSB 与适配体结合在荧光生物传感器方面的应用

SSB 可以特异性地结合游离的处于自由状态的适配体，而对其与目标结合后的折叠状态几乎不具亲和力[140]（图 1-23）。这使得 SSB 可以与适配体结合制成荧光生物传感器，而用于目标化合物的检测中。

2016 年，Miao 等[141]将氨基化的脂质体与树状体 CdSe/ZnS 量子点结合形成 L-QD 复合物，再加入 SSB，最终制备出一种囊泡状信号示踪剂（SSB/L-QD）。该示踪剂包封了多个量子点和 SSB，具有优异的信号放大效应。向 SSB/L-QD 探针中加入适配体修饰的纳米金（Au-apt）后，由于 SSB 对适配体的特异亲和力，SSB/L-QD 与 Au-apt 相互靠近，发生荧光共振能量转移（FRET），导致供体 SSB/L-QD 的荧光猝灭。当在体系中加入氯霉素（CAP）时，Au-apt 上的适配体优先与氯霉素结合，导致 SSB /L-QD 荧光探针释放，体系荧光恢复，从而实现了对氯霉素的检测［图 1-24（a）］。Miao 等[142]将 SSB 与亲脂性的荧光染料 1,1′-双十八烷基-3,3,3′,3′-四甲基吲哚碳高氯酸盐（DIL）结合制备出高灵敏的荧光囊泡状信号示踪剂（SSB/DIL-Lip）。他们基于氯霉素、SSB/DIL-Lip 与适配体之间的竞争结合作用——即氯霉素与 SSB/DIL-Lip 竞争结合适配体所引发的荧光信号变化，实现了对鱼类等海洋生物体内氯霉素的灵敏检测，进一步拓展了 SSB 与荧光探针结合在生物检测方面的应用［图 1-24（b）］。

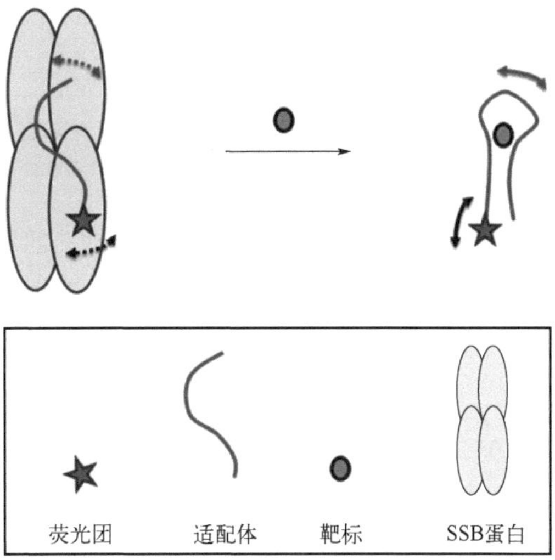

图 1-23　基于 SSB 的荧光适配体探针结合靶标的示意图[140]

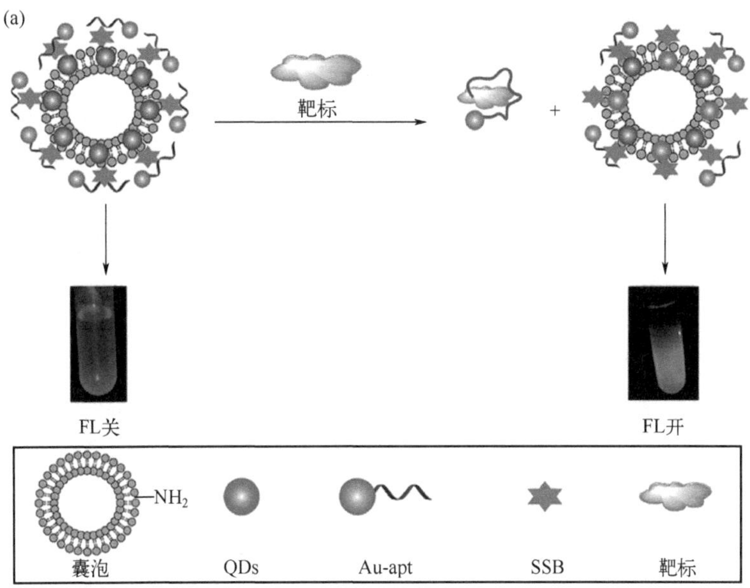

图 1-24

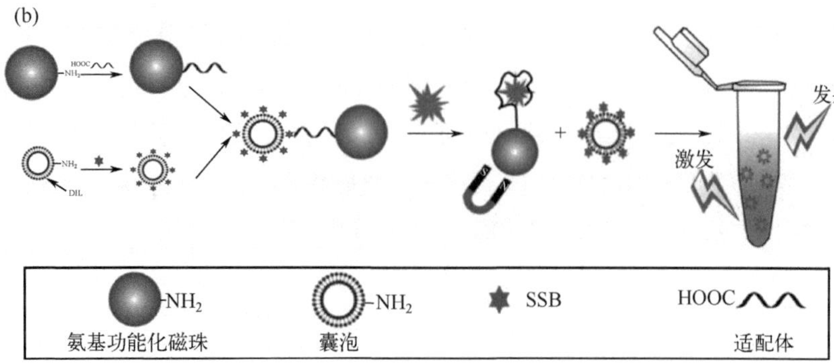

图 1-24 （a）基于荧光共振能量转移的 SSB/L-QD/Au-apt 系统实现氯霉素的检测过程[141]；（b）SSB/DIL-Lip 作为磁性纳米探针实现氯霉素检测的生物传感器的合成及检测过程示意图[142]

2017 年 Taghdisi 等[143]同样基于 SSB 的特性——即对游离态适配体具有高亲和力，而对与结合目标后处于折叠构象的适配体亲和力较弱，制备了一种新型的荧光适配体传感器，用于检测结核分枝杆菌。检测机理如下：首先合成一段由干扰素 γ（IFN-γ）适配体、富含胸腺嘧啶（T）的寡核苷酸序列及其互补序列组成的具有发卡结构的 DNA 片段，然后将此片段与链霉亲和素包被的二氧化硅纳米粒子结合，形成一种寡核苷酸修饰的 SNP-链霉抗生物素蛋白复合材料。系统中不加入 IFN-γ 的情况下，寡核苷酸将其发夹结构保留在 SNP-链霉抗生物素蛋白的表面上，使得 SSB 不能与 ssDNA 结合，加入 Cu^{2+}和抗坏血酸后与含有 dsDNA 和富含胸腺嘧啶的寡核苷酸结构的茎区结合而形成 Cu 纳米粒（Cu NPs），产生强烈的荧光信号；当向系统中加入 IFN-γ 后，由于适配体与目标 IFN-γ 结合而破坏了寡核苷酸的发夹结构，SSB 与寡核苷酸的 3′末端富含胸腺嘧啶的 ssDNA 相互作用，此时，再向混合物中加入铜离子和抗坏血酸时，由于样品中缺乏 dsDNA 和富含胸腺嘧啶的 ssDNA 作为模板用于形成具有强荧光信号的 Cu 纳米粒，使得检测体系的荧光强度减弱。通过对比 IFN-γ 加入前后体系荧光强度的变化实现对尿液中 IFN-γ 的检测，显示出了 SSB 在生物医学检测中的巨大潜力［图 1-25（a）］。

Wang 等[112]以 EDC 和 NHS 为偶联剂，将氨基化的 CdSe / ZnS 量子点与 SSB 结合，制备出具有强荧光性质的纳米复合材料（QDs@SSB）作为荧光探针；同时，将荧光猝灭剂纳米金（Au）与巯基化的氯霉素的适配体结合（Au@apt）作为荧光受体。在检测体系中，当没有加入目标（氯霉素）时，由于 SSB 和 ssDNA 之间具有较强的亲和力，使得 QDs@SSB 和 Au@apt 相互靠近，发生荧光共振能量转移（FRET），导致量子点荧光猝灭；加入氯霉素后，适配体因其与氯霉素之间更强的亲和力而与之结合并折叠，从而失去与 SSB 结合的能力。这使得 QDs@SSB 和 Au@apt 分离，量子点荧光恢复，且荧光恢复程度与氯霉素浓度呈显著正相关。基于此机理，实现了对氯霉素的灵敏检测。实验证明，该方法具有较好的选择性、稳定性和抗干扰性［图 1-25（b）］。

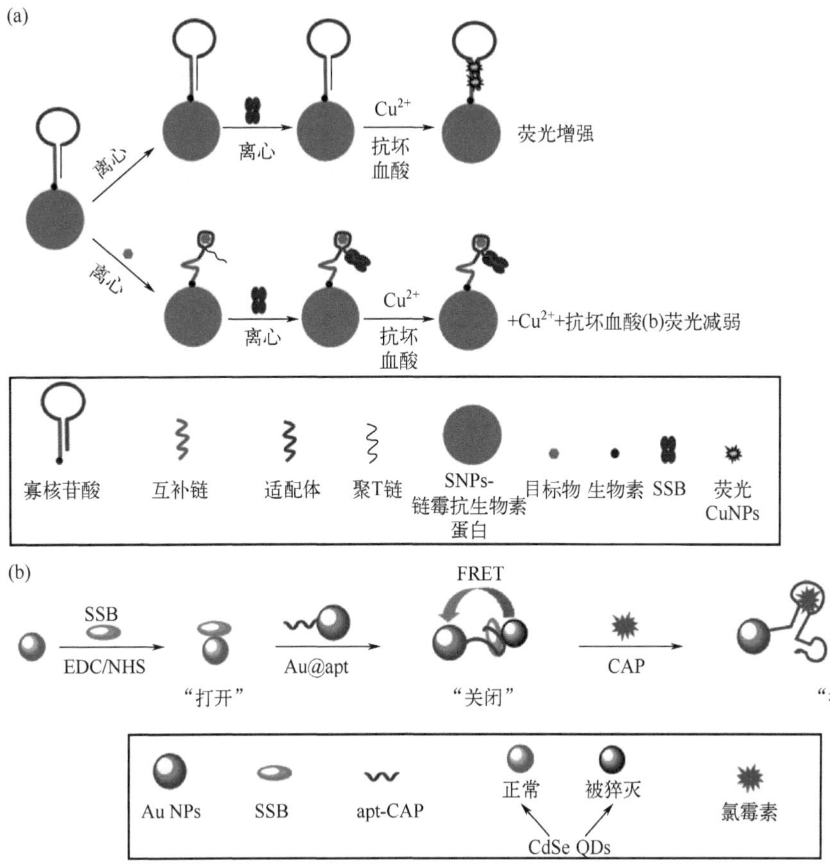

图 1-25 （a）基于荧光共振能量转移的 QDs@SSB@AuNPs@apt 开关检测氯霉素的示意图[143]；（b）基于寡核苷酸修饰的 SNP-链霉抗生物素蛋白复合材料的荧光适配体传感器检测 IFN-γ 的示意图[112]

（3）SSB 与适配体结合在电化学传感器方面的应用

电化学分析方法因其灵敏度高、成本低、操作简便、样品需求量小和便携性好等特点而应用广泛[144,145]。2017 年，Abnous 等开发了一种以阴离子$[Fe(CN)_6]^{3-}$/$[Fe(CN)_6]^{4-}$作为氧化还原探针的电化学传感器，实现了对环丙沙星的检测[146]。检测机理基于：体系中不存在环丙沙星的情况下，SSB 与固定化的适配体（apt）结合，限制氧化还原探针通过空间位阻和负电荷进入电极表面，产生较弱的电流信号［图 1-26（a）］；向体系中加入环丙沙星后，适配体选择性地与环丙沙星结合而释放出 SSB，使得更多的氧化还原探针进入电极表面并产生强电流信号［图 1-26（b）］，从而实现了对环丙沙星的检测，检测限（LOD）低至 263pmol/L，并成功地用于实际样品血清、牛奶和水样中环丙沙星的灵敏检测。

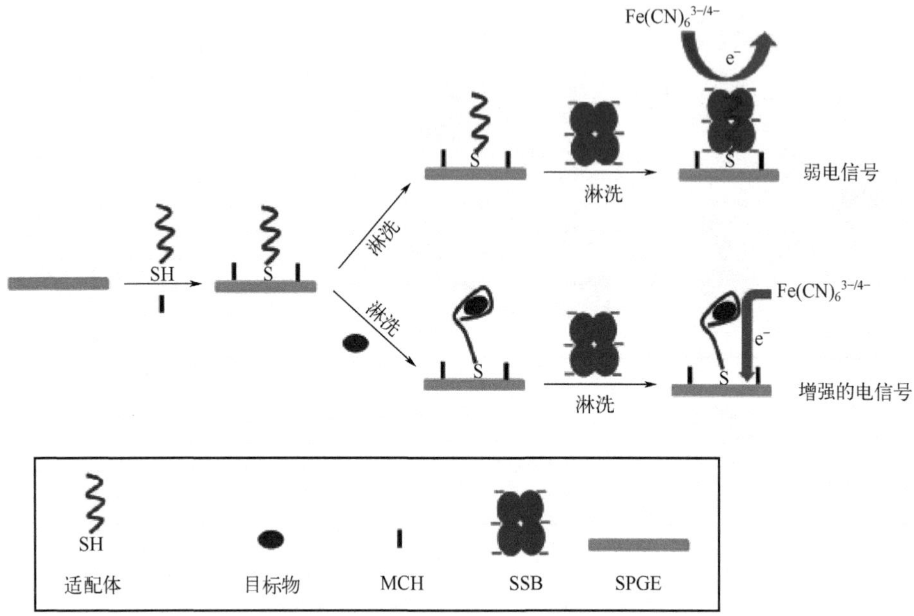

图 1-26　用电化学的方法实现环丙沙星检测的过程[146]

（4）SSB 与适配体结合在比色传感器方面的应用

核酸外切酶Ⅰ（ExoⅠ）可特异性地裂解与目标物结合的适配体，释放出具有不同光学性质（如荧光颜色变化）的片段，从而实现信号放大。ExoⅠ因其高的选择性——仅作用于暴露 3′末端的 ssDNA，而不能降解 3′末端封闭的 ssDNA，被广泛应用于辅助目标物回收的过程中[147]。

多孔二氧化硅微珠（P-SiO_2）直径约为 5～10μm[148]，具有高比表面积、良好的抗压性、高负载能力以及优异的生物相容性[149]。2017 年，Luan 等在充分考虑 P-SiO_2、核酸适配体、SSB 的优势后，开发了一种新型的多聚酶 PV 修饰的 P-SiO_2 适配体探针，然后采用 ExoⅠ辅助目标物的回收使得信号放大的比色传感器，并成功地用于链霉素（STR）的检测。检测机理基于：在 STR 和 ExoⅠ存在的情况下，比色探针上的核酸适配体捕获 STR，形成 STR /apt-Au-PV 复合物，并从 P-SiO_2-

SSB 捕获探针中释放出来。然后，Exo Ⅰ 选择性地分解 STR / Apt Au-PV 复合物的核酸适配体，并且再次释放 STR 用于信号的回收和放大。PV 上标记的大量 HRP 可进一步有效催化 H_2O_2 TMB 体系显色，实现二次信号放大。此外，Exo Ⅰ 的作用实现信号的第三次放大，使得比色传感器的灵敏度大大提高，检出限低至 1pg/mL[149]（图 1-27）。

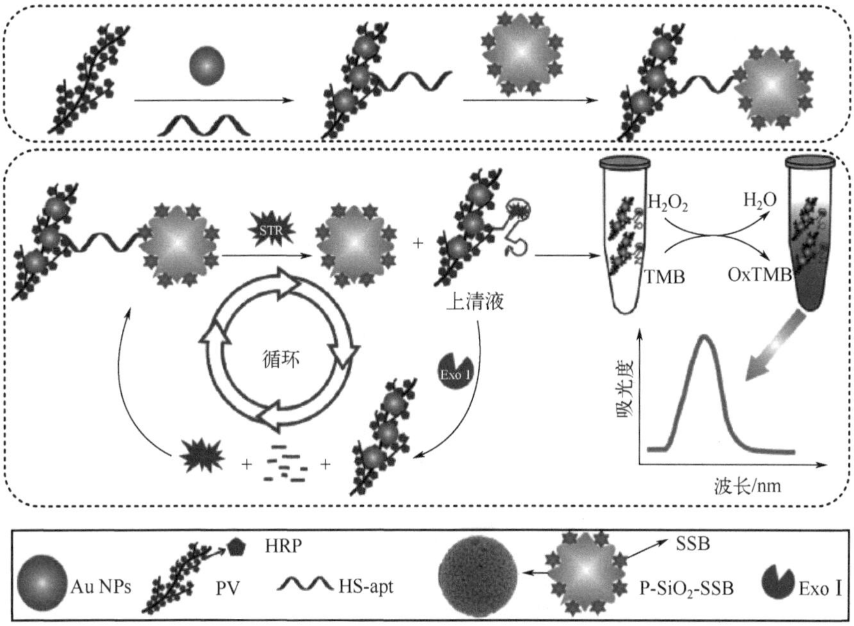

图 1-27　以 STR/apt-Au-PV 复合物为基础的比色适配体传感器检测链霉素的示意图[149]

1.5　碳基纳米材料的生物化学传感分析设计

碳基纳米材料（GO、GOQDs 和 CQDs）和生物大分子（单链 DNA、单链 DNA 结合蛋白以及核酸适配体）以其独特的物理化学性质与优异的生物相容性，在提高生物传感器检测性能方面显现出巨大的优势，引领着生物化学传感分析技术的深刻变革。这些新型材料的结合为生物分子检测、环境胁迫监测、生命过程解析等提供了全新的视角与技术手段。

然而，尽管碳基纳米材料在生物化学传感领域已取得诸多突破性成果，但研究进程中仍面临诸多挑战。例如，部分传感体系的稳定性与重复性有待提升，复杂生物样本中的干扰因素会影响检测的准确性，纳米材料的生物安全性评估尚需进一步完善等。同时，随着生命科学研究的深入与实际应用需求的增长，对碳基纳米材料生物化学传感器的灵敏度、特异性提出了更高要求。在此背景下，系统梳理与深入探讨相关研究成果，对推动该领域的持续发展具有重要意义。

本书围绕碳基纳米材料的生物化学传感分析展开，聚焦基于氧化石墨烯量子点（GOQDs）、红色发光碳点（R-CDs）、羧基化单壁碳纳米管（SWCNTs-COOH）等碳基纳米材料及 2-氨基嘌呤（2-AP）构建的生物化学传感体系的建立及在生化分析中的应用。

第 1 章系统阐述了碳基纳米材料和生物大分子的特征及在生化分析领域应用的研究进展。

第 2 章基于动物源性食品中抗生素磺胺二甲嘧啶(SMZ)检测的迫切需求，采用 GOQDs 偶联 SMZ 特异性适配体（GOQDs@apt）为荧光探针，GO 为猝灭剂构建了生物传感器（GOQDs@apt/GO/SMZ），借助 FRET 机制荧光共振能量转移实现了对 SMZ 的特异性检测。

第 3 章面对食品安全领域对转基因食品高效检测的需求，将 ssDNA 标记的 GOQDs（QDs-ssDNA）作为荧光探针，GO 作为猝灭剂，设计了一种基于 DNA 杂交的 FRET 生物传感器，借助 QDs-ssDNA 与互补 ssDNA 具有特异性亲和力，GO 对 QDs-ssDNA 亲和力显著高于 QDs-dsDNA 的机理，实现了对转基因食品标志性序列——NOS 终止子基因序列（NOSt）的超灵敏检测。

第 4 章基于荧光共振能量转移（FRET）技术的优势及实现卡那霉素（KAN）灵敏检测的迫切需求，将单链 DNA 结合蛋白（SSB）与氧化石墨烯量子点（GOQDs）偶联形成 QD-SSB 复合物，作为荧光探针，将适配体与 BHQ_1 结合（Apt-BHQ_1）作为猝灭剂，运用 FRET 原理实现了 KAN 的超痕量检测。

第 5 章针对食品检测领域有毒有害物质赭曲霉毒素 A（OTA）的高效检测的需求，开发了一种基于 OTA 特异性核酸适配体、2-氨基腺嘌呤（2-AP）标记寡核苷酸序列及核酸外切酶 Ⅰ（Exo Ⅰ）的高灵敏性荧光适配体传感器，实现了对 OTA 的特异性检测。

第 6 章针对胰岛素检测在疾病诊断领域的重要性设计了一种以红色发射碳点（R-CDs）偶联胰岛素特异性适配体的纳米复合材料（R-CDs@Apt）为荧光供体，氧化石墨烯（GO）为荧光受体的 FRET 生物传感器（R-CDs@Apt/GO/INS），凭借适配体序列对 GO 和 INS 均具有一定亲和力，且对 INS 的亲和力强于 GO 的机理实现了对 INS 的有效检测。

第 7 章针对生物体内钾离子（K^+）浓度的测定的急切需求，设计了一种基于 K^+适配体（K-apt）、适配体互补序列（C-apt）、红色荧光碳点（R-CDs）与氧化石墨烯（GO）的钾离子（K^+）生物传感器。借助 K-apt 对 C-apt 和 K^+，且对 K^+亲和力更强的机理实现 K^+的高效、灵敏检测。

第 8 章为探讨羧基化单壁碳纳米管（SWCNTs-COOH）的生物效应，选用“品育 8012”小麦为实验材料，采用水培的方式研究不同浓度 SWCNTs-COOH 对低钾胁迫下小麦幼苗生长发育的影响。

第 9 章探讨了不同浓度羧基化单壁碳纳米管（COOH-SWCNTs）对盐碱胁迫下对盐地碱蓬的表型、转录组和代谢组的影响。

本书的撰写旨在为从事材料科学、生物化学、生态环境毒理学等多学科交叉研究的科研工作者提供全面的理论参考与技术借鉴，帮助读者深入了解碳基纳米材料生物化学传感分析领域的研究现状与发展趋势；也期望能为相关专业的学生打开一扇探索前沿科学的窗口，激发其科研兴趣与创新思维。尽管笔者在编写过程中竭尽全力，但受学识与研究进展所限，书中难免存在不足之处，恳请各位读者不吝指正。让我们共同期待碳基纳米材料在生物化学传感分析领域绽放出更加璀璨的光芒，为解决人类面临的重大科学问题与实际应用难题贡献力量。

参考文献

[1] Sharma S K, Leblanc R M. Biosensors based on beta-galactosidase enzyme: Recent advances and perspectives[J]. Anal Biochem, 2017, 535: 1-11.

[2] Mazur F, Bally M, Stadler B, et al. Liposomes and lipid bilayers in biosensors[J]. Adv Colloid Interface Sci, 2017, 249: 88-99.

[3]Leland C. Clark J, Champ Lyons. Electrode systems for continuous monitoring in cardiovascular surgery[J]. Ann NY Acad Sci, 1962, 102: 29-45.

[4] BahadiR E B, Sezgintürk M K. Applications of commercial biosensors in clinical, food, environmental, and biothreat/biowarfare analyses[J]. Anal Biochem, 2015, 478: 107-120.

[5] Paitan Y, Biran I, Shechter N, et al. Monitoring aromatic hydrocarbons by whole cell electrochemical biosensors[J]. Anal Biochem, 2004, 335(2): 175-183.

[6] Nakamura H, Karube I. Current research activity in biosensors[J]. Anal Bioanal Chem, 2003, 377(3): 446-468.

[7] Tan B, Zhao H, Du L, et al. A versatile fluorescent biosensor based on target-responsive graphene oxide hydrogel for antibiotic detection[J]. Biosens Bioelectron, 2016, 83: 267-273.

[8] Emrani A S, Danesh N M, Ramezani M, et al. A novel fluorescent aptasensor based on hairpin structure of complementary strand of aptamer and nanoparticles as a signal amplification approach for ultrasensitive detection of cocaine[J]. Biosens Bioelectron, 2016, 79: 288-293.

[9] Iqbal A, Tian Y, Wang X, et al. Carbon dots prepared by solid state method via citric acid and 1,10-phenanthroline for selective and sensing detection of Fe^{2+} and Fe^{3+}[J]. Sens Actuators B, 2016, 237: 408-415.

[10] Lakowicz J Principles of Fluorescence Spectroscopy[M]. Springer US, 2006: 456-457.

[11] Diac A, Focsan M, Socaci C, et al. Covalent conjugation of carbon dots with Rhodamine B and assessment of their photophysical properties[J]. RSC Adv, 2015, 5(95): 77662-77669.

[12] Liu H, Xu C, Bai Y, et al. Interaction Between Fluorescein Isothiocyanate and Carbon Dots: Inner Filter Effect and Fluorescence Resonance Energy Transfer[J]. Spectrochimica Acta Part A Molecular & Biomolecular Spectroscopy, 2017, 171: 311-316.

[13] Xie R, Wang Z, Zhou W, et al. Graphene quantum dots as smart probes for biosensing[J]. Anal Methods, 2016, 8(20): 4001-4016.

[14] Zhang J, Cheng F, Li J, et al. Fluorescent nanoprobes for sensing and imaging of metal ions: recent advances and future perspectives[J]. Nano Today, 2016, 11(3): 309-329.

[15] Dong Y, Cai J, You X, et al. Sensing applications of luminescent carbon based dots[J]. Analyst, 2015, 140(22): 7468-7487.

[16] Zhao A, Chen Z, Zhao C, et al. Recent advances in bioapplications of C-dots[J]. Carbon, 2015, 85: 309-327.

[17] Novoselov K S, Geim A K, Morozov S V, et al. Electric field effect in atomically thin carbon films[J]. Science, 2004, 306(5696): 666-669.

[18] Geim A K. Graphene: Status and Prospects[J]. Science, 2009, 324(5934): 1530.

[19] Novoselov K S, Geim A K, Morozov S V, et al. Materials and Methods: Electric field effect in atomically thin carbon films[J]. Science, 2004, 95: 1-12.

[20] Huang H C, Huang C W, Hsieh C T, et al. Photocatalytically Reduced Graphite Oxide Electrode for Electrochemical Capacitors[J]. J Phys Chem C, 2011, 115(42): 20689-20695.

[21] Liu Y, Xue J S, Zheng T, et al. Mechanism of lithium insertion in hard carbons prepared by pyrolysis of epoxy resins[J]. Carbon, 1996, 34(2): 193-200.

[22] Novoselov K S, Fal'ko V I, Colombo L, et al. A roadmap for graphene[J]. Nature, 2012, 490(7419): 192-200.

[23] Quintana M, Grzelczak M, Spyrou K, et al. Production of large graphene sheets by exfoliation of graphite under high power ultrasound in the presence of tiopronin[J]. Chem Commun (Camb), 2012, 48(100): 12159-12161.

[24] Cai W, Piner R D, Stadermann F J, et al. Synthesis and solid-state NMR structural characterization of 13C-labeled graphite oxide[J]. Science, 2008, 321(5897): 1815-1817.

[25] Sasaki M, Fang Z, Fukushima Y, et al. Dissolution and hydrolysis of cellulose in subcritical and supercritical water[J]. Ind Eng Chem Res, 2000, 39(8): 2883-2890.

[26] Xiong Z, Zhang L L, Ma J, et al. Photocatalytic degradation of dyes over graphene-gold nanocomposites under visible light irradiation[J]. Chem Commun (Camb), 2010, 46(33): 6099-6101.

[27] Shahdost-Fard F, Roushani M. Impedimetric detection of trinitrotoluene by using a glassy carbon electrode modified with a gold nanoparticle@fullerene composite and an aptamer-imprinted polydopamine[J]. Microchim Acta, 2017, 184: 3997-4006.

[28] Luk C M, Tang L B, Zhang W F, et al. An efficient and stable fluorescent graphene quantum

dot-agar composite as a converting material in white light emitting diodes[J]. J Mater Chem, 2012, 22: 22378-22381.

[29] Dong Y, Shao J, Chen C, et al. Blue luminescent graphene quantum dots and graphene oxide prepared by tuning the carbonization degree of citric acid[J]. Carbon, 2012, 50(12): 4738-4743.

[30] Duan N, Wu S, Dai S, et al. Simultaneous detection of pathogenic bacteria using an aptamer based biosensor and dual fluorescence resonance energy transfer from quantum dots to carbon nanoparticles[J]. Microchim Acta, 2015, 182(5-6): 917-923.

[31] Alibolandi M, Hadizadeh F, Vajhedin F, et al. Design and fabrication of an aptasensor for chloramphenicol based on energy transfer of CdTe quantum dots to graphene oxide sheet[J]. Mater Sci Eng C, 2015, 48: 611-619.

[32] Robinson J T, Perkins F K, Snow E S, et al. Reduced Graphene Oxide Molecular Sensors[J]. Nano Lett, 2008, 8(10): 3137-3140.

[33] Lu C H, Yang H H, Zhu C L, et al. A graphene platform for sensing biomolecules[J]. Angew Chem Int Ed Engl, 2009, 48(26): 4785-4787.

[34] Luo M, Chen X, Zhou G, et al. Chemiluminescence biosensors for DNA detection using graphene oxide and a horseradish peroxidase-mimicking DNAzyme[J]. Chem Commun (Camb), 2012, 48(8): 1126-1128.

[35] Peng L, Zhu Z, Chen Y, et al. An exonuclease Ⅲ and graphene oxide-aided assay for DNA detection[J]. Biosens Bioelectron, 2012, 35(1): 475-478.

[36] Liu Z, Su X. A novel fluorescent DNA sensor for ultrasensitive detection of Helicobacter pylori[J]. Biosens Bioelectron, 2017, 87: 66-72.

[37] Weili, Wei, Can, et al. Sensing metal ions with ion selectivity of a crown ether and fluorescence resonance energy transfer between carbon dots and graphene[J]. Chem Commun (Camb), 2012, 48(9): 1284-1286.

[38] Brabant A J V, And R S, Ellis N A. DNA helicases, genomic instability,and human genetic disease[J]. Annu Rev Genomics Hum Genet, 2000, 1(1): 409-459.

[39] Kwong A D, Rao B G, Jeang K T. Viral and cellular RNA helicases as antiviral targets[J]. Nat Rev Drug Discov, 2005, 4(10): 845-853.

[40] De L W L, Sijbers A M, Hanny O, et al. Mapping of interaction domains between human repair proteins ERCC1 and XPF[J]. Nucleic Acids Res, 1998, (18): 4146-4152.

[41] Jang H, Kim Y K, Kwon H M, et al. A graphene-based platform for the assay of duplex-DNA unwinding by helicase[J]. Angew Chem Int Ed Engl, 2010, 49(33): 5703-5707.

[42] Xu F, Shi H, He X, et al. A facile graphene oxide-based DNA polymerase assay[J]. Analyst, 2012, 137(17): 3989-3994.

[43] He Y, Xing X, Tang H, et al. Graphene oxide-based fluorescent biosensor for protein detection via terminal protection of small-molecule-linked DNA[J]. Small, 2013, 9(12): 2097-2101.

[44] Hu R, Zhang X B, Kong R M, et al. Nucleic acid-functionalized nanomaterials for bioimaging applications[J]. J Mater Chem, 2011, 21(41): 16323-16334.

[45] Chen Z, Li G, Zhang L, et al. A new method for the detection of ATP using a quantum-dot-tagged aptamer[J]. Anal Bioanal Chem, 2008, 392(6): 1185-1188.

[46] Stahl N, Borchelt D R, Hsiao K, et al. Scrapie prion protein contains a phosphatidylinositol glycolipid[J]. Cell, 1987, 51(2): 229-240.

[47] Vey M, Pilkuhn S, Wille H, et al. Subcellular colocalization of the cellular and scrapie prion proteins in caveolae-like membranous domains[J]. Proc Natl Acad Sci USA, 1996, 93(25): 14945-14949.

[48] Zhuang H L, Zhen S J, Wang J, et al. Sensitive detection of prion protein through long range resonance energy transfer between graphene oxide and molecular aptamer beacon[J]. Anal Methods, 2013, 5(1): 208-212.

[49] Huang H, Tan Y, Shi J, et al. DNA aptasensor for the detection of ATP based on quantum dots electrochemiluminescence[J]. Nanoscale, 2010, 2(4): 606-612.

[50] Wang Y, Li Z, Hu D, et al. Aptamer/Graphene Oxide Nanocomplex for in Situ Molecular Probing in Living Cells[J]. J Am Chem Soc, 2010, 132(27): 9274-9276.

[51] Wen Y, Xing F, He S, et al. A graphene-based fluorescent nanoprobe for silver(I) ions detection by using graphene oxide and a silver-specific oligonucleotide[J]. Chem Commun (Camb), 2010, 46(15): 2596-2598.

[52] Zhang J R, Huang W T, Xie W Y, et al. Highly sensitive, selective, and rapid fluorescence Hg^{2+} sensor based on DNA duplexes of poly(dT) and graphene oxide[J]. Analyst, 2012, 137(14): 3300-3305.

[53] Cui X, Zhu L, Wu J, et al. A fluorescent biosensor based on carbon dots-labeled oligodeoxyribonucleotide and graphene oxide for mercury (Ⅱ) detection[J]. Biosens Bioelectron, 2015, 63: 506-512.

[54] Yu C, Li X, Zeng F, et al. Carbon-dot-based ratiometric fluorescent sensor for detecting hydrogen sulfide in aqueous media and inside live cells[J]. Chem Commun, 2013, 49(4): 403-405.

[55] Wang Y, Ying Y, Chen J, et al. Transgenic Arabidopsis overexpressing Mn-SOD enhanced salt-tolerance[J]. Plant Sci, 2004, 167(4): 671-677.

[56] Silva J C G E D, Gonçalves H M R. Analytical and bioanalytical applications of carbon dots[J]. TrAC, 2011, 30(8): 1327-1336.

[57] Li H, Kang Z, Liu Y, et al. Carbon nanodots: synthesis, properties and applications[J]. J Mater Chem, 2012, 22(46): 24230-24253.

[58] Yulong Y, Xinsheng P. Recent advances in carbon-based dots for electroanalysis[J]. Analyst, 2016, 141(9): 2619-2628.

[59] Zhang Z, Zhang J, Chen N, et al. Graphene quantum dots: an emerging material for energy-related applications and beyond[J]. Energy Environ Sci, 2012, 5(10): 8869-8890.

[60] Liu F, Jang M H, Ha H D, et al. Facile synthetic method for pristine graphene quantum dots and graphene oxide quantum dots: origin of blue and green luminescence[J]. Adv Mater, 2013, 25(27): 3657-3662.

[61] Luo P, Ji Z, Li C, et al. Aryl-modified graphene quantum dots with enhanced photoluminescence and improved pH tolerance[J]. Nanoscale, 2013, 5(16): 7361-7367.

[62] Lin L, Zhang S. Creating high yield water soluble luminescent graphene quantum dots via exfoliating and disintegrating carbon nanotubes and graphite flakes[J]. Chem Commun, 2012, 48(82): 10177-10179.

[63] Kwon W, Kim Y H, Lee C L, et al. Electroluminescence from graphene quantum dots prepared by amidative cutting of tattered graphite[J]. Nano Lett, 2014, 14(3): 1306-1311.

[64] Sun H, Wu L, Gao N, et al. Improvement of photoluminescence of graphene quantum dots with a biocompatible photochemical reduction pathway and its bioimaging application[J]. ACS Appl Mater Interfaces, 2013, 5(3): 1174-1179.

[65] Shi, Dechao, Zhou, et al. Carbon dots as nanosensor for sensitive and selective detection of Hg^{2+} and L-cysteine by means of fluorescence "Off-On" switching[J]. Sens Actuators B, 2016, 224: 926-935.

[66] Li L, Wu G, Hong T, et al. Graphene quantum dots as fluorescence probes for turn-off sensing of melamine in the presence of Hg^{2+}[J]. ACS Appl Mater Interfaces, 2014, 6(4): 2858-2864.

[67] YAO C, TU Y, DING L, et al. Tumor cell-specific nuclear targeting of functionalized graphene quantum dots in vivo[J]. Bioconjug Chem, 2017, 28(10): 2608-2619.

[68] Baruah U, Chowdhury D. Ethylene diamine mediated cobalt nanoparticle studded graphene oxide quantum dots with tunable photoluminescence properties[J]. RSC Adv, 2016, 6(71): 67102-67112.

[69] Adolfsson K H, Hassanzadeh S, Hakkarainen M. Valorization of cellulose and waste paper to graphene oxide quantum dots[J]. RSC Adv, 2015, 5(34): 26550-26558.

[70] MombrúD, Romero M, Faccio R, et al. Tuning electrical transport mechanism of polyaniline-graphene oxide quantum dots nanocomposites for potential electronic device applications[J]. J Phys Chem C, 2016, 120(43): 25117-25123.

[71] Torres D, Pinilla J L, Gálvez E M, et al. Graphene quantum dots from fishbone carbon nanofibers[J]. RSC Adv, 2016, 6(54): 48504-48514.

[72] Ahirwar S, Mallick S, Bahadur D. Electrochemical method to prepare graphene quantum dots and graphene oxide quantum dots[J]. ACS Omega, 2017, 2(11): 8343-8353.

[73] Zhu X, Wu G, Lu N, et al. A miniaturized electrochemical toxicity biosensor based on graphene oxide quantum dots/carboxylated carbon nanotubes for assessment of priority pollutants[J]. J Hazard Mater, 2017, 324(Pt B): 272-280.

[74] Hassanzadeh S, Adolfsson K H, Wu D, et al. Supramolecular Assembly of Biobased Graphene Oxide Quantum Dots Controls the Morphology of and Induces Mineralization on Poly(epsilon-caprolactone) Films[J]. Biomacromolecules, 2016, 17(1): 256-261.

[75] He X, Sun Y, Tang N, et al. Photoconductivity enhancement of reduced graphene oxide with reduced oxide graphene quantum dots hybrids film[J]. Mater Lett, 2017, 188: 29-32.

[76] Dong Y, Zhang S, Shi L, et al. The photoluminescence of step-wise reduced graphene oxide quantum dots[J]. Mater Chem Phys, 2018, 203: 125-132.

[77] Lu Q, Wu C, Liu D, et al. A facile and simple method for synthesis of graphene oxide quantum dots from black carbon[J]. Green Chem, 2017, 19(4): 900-904.

[78] Zhang C, Wei K, Zhang W, et al. Graphene oxide quantum dots incorporated thin film nanocomposite membrane with high flux and antifouling properties for low-pressure nanofiltration[J]. ACS Appl Mater Interfaces, 2017, 9(12): 11082-11094.

[79] Lu S, Liao F, Wang T, et al. Tuning surface properties of graphene oxide quantum dots by gamma-ray irradiation[J]. J Lumines, 2016, 175: 88-93.

[80] Hassanzadeh S, Adolfsson K H, Hakkarainen M. Controlling the cooperative self-assembly of graphene oxide quantum dots in aqueous solutions[J]. RSC Adv, 2015, 5(71): 57425-57432.

[81] Ha H D, Jang M-H, Liu F, et al. Upconversion photoluminescent metal ion sensors via two

photon absorption in graphene oxide quantum dots[J]. Carbon, 2015, 81: 367-375.

[82] Yeh T F, Teng C Y, Chen L C, et al. Graphene oxide-based nanomaterials for efficient photoenergy conversion[J]. J Mater Chem A, 2016, 4(6): 2014-2048.

[83] Yeh T F, Syu J M, Cheng C, et al. Graphite Oxide as a Photocatalyst for Hydrogen Production from Water[J]. Adv Funct Mater, 2010, 20(14): 2255-2262.

[84] Yeh T F, Chan F F, Hsieh C T, et al. Graphite Oxide with Different Oxygenated Levels for Hydrogen and Oxygen Production from Water under Illumination: The Band Positions of Graphite Oxide[J]. J Phys Chem C, 2011, 115(45): 22587-22597.

[85] Zhang Y, Qi F, Li Y, et al. Graphene oxide quantum dot-sensitized porous titanium dioxide microsphere: Visible-light-driven photocatalyst based on energy band engineering[J]. J Colloid Interface Sci, 2017, 498: 105-111.

[86] Zeng Z, Yu D, He Z, et al. Graphene Oxide Quantum Dots Covalently Functionalized PVDF Membrane with Significantly-Enhanced Bactericidal and Antibiofouling Performances[J]. Sci Rep, 2016, 6: 20142.

[87] Shi Y, Pramanik A, Tchounwou C, et al. Multifunctional Biocompatible Graphene Oxide Quantum Dots Decorated Magnetic Nanoplatform for Efficient Capture and Two-Photon Imaging of Rare Tumor Cells[J]. ACS Appl Mater Interfaces, 2015: 7-20.

[88] Sun A, Mu L, Hu X. Graphene oxide quantum dots as novel nanozymes for alcohol intoxication[J]. ACS Appl Mater Interfaces, 2017, 9(14): 12241-12252.

[89] Choi S Y, Baek S H, Chang S J, et al. Synthesis of upconversion nanoparticles conjugated with graphene oxide quantum dots and their use against cancer cell imaging and photodynamic therapy[J]. Biosens Bioelectron, 2016: 267-273.

[90] Ji X, Xu B, Yao M, et al. Graphene oxide quantum dots disrupt autophagic flux by inhibiting lysosome activity in GC-2 and TM4 cell lines[J]. Toxicology, 2016, 374: 10-17.

[91] Ellington A D, Szostak J W. In vitro selection of RNA molecules that bind specific ligands[J]. Nature, 1990, 346: 818-822.

[92] Bock L C, Griffin L C, Latham J A, et al. Selection of single-stranded DNA molecules that bind and inhibit human thrombin[J]. Nature, 1992, 355(6360): 564-566.

[93] Tuerk C, Gold L. Systematic evolution of ligands by exponential enrichment: RNA ligands to bacteriophage T4 DNA polymerase[J]. Science, 1990, 249(4968): 505-510.

[94] Klussmann S. The Aptamer Handbook: Functional Oligonucleotides and Their Applications[M]. Wiley-VCH, 2006: 363-416.

[95] Stoltenburg R, Reinemann C, Strehlitz B. FluMag-SELEX as an advantageous method for DNA aptamer selection[J]. Anal Bioanal Chem, 2005, 383(1): 83-91.

[96] Stoltenburg R, Nikolaus N, Strehlitz B. Capture-SELEX: Selection of DNA Aptamers for Aminoglycoside Antibiotics[J]. J Anal Methods Chem, 2012, 2012: 415697.

[97] Leung K H, He B, Yang C, et al. Development of an Aptamer-Based Sensing Platform for Metal Ions, Proteins, and Small Molecules through Terminal Deoxynucleotidyl Transferase Induced G-Quadruplex Formation[J]. ACS Appl Mater Interfaces, 2015, 7(43): 24046-24052.

[98] Entzian C, Schubert T. Studying small molecule-aptamer interactions using MicroScale Thermophoresis (MST)[J]. Methods, 2016, 97: 27-34.

[99] Jimenez G C, Eissa S H H, Ng A, et al. Aptamer-based label-free impedimetric biosensor for

detection of progesterone[J]. Anal Chem, 2015, 87(2): 1075-1082.

[100] Wang, Shengfu, Qin, et al. Visual multiple recognition of protein biomarkers based on an array of aptamer modified gold nanoparticles in biocomputing to strip biosensor logic operations[J]. Biosens Bioelectron, 2016, 79: 522-530.

[101] ShengLin, WeiGao, ZeruTian, et al. Luminescence switch-on detection of protein tyrosine kinase-7 using a G-quadruplex-selective probe[J]. Chem Sci, 2015, 6(7): 4284-4290.

[102] Wu Y, Zhan S, Wang L, et al. Selection of a DNA aptamer for cadmium detection based on cationic polymer mediated aggregation of gold nanoparticles[J]. Analyst, 2014, 139(6): 1550-1561.

[103] Guschlbauer W, Chantot J F, Thiele D. Four-stranded nucleic acid structures 25 years later: from guanosine gels to telomer DNA[J]. J Biomol Struct Dyn, 1990, 8(3): 491-511.

[104] Liu G, Li Z, Zhu J, et al. Studies on the thymine-mercury-thymine base pairing in parallel and anti-parallel DNA duplexes[J]. New J chem, 2015, 39(11): 8752-8762.

[105] Ono A, Cao S, Togashi H, et al. Specific interactions between silver(Ⅰ) ions and cytosine-cytosine pairs in DNA duplexes[J]. Chem Commun, 2008, (39): 4825-4827.

[106] Zhou J, Wang W, Yu P, et al. A simple label-free electrochemical aptasensor for dopamine detection[J]. RSC Adv, 2014, 4(94): 52250-52255.

[107] Li F, Feng Y, Zhao C, et al. Crystal violet as a G-quadruplex-selective probe for sensitive amperometric sensing of lead[J]. Chem Commun, 2011, 47(43): 11909-11911.

[108] Paniel N, Istamboulié G, Triki A, et al. Selection of DNA aptamers against penicillin G using Capture-SELEX for the development of an impedimetric sensor[J]. Talanta, 2017, 162: 232-240.

[109] Pang S, Liu S, Su X. An ultrasensitive sensing strategy for the detection of lead (Ⅱ) ions based on the intermolecular G-quadruplex and graphene oxide[J]. Sens Actuators B, 2015, 208: 415-420.

[110] Hu T, Na W, Yan X, et al. Sensitive fluorescence detection of ATP based on host-guest recognition between near-infrared β-Cyclodextrin-$CuInS_2$ QDs and aptamer[J]. Talanta, 2016, 165: 194-200.

[111] Sabet F S, Hosseini M, Khabbaz H, et al. FRET-based aptamer biosensor for selective and sensitive detection of aflatoxin B1 in peanut and rice[J]. Food Chem, 2017, 220: 527-532.

[112] Wang Y, Gan N, Zhou Y, et al. Novel single-stranded DNA binding protein-assisted fluorescence aptamer switch based on FRET for homogeneous detection of antibiotics[J]. Biosens Bioelectron, 2016, 87: 508-513.

[113] Wang Y, Gan N, Li T, et al. A novel aptamer-quantum dot fluorescence probe for specific detection of antibiotic residues in milk[J]. Anal Methods, 2016, 8(15): 3006-3013.

[114] Wang Q, Jin Y, Fu X, et al. A "Turn-on-off-on" fluorescence switch based on quantum dots and gold nanoparticles for discriminative detection of ovotransferrin[J]. Talanta, 2016, 150: 407-414.

[115] Qaddare S H, Salimi A. Amplified fluorescent sensing of DNA using luminescent carbon dots and AuNPs/GO as a sensing platform: A novel coupling of FRET and DNA hybridization for homogeneous HIV-1 gene detection at femtomolar level[J]. Biosens Bioelectron, 2016, 91: 374-379.

[116] Liu X, Ren J, Su L, et al. Novel hybrid probe based on double recognition of aptamer-molecularly imprinted polymer grafted on upconversion nanoparticles for enrofloxacin sensing[J]. Biosens Bioelectron, 2016, 87: 203-208.

[117] Yin J, Zhang A, Dong C, et al. An aptamer-based single particle method for sensitive detection of thrombin using fluorescent quantum dots as labeling probes[J]. Talanta, 2015, 144: 13-19.

[118] Zhang C, Wang L, Tu Z, et al. Organophosphorus pesticides detection using broad-specific single-stranded DNA based fluorescence polarization aptamer assay[J]. Biosens Bioelectron, 2014, 55: 216-219.

[119] Li S, Gao Z, Shao N. Non-covalent conjugation of CdTe QDs with lysozyme binding DNA for fluorescent sensing of lysozyme in complex biological sample[J]. Talanta, 2014, 129: 86-92.

[120] Zhou L, Shen Q, Zhao P, et al. Fluorescent detection of copper(Ⅱ) based on DNA-templated click chemistry and graphene oxide[J]. Methods, 2013, 64(3): 299-304.

[121] Wang X, Zou M, Xu X, et al. Determination of human urinary kanamycin in one step using urea-enhanced surface plasmon resonance light-scattering of gold nanoparticles[J]. Anal Bioanal Chem, 2009, 395(7): 2397-2403.

[122] Lee B H, Nguyen V T, Gu M B. Highly sensitive detection of 25-HydroxyvitaminD3 by using a target-induced displacement of aptamer[J]. Biosens Bioelectron, 2017, 88: 174-180.

[123] Raghunathan S, Kozlov A G, Lohman T M, et al. Structure of the DNA binding domain of E. coli SSB bound to ssDNA[J].Nat Struct. Biol, 2000, 7(8): 648-652.

[124] Chase J W, Williams K R. Single-stranded DNA binding proteins required for DNA replication[J]. Annual Review of BCHM, 1986, 55(1):103-136.

[125] Roy R, Hohng S, Ha T. A practical guide to single-molecule FRET[J]. Nature methods, 2008, 5(6): 507-516.

[126] Lohman T M, Ferrari M E. Escherichia coli single-stranded DNA-binding protein: multiple DNA-binding modes and cooperativities[J]. Annu Rev Biochem, 1994,63:527-570.

[127] Lohman T M, Bujalowski W, Overman L B. E. coli single strand binding protein: a new look at helix-destabilizing proteins[J]. Trends Biochem Sci, 1988, 13(7): 250-255.

[128] Meyer R R, Laine P S. The single-stranded DNA-binding protein of Escherichia coli[J]. J Biol Chem, 1990, 54(4): 342-380.

[129] Lysetska M, Knoll A, Boehringer D, et al. UV light-damaged DNA and its interaction with human replication protein A: an atomic force microscopy study[J]. Nucleic Acids Res, 2002, 30(30): 2686-2691.

[130] Bonnet G, Tyagi S, Libchaber A, et al. Thermodynamic basis of the enhanced specificity of structured DNA probes[J]. PNAS, 1999, 96(11): 6171-6176.

[131] Lu J Q, Xu M B, Zhou X W, et al. A novel detection of single-stranded DNA binding protein based on ss-DNA modified chip using surface plasmon resonance microscopy[J]. Chinese Chem Lett, 2007, 18(4): 441-444.

[132] Lan G Y, Chen W Y, Chang H T. Characterization and application to the detection of single-stranded DNA binding protein of fluorescent DNA-templated copper/silver nanoclusters[J].Analyst, 2011, 136(18): 3623-3628.

[133] Ferrari M E, Bujalowski W, Lohman T M. Co-operative binding of Escherichia coli SSB tetramers to single-stranded DNA in the (SSB) 35 binding mode[J]. J Mol Biol, 1994, 236(1):

106-123.

[134] Kozlov A G, Shinn M K, Weiland E A, et al. Glutamate promotes SSB protein-protein Interactions via intrinsically disordered regions[J]. J Mol Biol, 2017 , 429 (18) :2790-2801.

[135] Kozlov A G, Lohman T M. Kinetic mechanism of direct transfer of Escherichia coli SSB tetramers between single-stranded DNA molecules[J].Biochem J, 2002, 41(39): 11611-11627.

[136] Kozlov A G, Lohman T M. Stopped-flow studies of the kinetics of single-stranded DNA binding and wrapping around the Escherichia coli SSB tetramer[J]. Biochem J, 2002, 41(19): 6032-6044.

[137] Shlyakhtenko L S, Lushnikov A Y, Miyagi A, et al. Specificity of Binding of Single-Stranded DNA-Binding Protein to Its Target[J]. Biochem J, 2012, 51(7): 1500-1509.

[138] Kerman K, Morita Y, Takamura Y, et al. Modification of Escherichia coli single-stranded DNA binding protein with gold nanoparticles for electrochemical detection of DNA hybridization[J]. Anal Chim Acta, 2004, 510(2): 169-174.

[139] Cubeddu L, White M F. DNA Damage Detection by an Archaeal Single-stranded DNA-binding Protein[J]. J Mol Biol, 2005, 353(3): 507-516.

[140] Zhu Z, Ravelet C, Perrier S, et al. Single-stranded DNA binding protein-assisted fluorescence polarization aptamer assay for detection of small molecules[J]. Anal Chem, 2012, 84(16): 7203-7211.

[141] Miao Y B, Ren H X, Gan N, et al. A homogeneous and "off-on" fluorescence aptamer-based assay for chloramphenicol using vesicle quantum dot-gold colloid composite probes[J]. Anal Chim Acta, 2016: 49-55.

[142] Miao Y B, Ren H X, Gan N, et al. Fluorescent aptasensor for chloramphenicol detection using DIL-encapsulated liposome as nanotracer[J]. Biosens Bioelectron, 2016, 81: 454-459.

[143] Taghdisi S M, Danesh N M, Ramezani M, et al. An amplified fluorescent aptasensor based on single-stranded DNA binding protein, copper and silica nanoparticles for sensitive detection of interferon-gamma[J]. Anal Chim Acta 2017, 984: 162-167.

[144] Zheng W, Teng J, Cheng L, et al. Hetero-enzyme-based two-round signal amplification strategy for trace detection of aflatoxin B1 using an electrochemical aptasensor[J]. Biosens Bioelectron, 2016, 80: 574-581.

[145] Yang F, Wang P, Wang R, et al. Label free electrochemical aptasensor for ultrasensitive detection of ractopamine[J]. Biosens Bioelectron, 2016, 77: 347-352.

[146] Abnous K, Danesh N M, Alibolandi M, et al. A novel electrochemical aptasensor for ultrasensitive detection of fluoroquinolones based on single-stranded DNA-binding protein[J]. Sens Actuators B, 2017, 240: 100-106.

[147] Wei, Wen, Rong, et al. An insertion approach electrochemical aptasensor for mucin 1 detection based on exonuclease-assisted target recycling[J]. Biosens Bioelectron, 2015, 71: 13-17.

[148] Liu Q, Wang L-T, Dong S-Q, et al. Preparation and Characterization of SiO_2/SiO_2 Core-Shell Microspheres as RP-HPLC Stationary Phase[J]. J Inorg Organomet Polym Mater, 2011, 21(4): 941-945.

[149]Luan Q, Miao Y, Gan N, et al. A POCT colorimetric aptasensor for streptomycin detection using porous silica beads-enzyme linked polymer aptamer probes and exonuclease-assisted target recycling for signal amplification[J]. Sensors and Actuators B: Chemical, 2017, 251: 349-358.

CHAPTER 2

第2章

基于氧化石墨烯量子点偶联适配体的荧光探针对磺胺二甲嘧啶的检测

2.1 概述

磺胺二甲嘧啶（SMZ）是一种磺胺类抗生素，能够抑制细菌生长过程中叶酸的形成，从而抑制细菌繁殖过程中 DNA 的复制[1,2]。SMZ 具有广谱的抗菌性能而且对动物生长具有一定的促进作用，除此之外还具有原料丰富、生产成本低[3]的优势，因而，近年来被广泛用作兽药及畜禽类饲料添加剂。然而，SMZ 给药后并不能完全被生物体代谢吸收，致使大量的药物残留随动物尿液、粪便等排出体外[4]从而造成周围环境中土壤[5]、水体[6, 7]污染甚至影响粮食作物生产[8, 9]，并通过食物链、食物网而被人体吸收，危害人类健康[10]，严重时甚至可使人体细胞发生癌变[11]。由于其分子量小、对土壤颗粒吸附能力低，使用常规的处理方法很难有效地去除[12]。所以如何实现对动物源食品中 SMZ 的高效检测引起了科学家们的广泛关注。

近年来已经有科研工作者制定了多种定量检测 SMZ 的方法，这些方法包括荧光偏振免疫（FPIA）[13]、小分子微阵列荧光免疫（SMM-FIA）[14]、上转换纳米粒子分子印迹法（UCNPs@MIP）[11]、化学发光酶联免疫测定法（CLEIA）[15]、芯片免疫分析（CI）[16]、分子印迹分散固相微萃取-毛细管电泳法（DSPME）[17]和基于化学发光共振能量转移的竞争性免疫测定法（CRET）[18]。然而，这些方法都有不同程度的局限性，比如灵敏度受限[11,13-15]、使用传统的金属量子点（CdTe）以及依靠传统的抗原和抗体作为识别探针[18]等。

相比抗原、抗体的识别方式，以核酸适配体作为识别探针具有明显的优势，如：分子小、易合成、易修饰、操作简单[19]、毒性低[3]、成本低[20]、温度和 pH 耐受性好[21]。核酸适配体是一种通过生物体外指数富集系统（SELEX）筛选合成的具有二级或三级结构的单链 DNA（ssDNA）或 RNA 序列[22, 23]，其最大的优势是对目标分子具有很强的亲和力并且具有高度特异性[24]。考虑到核酸适配体的这些优势，近年来越来越多的科学家将核酸适配体与荧光探针偶联后使用相应的荧光猝灭剂实现了对多种抗生素（如氯霉素[25, 26]、恩诺沙星[27]和链霉素[28]等）的痕量检测，并得到了很好的效果。SMZ 的适配体是由张素霞等通过 SELEX 的方法获得的，并结合免疫化学发光法实现了对 SMZ 的检测[15]。但该方法的灵敏度有限，检出限（LOD）仅为 0.92ng/mL，难以满足食品领域 SMZ 高效检测的需求。

氧化石墨烯量子点（GOQDs）是一种碳基纳米材料，因其具有优异的光学特征、良好的分散性、较强的生物相容性而且合成过程简单、快速、环保，表面含有丰富的含氧官能团，易于进行修饰[29]，而被广泛应用于生物成像[30]、发光[31]及环境监测等领域[32]。碳量子点也是一种碳基纳米材料，与 GOQDs 不同的是其结构类似于球形[33]。已有报道将羧基化碳量子点作为荧光探针偶联核酸适配体并成功应用到生物分子检测过程中[34-36]。然而，尚未见报道将 GOQDs 作为荧光探针偶联适配体用于生物检测的报道。

氧化石墨烯（GO）是一种具有单原子层厚度的二维的碳纳米晶体。其表面含有大量的羧基和酚羟基，具有较大的比表面积、良好的水分散性、易于修饰、生物相容性好、稳定性高，是一种良好的荧光猝灭剂[37, 38]。相比其他荧光猝灭剂，GO 具有毒性小、成本低、产量高、吸收光谱范围广、具有远程猝灭效应、易于进行大规模生产等优势[31,39,40]。而且据报道其可以通过 π-π 堆积作用将处于自由状态的核酸适配体吸附至其表面，使得与核酸适配体偶联的探针的荧光强度减弱，而对结合了目标分子处于折叠状态的核酸适配体几乎不具有亲和力[41]。因此，近年来 GO 常被用作荧光猝灭剂与量子点偶联的核酸适配体结合实现对目标分子的检测，并取得了很好的结果[34,42,43]。

考虑到氧化石墨烯量子点、核酸适配体以及氧化石墨烯的这些优异的化学性质，本实验将这些物质相结合利用荧光猝灭恢复（“off-on”）的机理实现了对抗生素 SMZ 的灵敏性检测。检测过程如下：GOQDs 的羧基经 1-乙基-3-(3-二甲氨基丙基)碳二亚胺（EDC）/*N*-羟基琥珀酰亚胺（NHS）活化后与氨基化的核酸适配体偶联形成 GOQDs@apt 纳米复合物作为荧光识别探针，GO 作为猝灭剂。当检测体系中没有加入 SMZ 时，由于适配体与 GO 的相互作用拉近了 GOQDs @apt 和猝灭剂 GO 之间的距离，导致 GOQDs@apt 的荧光猝灭（“turn off” 态）；当体系中加入 SMZ 后，由于核酸适配体与 SMZ 的亲和力比适配体与 GO 的作用力更强，使得 GOQDs@apt 与 SMZ 结合并且变成折叠构象隐藏了核酸碱基[28,35]，避免了 GO 对 GOQDs@apt 的吸附，从而使得 GOQDs@apt 的荧光恢复（“turn on” 态），且荧光恢复程度与加入 SMZ 的浓度呈显著正相关，因而可实现对 SMZ 的痕量检测。此方法亦可用于其他生物分子的检测，只需将与 GOQDs 偶联的适配体换成相应目标物的适配体，而 GOQDs 和 GO 仍可作为荧光探针和猝灭剂发挥相应的作用。

2.2 纳米材料的合成及特征分析

2.2.1 GO 的合成及特征分析

（1）实验试剂

柠檬酸（CA）、H_2SO_4、$NaNO_3$、$KMnO_4$、Na_2HPO_4、KH_2PO_4、NaCl、KCl、甲醇（MeOH）、CH_3COOH、$CH_3COONa\cdot 3H_2O$ 和石墨粉。磺胺二甲嘧啶（SMZ），磺胺嘧啶（SDZ），磺胺吡啶（SPY），磺胺噻唑（SMO），磺胺二甲氧嘧啶（SDM）。

氨基化的磺胺二甲嘧啶适配体序列[15]：5′-NH_2-$(CH_2)_6$-TTA GCT TAT GCG TTG GCC GGG ATA AGG ATC CAG CCG TTG TAG ATT TGC GTT CTA ACT CTC-3'（MW：18494）；1-乙基-3-(3-二甲氨基丙基)碳化二亚胺（EDC）、*N*-羟基琥珀酰亚胺酯（NHS）。

过滤膜（0.22μm），超滤管（10kD）和透析袋（分子量：1000）。

磷酸盐缓冲液（PBS）：pH 7.4, 88.24mmol/L Na_2HPO_4, 17.6mmol/L KH_2PO_4, 13.7mmol/L NaCl, 2.68mmol/L KCl。

实验中使用的水均为超纯水（18.2MΩ）。

（2）实验仪器（表 2-1）

表 2-1 实验所用仪器设备关键参数

实验仪器	型号
荧光/磷光光度计	LS-55
紫外/可见分光光度计	Cary 5000

续表

实验仪器	型号
透射电子显微镜	Tecnai G2 F20
傅里叶变换红外光谱仪	Nicolet 380
原子力显微镜	Dimension Icon
Fluorolog-3 荧光光谱仪	JY-HORIBA
XRD	UitimaⅣ-185
电子天平	XS204
数显酸度计	PH3-3C
涡旋混匀器	SK1
离心机	TDZ25-WS
真空干燥箱	DZF-6020
超声波清洗仪	KH-500B
旋转蒸发仪	RE-5289
数显恒温水浴锅	HH-2
反应釜	KH-25mL

（3）GO 的合成

本实验中使用的 GO 根据改进的 Hummers 方法合成[44]。具体过程如下：准备好冰浴，将 115mL 浓 H_2SO_4 倒入大烧杯中，待浓 H_2SO_4 冷却至 0℃，将 5g 石墨粉和 2.5g $NaNO_3$ 慢慢倒入大烧杯中，保持温度在 0～1℃之间，并不断搅拌，将称量的 15g $KMnO_4$ 缓慢加入大烧杯中，保持温度于 0℃并不断搅拌。两小时后，在 35℃的水浴锅中保温 30min。缓缓加入 230mL 蒸馏水，保持温度不高于 98℃，将大烧杯移至油浴中，保持油浴温度 98℃ 15min，并开始准备足够的温热蒸馏水。混合物变为棕色时用温水将混合物稀释至 700mL，然后加入 12.5mL 的质量分数 30%的 H_2O_2，使得混合物的颜色由棕色变为金黄色。趁热过滤，将配制好的质量分数 5%的 HCl 倒入大烧杯中，将滤饼溶入其中，充分洗涤。然后再改用蒸馏水洗涤，直至 pH 维持在 5 恒定不变。最后，将洗涤后的氧化石墨烯干燥备用。

（4）GO 的特征

GO 的 TEM 图像［图 2-1（a）］显示本实验合成的 GO 的结构与之前相关的

报道相似[45, 46]，说明成功合成出了 GO。从 GO 的 AFM 图像［图 2-1（b）］可以看出 GO 纳米片的厚度约为 2nm。GO 的 XRD 光谱［如图 2-1（c）］在 11.6° 处出现明显的氧化峰，表明本实验已成功地将石墨粉氧化并形成了 GO[47]。从 GO 的 FT-IR 光谱图［图 2-1（d）］中可以看出，GO 表面含有许多含氧官能团：—OH（3420cm^{-1}）、C—OH（1240cm^{-1} 和 1620cm^{-1}）、C═O（1398cm^{-1} 和 1052cm^{-1}），表明 GO 具有良好的水溶性。

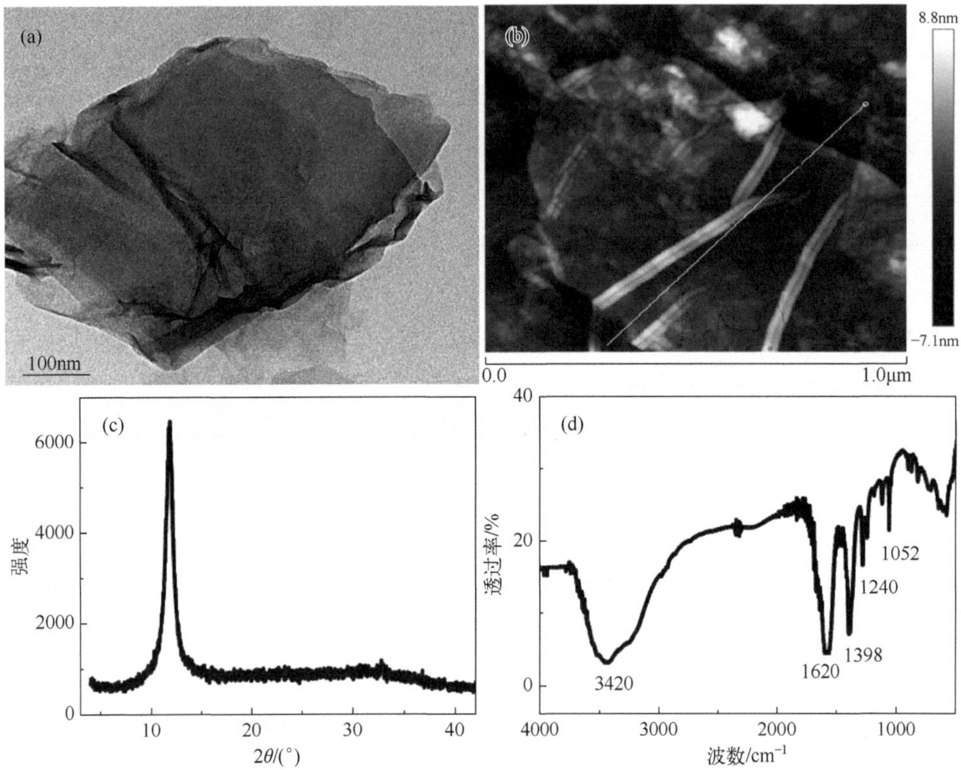

图 2-1　GO 的表征

（a）TEM 图像；（b）AFM 图像；（c）XRD 图像；（d）FT-IR 图像

2.2.2　GOQDs 和 GOQDs@apt 的合成及特征分析

（1）GOQDs 和 GOQDs@apt 的合成

GOQDs 根据之前报道的简单的“自下而上”方法通过热解柠檬酸（CA）合成[48]。合成过程大致如下：将 2g 柠檬酸加入 5mL 烧杯中，加热至 200℃。在加热过程中可以观察到，柠檬酸首先液化，液体颜色由无色变为浅黄色，30min 后变成橙色，这种颜色变化意味着 GOQDs 的形成。将获得的橙色液体以分子量为 1000Da 的透析袋在超纯水中透析 48h 以除去过量未反应的柠檬酸。然后，将袋中的溶液冷冻干燥后在 4℃冰箱储存以备用。

GOQDs 富含羧基（—COOH）在被 EDC 和 NHS 活化后可以很容易地与适配体的氨基（$—NH_2$）发生偶联反应。具体过程如下：将 GOQDs 溶解于 PBS（pH = 7.4）中以获得浓度为 1.0mg/mL GOQDs 溶液，然后将 1mL 浓度为 20mmol/L 的 EDC 和 1mL 浓度为 200mmol/L 的 NHS 加入 1mL GOQDs 溶液中。将所得混合物在室温条件下搅拌 2h，加入 33μg 核酸适配体，并将混合物在 4℃冰箱进一步反应 24h。如此 GOQDs 和适配体偶联生成 GOQDs@apt，反应后，用 10kDa 的超滤管在 5000*g* 离心力作用下离心 20min，以去除过量的 GOQDs 和其他没有发生反应的偶联试剂，然后用 PBS 缓冲液（pH = 7.4）洗脱滤液，洗脱液作为下一步反应的母液，保存至 4℃冰箱中。

（2）GOQDs 的特征分析

图 2-2 显示了 GOQDs 的 TEM 图像，从图中可以看出我们合成出了纳米级分散性良好的量子点。而且量子点的尺寸分布均匀，大多数 GOQDs 的尺寸为 2.3nm（图 2-2，插图）。通过比较 GOQDs 和 GO 的 TEM 图像，发现 GOQDs 的尺寸远小于 GO，因此，可以通过浓酸（HNO_3 或 H_2SO_4）切割 GO 的方法制备 GOQDs [49]。GOQDs 的光谱特征如图 2-3 所示，最大激发波长为 365nm，发射光谱的范围为 380～630nm。GO 几乎可以吸收所有的蓝紫光，这为 GO 吸收并猝灭 GOQDs 的荧光提供了一个可靠的基础[39, 50]。

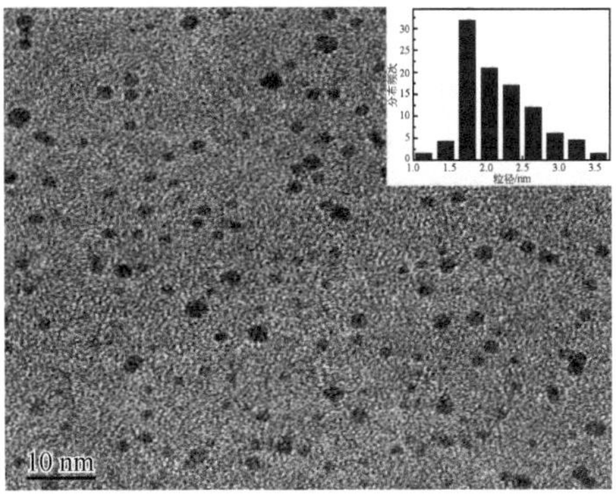

图 2-2　GOQDs 的 TEM 图像

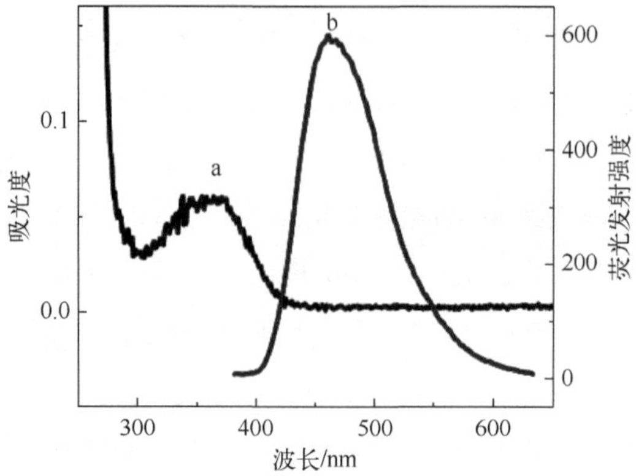

图 2-3　GOQDs 的光谱图像

曲线：a—紫外激发光谱；b—荧光发射光谱

以溶解在 0.1mol/L H_2SO_4 中的硫酸奎宁（量子产率 54%）作为参考标准，根据已经报道的公式（2-1）[30]计算 GOQDs 的量子产率：

$$\phi_x=\phi_{st}\frac{I_x}{I_{st}}\frac{\eta_x^2}{\eta_{st}^2}\frac{A_{st}}{A_x} \tag{2-1}$$

式中，ϕ 为量子产率；I 为发射强度；η为折射率；A 为吸光度；下角标 st 和 x 分别表示标准样品和测试样品。

表 2-2　以硫酸奎宁为标准计算 GOQDs 的量子产率

样品	I	A_{365nm}	η	ϕ/%
硫酸奎宁	26918.3	0.058	1	54
GOQDs	4909.2	0.051	1	11.2

计算结果如表 2-2 所示，GOQDs 的荧光量子产率为 11.2%。其中，I 是在 365nm 激发、455nm 发射波长处测量的荧光发射强度的积分面积，η 是溶剂的折射率，A_{365nm} 是 GOQDs 在 365nm 处的吸光度。使用 JY-HORIBA Fluorolog-3 荧光光谱仪测定并拟合计算 GOQDs 的寿命约为 3.87ns（图 2-4）。

（3）GOQD@apt 的光谱特征

从 GOQDs 和 GOQDs@apt 的紫外吸收光谱图［图 2-5（a）］中可看出，两者在 365nm 处都有明显的吸收峰，与 GOQDs 不同的是 GOQDs@apt 在 260nm 处出现了 DNA 的特征吸收峰。图 2-5（b）显示 GOQD 和 GOQDs@apt 的傅里叶变换红外光谱。GOQDs 在 $3400cm^{-1}$、$2923cm^{-1}$、$1640cm^{-1}$ 和 $1398cm^{-1}$ 处分别出现 O—H、C—H、C═O 的伸缩振动和 O—H 的变形峰，说明 GOQDs 含有大量的羧

基[34]，具有良好的水溶性。不同的是，GOQDs@apt在3020cm^{-1}、1648cm^{-1}、1562cm^{-1}和1125cm^{-1}出现—NH、—N—C═O和N—C═O的伸缩振动峰[51]。比较GOQDs和GOQDs@apt的紫外吸收光谱和红外光谱，说明适配体和GOQDs之间已经发生了很好的偶联，生成了GOQDs@apt纳米复合材料。

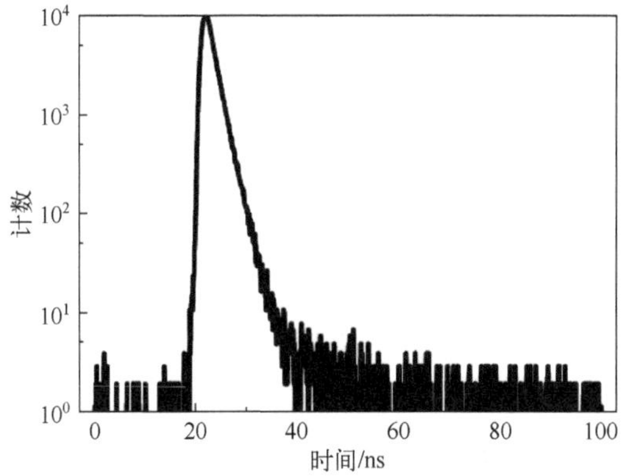

图2-4　GOQDs的荧光寿命图像

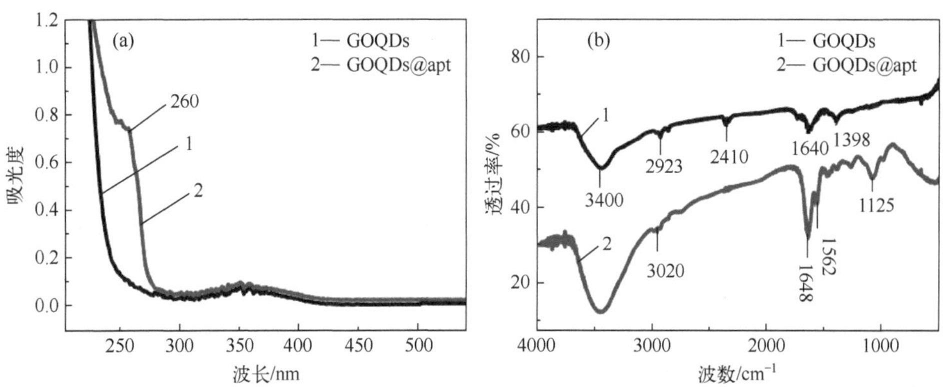

图2-5　GOQDs和GOQDs@apt的光谱表征

（a）紫外吸收光谱图；（b）红外发射光谱图

2.3　纳米荧光传感器的构建及机理分析

2.3.1　荧光传感器的构建

检测实验在10mL的比色管中进行，依次向比色管中加入3.3μg/mL的GOQDs@apt

和 40μg/mL GO，充分振荡摇匀，室温下反应 5min 以猝灭 GOQDs@apt 的荧光（“荧光猝灭”阶段）。然后，向上述混合物中加入一系列不同浓度的 SMZ 溶液（0、0.008、0.01、0.05、0.1、5、10、20、40、60ng/mL），用超纯水将混合物定容至 5mL，室温下反应 15min（“荧光恢复”阶段）。使用荧光分光光度计测定荧光强度，测量过程中使用激发波长 365nm，发射波长 455nm，激发的狭缝宽度为 5nm，发射的狭缝宽度为 10nm。为了避免背景干扰，本实验根据相对荧光强度（F/F_0-1）计算信号输出值，其中 F_0 和 F 分别表示该探针中没有加入 SMZ 和加入 SMZ 两种情况下的荧光强度。优化过程中使用同样的激发和发射条件。

2.3.2 荧光传感器的检测机理分析

该荧光开关的检测原理基于纳米材料与生物分子的特异性相互作用，分为分子偶联、荧光猝灭和荧光恢复三个阶段。如图 2-6 所示：在分子偶联阶段，在偶联剂 EDC 和 NHS 的作用下，GOQDs 的羧基基团与核酸适配体的氨基基团反应生成酰胺键，共价偶联到适配体上，形成纳米复合物 GOQDs@apt，GOQDs 的共轭 π 电子体系保持良好的完整性，能够高效地吸收和发射光子，从而发出强烈的荧光［图 2-6（a)］。

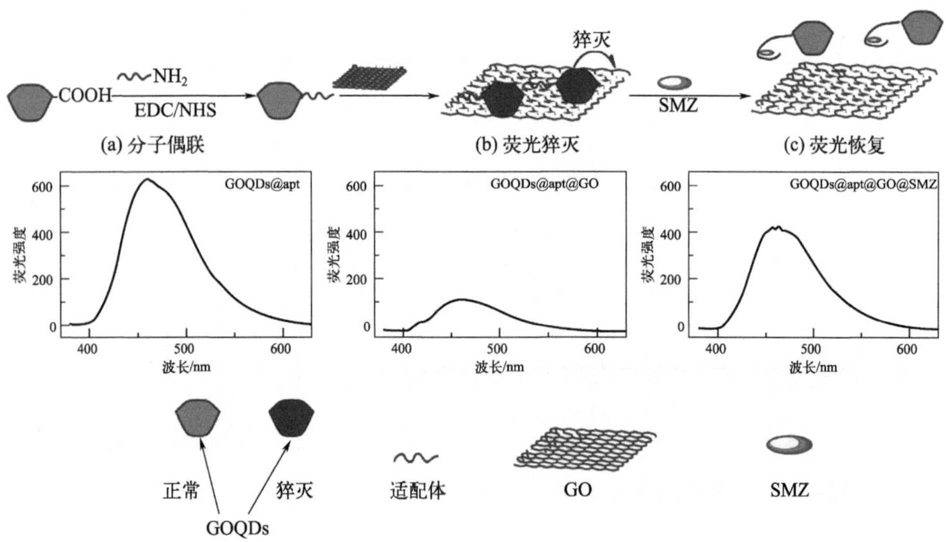

图 2-6 荧光开关的检测机理图

在荧光猝灭阶段，引入氧化石墨烯（GO）后，由于 GO 表面分布的共轭 π 键，形成强大的 π 电子云与核酸适配体碱基芳香环结构中的 π 电子体系通过 π-π 堆积作用力发生特异性吸附，使得 GOQDs@apt 逐渐吸附到 GO 表面，GO 与 GOQDs 之间发生 FRET 作用（图 2-7）。GOQDs@apt 的荧光被猝灭，因此，开关呈现“关闭”状态［图 2-6（b）］。如图 2-8 所示（比较曲线 a 和 b），当 GOQDs@apt 溶液中加入 40μg/mL GO 时，开关处于“关闭”状态。

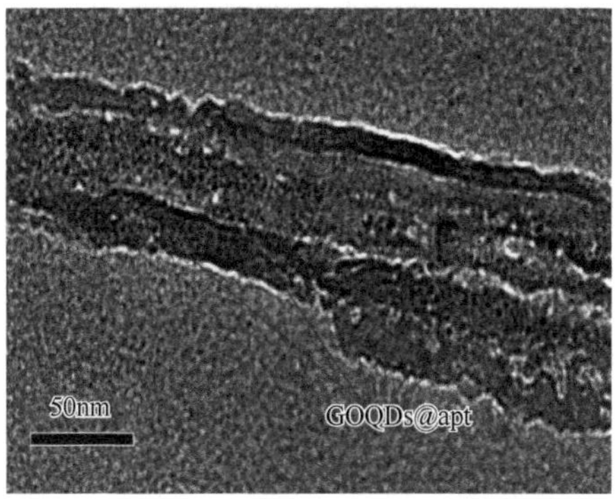

图 2-7　GOQD@apt@GO 的 TEM 图像

在荧光恢复阶段，（SMZ）加入检测体系后，由于适配体与 SMZ 之间的高度亲和力，适配体选择性地与 SMZ 结合发生折叠，隐藏了自身的氢键从而脱离 GO 的吸附[52,53]，因此，被 GO 猝灭的 GOQDs@apt 荧光恢复，开关呈现“开启”状态［图 2-6（c）］。比较图 2-8 中曲线 b 和 c，向检测系统加入 20ng/mL SMZ 反应 15min 后，检测系统的荧光恢复。而且荧光恢复程度与加入 SMZ 的量呈显著的正相关，以此实现对 SMZ 的检测。

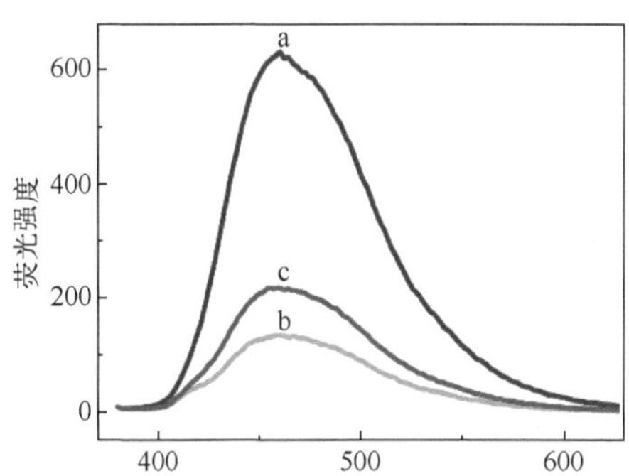

图 2-8　荧光检测体系在激发波长为 365nm，发射波长为 455nm 条件下的荧光强度

曲线：a—GOQDs@apt 体系；b—GOQDs@apt@GO 体系；c—GOQDs@apt@GO@SMZ 体系

2.3.3 实验条件的优化

为了获得最佳的检测效果，对有可能影响实验结果的反应条件进行了优化。优化的条件包括：偶联反应中加入的适配体的浓度以及检测过程中 GOQDs@apt 浓度、GO 浓度及反应时间。

为了确保所有的适配体都能与量子点结合以减少背景干扰，偶联反应中，我们使用了过量的量子点，反应完成后离心去除未反应的 GOQDs 及过量的偶联剂。离心后测定废液的紫外-可见吸收光谱，发现 260nm 处没有出现适配体的特征峰，因此，我们认为所有的适配体均与量子点发生了偶合。所以，实验中采用溶液中适配体的浓度来表示 GOQDs@apt 的浓度。

（1）适配体浓度的优化

如图 2-9（a）所示，该荧光开关 F/F_0-1 的值随偶联反应中适配体浓度的增加而增加，直到浓度达到 11μg/mL 时，再继续增加适配体浓度 F/F_0-1 的值反而下降，这可能是因为过多的适配体相互折叠缠绕，影响了它们结合 SMZ 的能力。因此后续实验选择 11μg/ mL 作为 SMZ 的最佳浓度。

（2）GOQDs@apt 的浓度优化

实验中，为了避免荧光强度过高使量子点之间产生不必要的自吸现象从而增加背景干扰，我们对 GOQDs@apt 浓度进行了优化。如图 2-9（b）所示，随着系统中 GOQDs@apt 浓度的增加，F/F_0-1 的值逐渐增大，直到 GOQDs@apt 浓度达到 3.3μg/mL 时 F/F_0-1 出现一个最大值。然而，继续增加 GOQDs@apt，高浓度的荧光物质之间发生自吸现象，背景干扰增大，从而使得 F/F_0-1 的值降低。因此，实验中选择 3.3μg/mL 作为 GOQDs@apt 的最佳浓度。

（3）GO 浓度的优化

我们用同样的方法对检测体系中 GO 的浓度进行了优化。如图 2-9（c）所示，GO 浓度为 80μg/ mL 时，F/F_0-1 的值达到最大，因此在后续的实验中我们选择此浓度的 GO 作为猝灭剂。

（4）反应时间的优化

如图 2-9（d）所示，F/F_0-1 的值也受到反应猝灭时间和恢复时间的影响。猝灭时间 5min 时 F/F_0-1 的值达到平衡状态；由于 ssDNA 的解吸速率比吸附速率慢[54]，恢复阶段需要的时间比较长，15min 时 F/F_0-1 的值达到平衡。

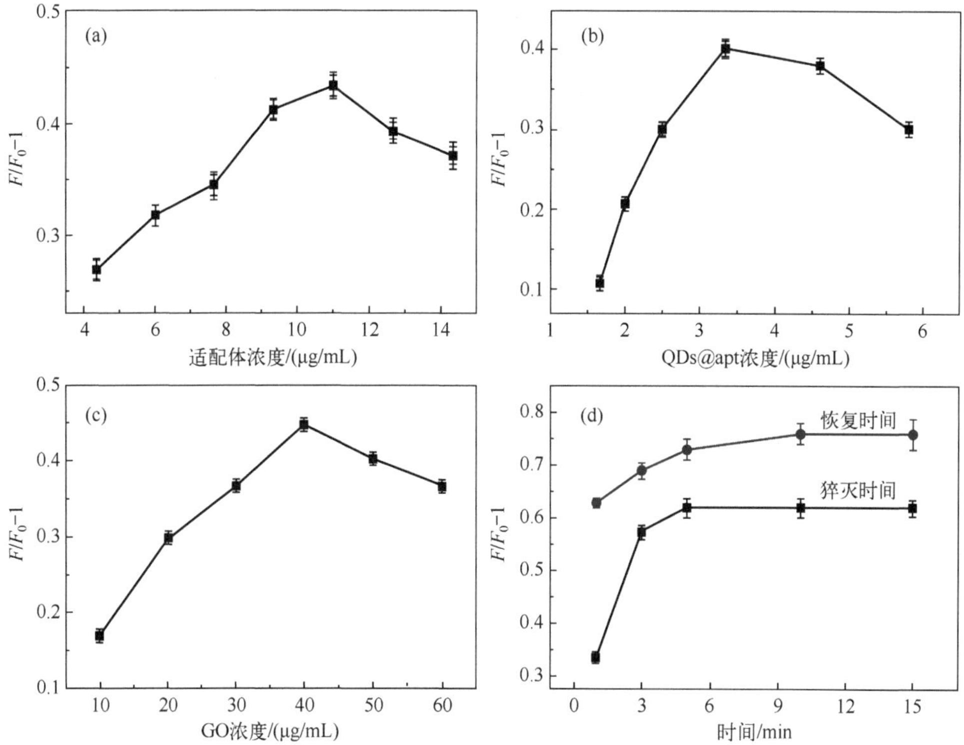

图 2-9 实验条件优化曲线

（a）适配体浓度对实验结果的影响；（b）GOQDs@apt 浓度对实验结果的影响；（c）GO 浓度对实验结果的影响；（d）荧光猝灭阶段的反应时间和荧光恢复阶段的反应时间

因此，实验中我们选择 11μg/mL 的适配体作为偶联的最佳浓度；3.3μg/mL GOQDs@apt 作为荧光探针的最佳浓度；80μg/mL 的 GO 作为猝灭剂的最佳浓度；5min 和 15min 分别作为猝灭阶段和恢复阶段的最佳时间。

2.4 荧光传感器的检测性能分析

2.4.1 荧光传感器灵敏性分析

在优化好的最佳实验条件下，考察了检测体系中加入不同浓度的 SMZ 后荧光强度的变化，并根据 SMZ 浓度与相应的荧光强度（F/F_0-1）之间的关系建立了标准曲线。如图 2-10（a）所示，随着 SMZ 的浓度增加，该体系的荧光强度逐渐增强。在浓度为 0.008～60ng/mL 以及浓度为 0.1～60ng/mL 时表现出明显的线性关系［图 2-10（b）］，标准回归方程分别为：$F/F_0-1=6.202$ [SMZ] +0.047 和 $F/F_0-1=0.069$ [SMZ] +0.326，相关系数分别为 $R^2=0.996$ 和 $R^2=0.992$。该检测体系的检出限（LOD）较低，仅为 0.005ng/mL。LOD 的计算公式为：$LOD=3\sigma/s$，其中 σ 表示体系中不加入 SMZ 时空白信号的标准偏差，s 表示浓度为 0.008～0.1ng/mL 时校准曲线的斜率。结果表明，该方法检出限低、线性范围较宽，可以很好地应用到 SMZ 的检测过程中。

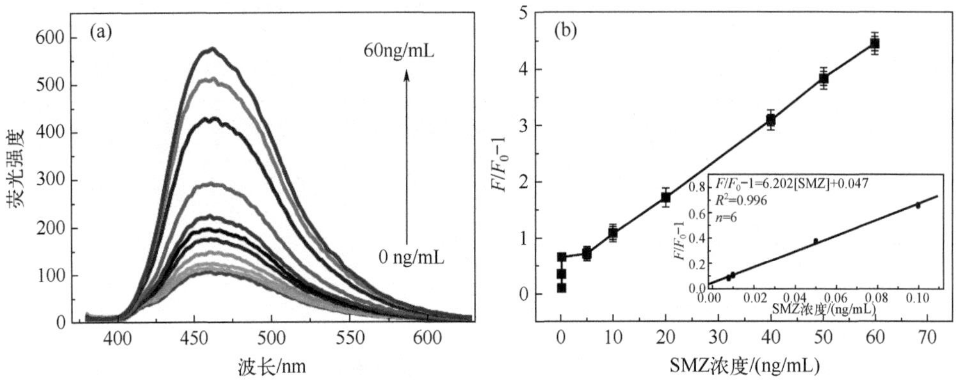

图 2-10　纳米荧光传感器灵敏性分析

（a）检测系统中加入不同浓度 SMZ 的荧光强度变化；（b）检测系统中加入不同浓度 SMZ 后荧光强度变化的拟合曲线（插图为浓度 0～0.1ng/mL 时系统荧光强度变化拟合曲线的放大）

2.4.2　荧光传感器的选择性、抗干扰性和稳定性分析

实验中采用四种磺胺类其他抗生素——磺胺嘧啶（SDZ）、磺胺吡啶（SPY）、磺胺噻唑（SMO）、磺胺二甲氧嘧啶（SDM）作为干扰试剂，检测该传感器的选择性。如图 2-11 所示，加入 60ng/mL SMZ 时系统的 F/F_0-1 值最大，而加入同浓度的其他抗生素系统的荧光强度与空白系统的基本相同，说明该传感器具有良好的选择性。

为了评估生物体液中其他常见共存离子（Na^+、K^+、Cu^{2+}、Ca^{2+}、Mg^{2+}、Zn^{2+}、Fe^{2+}、Fe^{3+}和 Al^{3+}）对 SMZ 检测的干扰，我们在 SMZ 浓度为 60ng/mL 的条件下，测试了加入 100 倍浓度的其他共存离子后体系荧光强度的变化。结果如图 2-12 所示，除了 Cu^{2+}、Fe^{3+}和 Al^{3+}这三种离子分别引起 8.6%、7.3%和 9.8%的信号变化外，其他物质对 SMZ 检测的影响均低于 5%，表明干扰可以忽略。这一抗干扰特性与其他同类型方法报道的结果雷同[55]。此外，本方法检测限低至 0.005ng/mL，远低于实际样品中 SMZ 的含量。因此，即使存在潜在干扰离子，通过样品稀释亦可有效消除其影响，进一步证明了该方法具有较好的抗干扰能力。

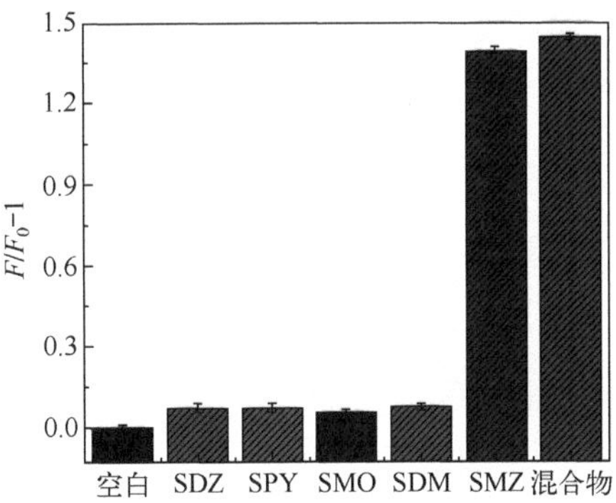

图 2-11　其他抗生素对磺胺二甲嘧啶荧光适配体开关选择性的影响

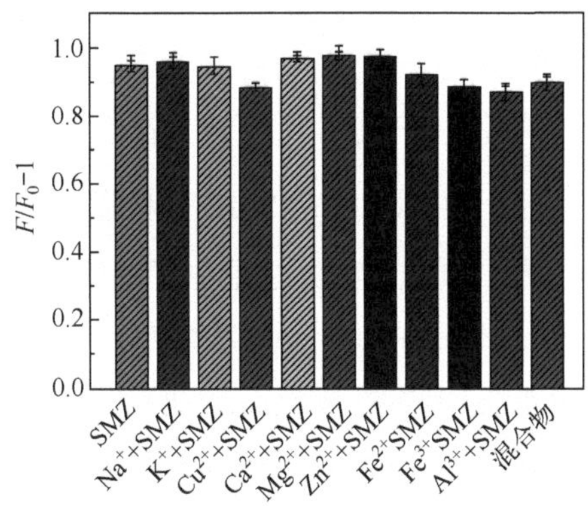

图 2-12　在含有 60ng/mL 的荧光适配体开关中加入 6mg/mL 的其他潜在离子后荧光强度的变化

如图 2-13 所示，GOQDs@apt 探针在 4℃低温放置两周后的荧光强度仅下降了 4.6%，表明该探针稳定性良好。

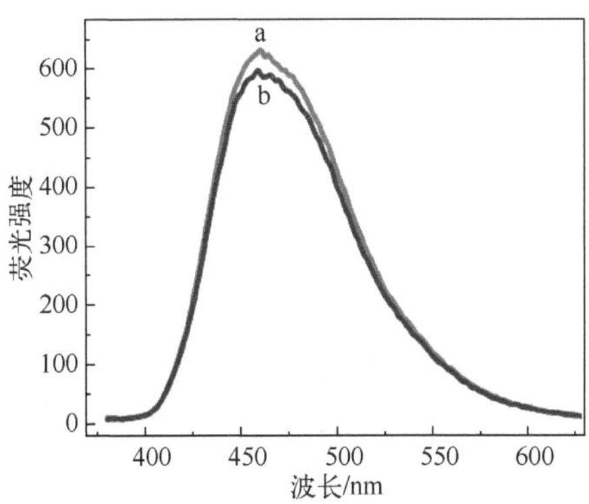

图 2-13　GOQDs@apt 探针稳定性检测

曲线：a—GOQDs@apt 的荧光光谱；b—GOQDs@apt 在 4℃低温放置两周后的荧光光谱

2.4.3　荧光传感器实用性分析

（1）实际样品准备

为了验证探针的实用性，将 3 种不同浓度（0.1、5.0 和 10.0ng/mL）的 SMZ 添加到牛奶中，并在与缓冲溶液相同的激发和发射条件下测量荧光信号的变化。

实验中使用的牛奶从当地超市购买，在实验前进行了简单的处理，过程如下：①取适量牛奶于烧杯中，逐滴加入乙酸调节 pH 至 4.6，使牛奶中的蛋白质发生最大限度的聚集；②将处理后的牛奶在 10000r/min 条件下离心 10min 移除蛋白质沉淀；③萃取除去上层的脂肪；④萃取液用 0.2μm 的滤膜过滤，然后再用乙酸钠调整 pH 至 7.4 后放置于 4℃冰箱储存备用。

（2）实际样品中 SMZ 的检测

为了调查该荧光适配体开关的实用性，分别向处理好的牛奶样品中加入浓度为 0.1、5.0 和 10.0ng/mL 的 SMZ，然后测定检测系统的荧光强度。根据标准曲线计算加标回收率，如表 2-3 所示，加标回收率范围位于 89%～96%，表明该传感器可以用于实际样品中 SMZ 的检测并且不需要复杂的预处理。

表 2-3　SMZ 的加标回收率检测（n=3）

样品编号	未加标时检出量/（ng/mL）	加标量/（ng/mL）	检出量（平均值±标准方差）/（ng/mL）	加标回收率/%
1	ND	0.1	0.09±0.02	91.3
2	ND	5.0	4.8±0.16	96.0
3	ND	10.0	8.9±0.13	89.0

注：“ND”表示未检测到。

2.4.4　荧光传感器优异性分析

如表 2-4 所示将本检测方法的识别探针、线性范围、检出限、加标回收率与近年来报道的其他检测 SMZ 的方法进行对比，发现在这些已经报道的方法中，灵敏度最高的为基于 CRET 的免疫分析法，其检出限为 0.009ng/mL，线性范围为 0.01～50ng/mL。而我们方法的检出限低至 0.005ng/mL，线性范围为 0.008～60ng/mL。虽然，本实验中我们使用的 GOQDs 的量子产率低于基于 CRET 的免疫分析法中使用的金属量子点（CdTe），但是 GOQDs 比 CdTe 更环保。这些结果表明我们开发的有关 SMZ 检测的方法是一种高效和环保的方法。

表 2-4　本方法与近年来报道的其他 SMZ 检测方法的对比

方法	探针	线性范围/（ng/mL）	检出限/（ng/mL）	准确度（回收率）/%	参考文献
FPIA	—	5.00～458	1.6	—	[13]
SMM-FIA	Cy5	3.26～53.2	3.26	111.6～113.0	[14]

续表

方法	探针	线性范围/(ng/mL)	检出限/(ng/mL)	准确度(回收率)/%	参考文献
CL	—	—	81.5(μg/kg)	109～151	[16]
CLEIA	—	1.85～21.57	0.92	88.0～98.2	[15]
DSPME	MIPs	10～1000	1.1	89～110	[17]
CRET	CdTe	0.01～50	0.009	64.70～110.7	[18]
FRET	GOQDs	0.008～60	0.005	89.0～96.0	本研究

注：—表示论文中该指标结果不详。

2.5 小结

本实验中，我们将氨基化的核酸适配体与 GOQDs 通过酰胺键偶联后作为荧光供体，猝灭剂 GO 作为荧光受体，成功开发出了一种基于荧光猝灭-恢复机理的适配体传感器。利用该传感器实现了对 SMZ 的灵敏、高效检测，并成功应用到牛奶实际样品中。该传感器的优异性能归因于一步法合成了富含羧基的 GOQDs 和分散性良好的 GO，为在水溶液中实现 SMZ 的检测打下了良好的基础；并且该传感器具有较强的信号对比度，可以避免生物体内自发荧光和散射光的干扰。除此之外，这项工作还扩展了生物分子标记的 GOQDs 在荧光探针领域的应用，可以通过改变与 GOQDs 偶联的适配体的种类来实现对其他目标物质的检测。该方法的局限在于 GOQDs 的量子产率需要得到进一步提高。

参考文献

[1] Bai Z, Yang Q, Wang J Catalytic ozonation of sulfamethazine using $Ce_{0.1}Fe_{0.9}OOH$ as catalyst: Mineralization and catalytic mechanisms[J]. Chem Eng J, 2016, 300: 169-176.

[2] Liu Y, JianlongWang. Degradation of sulfamethazine by gamma irradiation in the presence of hydrogen peroxide[J]. J Hazard Mater, 2013, 250-251(15): 99-105.

[3] Jansomboon W, Boontanon S K, Boontanon N, et al. Monitoring and determination of sulfonamide antibiotics (sulfamethoxydiazine, sulfamethazine, sulfamethoxazole and sulfadiazine) in imported Pangasius catfish products in Thailand using liquid chromatography coupled with tandem mass spectrometry[J]. Food Chem, 2016, 212(1): 635-640.

[4] Feng Y, Liu J, Wu D, et al. Efficient degradation of sulfamethazine with $CuCo_2O_4$ spinel nanocatalysts for peroxymonosulfate activation[J]. Chem Eng J, 2015, 280: 514-524.

[5] Awad Y M, Kim S-C, Abd El-Azeem S A M, et al. Veterinary antibiotics contamination in water,

sediment, and soil near a swine manure composting facility[J]. Environ Earth Sci, 2014, 71(3): 1433-1440.

[6] Li W, Shi Y, Gao L, et al. Occurrence of antibiotics in water, sediments, aquatic plants, and animals from Baiyangdian Lake in North China[J]. Chemosphere, 2012, 89(11): 1307-1315.

[7] Hu X, Zhou Q, Luo Y. Occurrence and source analysis of typical veterinary antibiotics in manure, soil, vegetables and groundwater from organic vegetable bases, northern China[J]. Environ Pollut, 2010, 158(9): 2992-2998.

[8] Dolliver H, Kumar K, Gupta S. Sulfamethazine uptake by plants from manure-amended soil[J]. J Environ Qual, 2007, 36(4): 1224-1230.

[9] Herklotz P A, Gurung P, Heuvel B V, et al. Uptake of human pharmaceuticals by plants grown under hydroponic conditions[J]. Chemosphere, 2010, 78(11): 1416-1421.

[10] Baran W, Adamek E, Ziemianska J, et al. Effects of the presence of sulfonamides in the environment and their influence on human health[J]. J Hazard Mater, 2011, 196: 1-15.

[11] Tian J, Bai J, Peng Y, et al. A core-shell-structured molecularly imprinted polymer on upconverting nanoparticles for selective and sensitive fluorescence sensing of sulfamethazine[J]. Analyst, 2015, 140(15): 5301-5307.

[12] Wan Z, Hu J, Wang J Removal of sulfamethazine antibiotics using CeFe-graphene nanocomposite as catalyst by Fenton-like process[J]. J Environ Manage, 2016, 182: 284-291.

[13] Wang Z-H, Zhang S-X, Shen J-Z, et al. Analysis of sulfamethazine by fluorescence polarization immunoassay[J]. Chinese J Anal Chem, 2007, 35(6): 819-824.

[14] Ye B C, Li S Y, Li X H, et al. Simultaneous detection of sulfamethazine, streptomycin, and tylosin in milk by microplate-array based SMM-FIA[J]. Food Chem, 2008, 106(2): 797-803.

[15] 倪姮佳，恩诺沙星和磺胺二甲嘧啶核酸适配体的筛选及化学发光检测方法的研究[D]. 北京：中国农业大学，2014.

[16] Wutz K, Niessner R, Seidel M. Simultaneous determination of four different antibiotic residues in honey by chemiluminescence multianalyte chip immunoassays[J]. Microchim Acta, 2011, 173(1-2): 1-9.

[17] Chen C, Zhang X, Long Z, et al. Molecularly imprinted dispersive solid-phase microextraction for determination of sulfamethazine by capillary electrophoresis[J]. Microchim Acta, 2012, 178(3-4): 293-299.

[18] Ma M, Wen K, Beier R C, et al. Chemiluminescence resonance energy transfer competitive immunoassay employing hapten-functionalized quantum dots for the detection of sulfamethazine[J]. ACS Appl Mater Interfaces, 2016: 17745-17750.

[19] Platella C, Riccardi C, Montesarchio D, et al. G-quadruplex-based aptamers against protein targets in therapy and diagnostics[J]. Biochim Biophys Acta, 2016, 16: 30441-30447.

[20] Lee B H, Nguyen V T, Gu M B. Highly sensitive detection of 25-HydroxyvitaminD3 by using a target-induced displacement of aptamer[J]. Biosens Bioelectron, 2017, 88: 174-180.

[21] Willner I, Zayats M. Electronic aptamer-based sensors[J]. Angew Chem Int Ed Engl, 2007, 46(34): 6408-6418.

[22] Sun H, Zhu X, Lu P Y, et al. Oligonucleotide Aptamers: New Tools for Targeted Cancer Therapy[J]. Mol Ther-Nucl Acids, 2014, 3(8): 182.

[23] Leung K H, He B, Yang C, et al. Development of an aptamer-based sensing platform for metal

ions, proteins, and small molecules through terminal deoxynucleotidyl transferase induced G-quadruplex formation[J]. ACS Appl Mater Interfaces, 2015, 7(43): 24046-24052.

[24] Xie L, You L, Cao X. Signal amplification aptamer biosensor for thrombin based on a glassy carbon electrode modified with graphene, quantum dots and gold nanoparticles[J]. Spectrochim Acta A, 2013, 109(4): 110-115.

[25] Wang Y, Gan N, Li T, et al. A novel aptamer-quantum dot fluorescence probe for specific detection of antibiotic residues in milk[J]. Anal Methods, 2016, 8(15): 3006-3013.

[26] Wang Q, Jin Y, Fu X, et al. A "Turn-on-off-on" fluorescence switch based on quantum dots and gold nanoparticles for discriminative detection of ovotransferrin[J]. Talanta, 2016, 150: 407-414.

[27] Liu X, Ren J, Su L, et al. Novel hybrid probe based on double recognition of aptamer-molecularly imprinted polymer grafted on upconversion nanoparticles for enrofloxacin sensing[J]. Biosens Bioelectron, 2017, 87: 203-208.

[28] Zhou N, Wang J, Zhang J, et al. Selection and identification of streptomycin-specific single-stranded DNA aptamers and the application in the detection of streptomycin in honey[J]. Talanta, 2013, 108: 109-116.

[29] He P, Sun J, Tian S, et al. Processable aqueous dispersions of graphene stabilized by graphene quantum dots[J]. Chem Mater, 2015, 27(1): 218-226.

[30] Zhu S, Zhang J, Qiao C, et al. Strongly green-photoluminescent graphene quantum dots for bioimaging applications[J]. Chem Commun, 2011, 47(24): 6858-6860.

[31] Luk C M, Tang L B, Zhang W F, et al. An efficient and stable fluorescent graphene quantum dot-agar composite as a converting material in white light emitting diodes[J]. J Mater Chem, 2012, 22(42): 22378-22381.

[32] Lin L, Rong M, Luo F, et al. Luminescent graphene quantum dots as new fluorescent materials for environmental and biological applications[J]. TrAC, 2014, 54: 83-102.

[33] Zhou J, Zhou H, Tang J, et al. Carbon dots doped with heteroatoms for fluorescent bioimaging: a review[J]. Microchim Acta, 2016, 184(2): 343-368.

[34] Cui X, Zhu L, Wu J, et al. A fluorescent biosensor based on carbon dots-labeled oligodeoxyribonucleotide and graphene oxide for mercury（Ⅱ）detection[J]. Biosens Bioelectron, 2015, 63: 506-512.

[35] Qaddare S H, Salimi A. Amplified fluorescent sensing of DNA using luminescent carbon dots and AuNPs/GO as a sensing platform: A novel coupling of FRET and DNA hybridization for homogeneous HIV-1 gene detection at femtomolar level[J].Biosens Bioelectron, 2016, 773: 66177-15175.

[36] Zu F, Yan F, Bai Z, et al. The quenching of the fluorescence of carbon dots: A review on mechanisms and applications[J]. Microchim Acta, 2017, 184(7): 1899-1914.

[37] Kumar S, Ahlawat W, Kumar R, et al. Graphene, carbon nanotubes, zinc oxide and gold as elite nanomaterials for fabrication of biosensors for healthcare[J]. Biosens Bioelectron, 2015, 70(1): 498-503.

[38] Sun X, Liu B, Yang C, et al. An extremely sensitive aptasensor based on interfacial energy transfer between QDS SAMs and GO[J]. Spectrochim Acta A, 2014, 131: 288-293.

[39] Furukawa K, Ueno Y, Takamura M, et al. Graphene FRET Aptasensor[J]. ACS Sensors, 2016, 1(6): 710-716.

[40] Shahdost-Fard F, Roushani M. Impedimetric detection of trinitrotoluene by using a glassy carbon electrode modified with a gold nanoparticle@fullerene composite and an aptamer-imprinted polydopamine[J]. Microchim Acta, 2017, 184: 3997-4006.

[41] Lu C H, Yang H H, Zhu C L, et al. A graphene platform for sensing biomolecules[J]. Angew Chem Int Ed Engl, 2009, 48(26): 4785-4787.

[42] Chun-Hua, Lu, Huang-Hao, et al. A Graphene Platform for Sensing Biomolecules[J]. Angew Chem Int Ed, 2009, 26: 1-3.

[43] Jang H, Kim Y K, Kwon H M, et al. A graphene-based platform for the assay of duplex-DNA unwinding by helicase[J]. Angew Chem, 2010, 49(33): 5703-5707.

[44] Sun X, Fan J, Zhang Y, et al. A graphene oxide-based FRET sensor for rapid and specific detection of unfolded collagen fragments[J]. Biosens Bioelectron, 2016, 79: 15-21.

[45] Nandi S, Routh P, Layek R K, et al. Ethidium bromide-adsorbed graphene templates as a platform for preferential sensing of DNA[J]. Biomacromolecules, 2012, 13(10): 3181-3188.

[46] Pramod M, Sabale, Thomas J, et al. A base-modified PNA-graphene oxide platform as a turn-on fluorescence sensor for the detection of human telomeric repeats[J]. Nanoscale, 2014, 6(18): 10460-10469.

[47] Wang T, Zhang S, Mao C, et al. Enhanced electrochemiluminescence of CdSe quantum dots composited with graphene oxide and chitosan for sensitive sensor[J]. Biosens Bioelectron, 2012, 31(1): 369-375.

[48] Zhang C, Wei K, Zhang W, et al. Graphene oxide quantum dots incorporated thin film nanocomposite membrane with high flux and antifouling properties for low-pressure nanofiltration[J]. ACS Appl Mater Interfaces, 2017, 9(12): 11082-11094.

[49] Dong Y, Zhang S, Shi L, et al. The photoluminescence of step-wise reduced graphene oxide quantum dots[J]. Mater Chem Phys, 2018: 125-132.

[50] Alibolandi M, Hadizadeh F, Vajhedin F, et al. Design and fabrication of an aptasensor for chloramphenicol based on energy transfer of CdTe quantum dots to graphene oxide sheet[J]. Mater Sci Eng C, 2015, 48: 611-619.

[51] Zhu S, Meng Q, Wang L, et al. Highly photoluminescent carbon dots for multicolor patterning, sensors, and bioimaging[J]. Angew Chem, 2013, 125(14): 3953-3957.

[52] Pilehvar S, Mehta J, Dardenne F, et al. Aptasensing of chloramphenicol in the presence of its analogues: reaching the maximum residue limit[J]. Anal Chem, 2012, 84(15): 6753-6758.

[53] Mehta J, Rouah-Martin E, Van Dorst B, et al. Selection and characterization of PCB-binding DNA aptamers[J]. Anal Chem, 2012, 84(3): 1669-1676.

[54] Tian F, Lyu J, Shi J, et al. Graphene and graphene-like two-denominational materials based fluorescence resonance energy transfer (FRET) assays for biological applications[J]. Biosens Bioelectron, 2017, 89(1): 123-135.

[55] Tan H, Chen Y. Silver nanoparticle enhanced fluorescence of europium (Ⅲ) for detection of tetracycline in milk[J]. Sens Actuators B, 2012, 173: 262-267.

CHAPTER 3 第3章

基于 DNA 杂交的生物传感器对转基因生物体内 NOS 序列的检测

3.1 概述

近年来，生物技术的进步和人们对作物生产需求的提高，促进了转基因技术的迅速发展以及转基因生物（GMOs）的广泛使用[1,2]。然而，随着转基因生物数量以及多样性的迅速发展，转基因食品的安全问题、潜在的生态污染问题和伦理问题引起了社会各界的广泛关注甚至引发了人们的争议[3,4]。NOS 终止子基因序列（NOSt）是一种来源于根瘤土壤杆菌的 NOS 基因，常被用作转基因生物的标志性序列[5,6]。因此，通过对 NOSt 基因序列的检测从而实现对转基因生物的灵敏检测成了一种很重要的手段。近年来 NOSt 基因序列的检测引起了相关领域科研工作者的广泛关注，据报道，科研人员已经利用电化学检测[7,8]、基因芯片和 GLSS[9]、动态光散射（DLS）[10]以及实时 PCR[11]等方法实现了对 NOSt 基因的检测。然而，这些方法或多或少都存在一定的缺陷需要克服，而转基因生物引起的问题与日俱增，因此，迫切需要找到一种快速、简单、灵敏、高效和环保的方法来实现 NOSt 基因序列的检测。

荧光共振能量转移（FRET）是一种具有高度灵敏性和选择性的可以很好地实现生物检测的方法[12-14]。FRET 是指荧光供体与受体之间距离足够近时，将荧光供体的能量转移给荧光受体的过程[15,16]。因此，选择一对良好的供体和受体对于提高 FRET 的效率是极其重要的。氧化石墨烯量子点（GOQDs）具有制备简单、易修饰、毒性低、生物相容性好、光稳定性好等优点，已被广泛应用于生物成像[17,18]、化学发光[19]和环境领域[20]。然而，将 GOQDs 修饰后作为荧光探针与 FRET

机理相结合应用于生物检测尚处于起步阶段。

氧化石墨烯（GO）是一种二维的碳纳米晶体，仅有一个原子层的厚度，是一种很好的荧光猝灭剂[21]。因其对单链 DNA（ssDNA）的亲和力明显高于双链 DNA（dsDNA）[22]，所以在区分单链 DNA 和双链 DNA 方面表现出明显的优势。鉴于此优势，近年来越来越多的科研人员将 GO 应用在荧光传感器中结合 DNA 杂交的机理实现了对 ssDNA 的检测[23,24]。尤其是实验过程中采用了“后混合”策略（首先让 ssDNA 探针与互补的目标 DNA 杂交，然后添加 GO 至检测体系）[25]，由于其在灵敏性、高效性方面优于“前混合”策略而备受关注。然而，尚未见将此策略应用于 NOSt 基因序列检测的报道。

考虑到 GOQDs 和 GO 的优异性以及 GOQDs 偶联 ssDNA（QDs-ssDNA）实验过程的简易性。我们合成了一种新型的检测 NOSt 基因序列的生物传感器，其中 QDs-ssDNA 作为该传感器的荧光供体和识别探针，GO 作为能量受体。检测机理基于：QDs-ssDNA 和靶 DNA 之间可以发生特异性结合形成 QDs-dsDNA；GO 与 QDs-ssDNA 的亲和力高于其与 QDs-dsDNA 的亲和力。检测体系不加入靶 DNA 时，QDs-ssDNA 吸附到 GO 表面，猝灭 QDs-ssDNA 的荧光；向该体系中加入靶 DNA 后，QDs-ssDNA 与靶 DNA 杂交形成 QDs-dsDNA，隐藏了内部碱基失去与 GO 的结合能力，QDs-dsDNA 荧光猝灭程度大大降低，致使 QDs-dsDNA/GO 体系的荧光强度明显高于 QDs-ssDNA/GO 体系，且荧光强度与体系中靶 DNA 加入量成正比，实现目标 DNA 的检测。

3.2 纳米材料的合成及特征分析

3.2.1 GO 和 GOQDs 的制备及特征分析

（1）实验试剂

柠檬酸（CA）、H_2SO_4、$NaNO_3$、$KMnO_4$、NaCl、KCl、柠檬酸钠和石墨粉。1-乙基-3-(3-二甲氨基丙基)碳化二亚胺（EDC），*N*-羟基琥珀酰亚胺酯（NHS）。

超滤管（3kDa）和透析袋（分子量：1000）。

SSC 缓冲液（1.5mmol/L 柠檬酸钠，0.15mmol/L NaCl，pH 7.8），作为离心过程的洗脱液和偶联反应的缓冲液。

实验中用到的水全部为超纯水（电阻率 18.2MΩ·cm）。

所有与 NOSt 有关的寡核苷酸序列（表 3-1）均用高效液相色谱法（HPLC）纯化，用 TE 缓冲液（10mmol/L Tris-HCl，1mmol/L EDTA，pH 8.0）配制成相应浓度的母液后在−20℃冷冻环境中保存。

表 3-1　实验中用到的寡核苷酸序列

寡核苷酸序列名称	寡核苷酸序列结构
单链捕获 DNA(ssDNA)	5′-NH_2-$(CH_2)_6$-AATGTGCGGGACTCTAATC-3′
互补靶 DNA (NOSt)	5′-GATTAGAGTCCCGCAATTAATCATT-3′
单碱基错配的靶 DNA (MT_1)	5′-GATTAGAGTCCCGCTATTAATCATT-3′
双碱基错配的靶 DNA(MT_2)	5′-GATTAGACTCCCGCTATTAATCATT-3′
三碱基错配的靶 DNA(MT_3)	5′-GATTAGACTCCCGCTATTAGTCATT-3′
非互补靶 DNA (Nt)	5′-TCG CGA CAC ATA TAG GCG CTC TCG CAT ACT-3′

（2）实验仪器

表 3-2　实验仪器设备型号

实验仪器	型号
荧光/磷光光光度计	LS-55
紫外/可见分光光度计	Cary 5000
透射电子显微镜	Tecnai G2 F20
傅里叶变换红外	Nicolet 380
电子天平	XS204
数显酸度计	PH3-3C
涡旋混匀器	SK1
离心机	TDZ25-WS
真空干燥箱	DZF-6020
超声波清洗仪	KH-500B
反应釜	KH-25mL

（3）GO 和 GOQDs 的制备

本研究中用的 GO 根据改进的 Hummers 方法合成[26]。

GOQDs 根据“自下而上”法合成[17]。具体操作如下：2g 柠檬酸加入容量 5mL 的烧杯中加热至 200℃。加热期间，柠檬酸首先液化，液体颜色从无色变为浅黄色，然后在 30min 后变成橙色，意味着 GOQDs 的合成。将获得的橙色液体在分子质量 1000Da 的透析袋中透析 48h 以除去过量的柠檬酸。最后，将袋中的溶液冷冻干燥获得固体 GOQDs。

(4) GO 和 GOQDs 的特征分析

用透射电子显微镜（TEM）表征 GOQDs 的形状和大小，如图 3-1（a）和（b）所示，量子点的粒径分布均匀，尺寸较小，约为 2.3nm。图 3-1（c）显示了 QDs 的激发和发射光谱，从中可以看出量子点的最大激发峰在位于 365nm 处，最大的发射峰值为 460nm，GOQDs 溶液在可见光照射下是无色的，紫外灯照射下呈蓝色［图 3-1（c）插图］。图 3-1（d）为 GOQDs 的红外光谱图，显示其表面含有大量羧基：O—H（$3400cm^{-1}$、$1640cm^{-1}$ 和 $1388cm^{-1}$）、C—H（$2923cm^{-1}$）、C═O（$2410cm^{-1}$），为 GOQDs 与 ssDNA 的氨基发生共价偶联反应提供了条件。

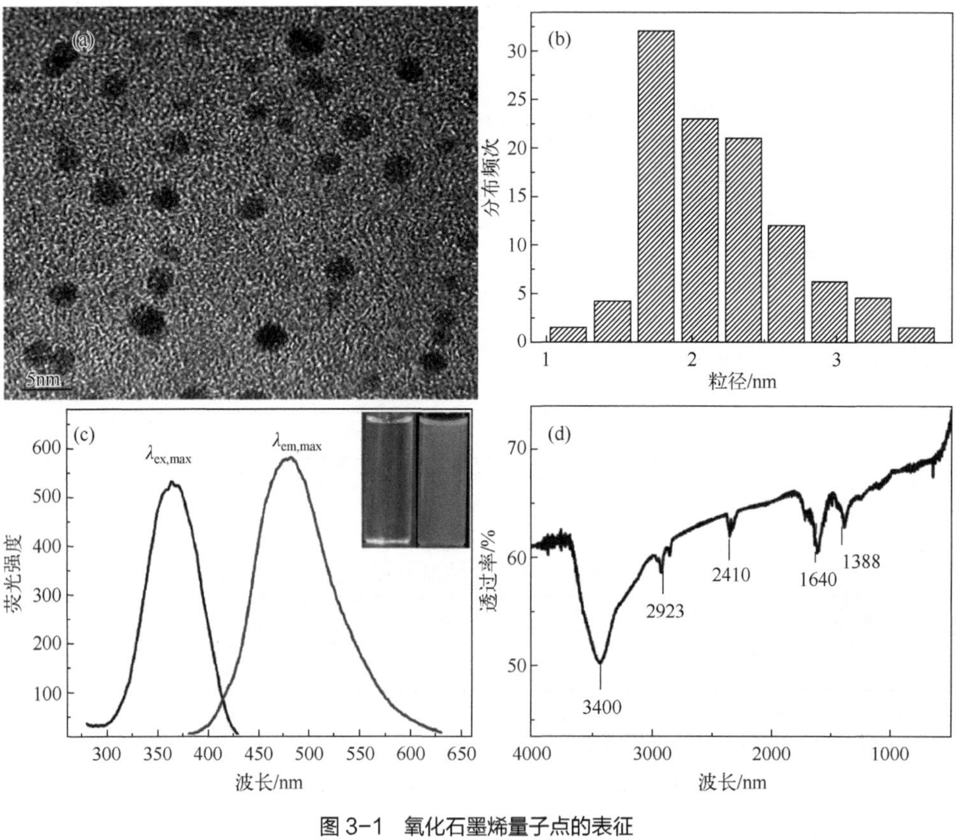

图 3-1　氧化石墨烯量子点的表征

（a）氧化石墨烯量子点的 TEM 图像；（b）氧化石墨烯量子点的尺寸分布图像；（c）氧化石墨烯量子点的激发和发射光谱图；（d）氧化石墨烯量子点的红外光谱图

3.2.2 QDs-ssDNA 的合成及特征分析

（1）QDs-ssDNA 的合成

室温条件下，将配制好的 1mg/mL 量子点溶液（1mL）与 20mmol/L EDC 溶液（1mL）和 200mmol/L 的 NHS 溶液（1mL）混合均匀，反应 2h，以充分活化量子点（QDs）的羧基。然后加入 30μg（OD=1.0）ssDNA（M_W: 8212.5），充分震荡摇匀，置于 4℃冰箱继续反应 24h，使 QDs 的羧基与 ssDNA 的氨基充分发生共价偶联。将反应后的溶液用超滤管（3kDa）在 8000r/min 的速度下，20min 为一次循环离心 3 次，以除去没有反应的量子点和其他小分子物质。最后将滤液用 SSC（pH 7.8）稀释至 15μg/mL 作为后续反应的母液，在 4℃的条件下保存。

（2）QDs-ssDNA 的特征分析

图 3-2（a）显示了 QDs 和 QDs-ssDNA 的 UV-Vis 吸收光谱，二者在 365nm 处均出现吸收峰，除此之外，QDs-ssDNA 在 260nm 处又出现了一个 DNA 的吸收峰，表明 QDs 与 ssDNA 已经发生很好的偶联，生成了 QDs-ssDNA[27]。图 3-2（b）显示了 QDs 和 QDs-ssDNA 的荧光发射光谱。QDs-ssDNA 的荧光强度略低于 QDs 的荧光强度。这是因为在偶联阶段，为了确保所有的 ssDNA 都能与 GOQDs 发生偶联，避免过多的 ssDNA 自身折叠缠绕影响实验的灵敏性，使用了“量子点过量”的偶联策略，偶联反应结束后，离心除去未发生反应的量子点。两者的发射波长范围基本相同，约为 380～630nm；GO 可以猝灭所有蓝紫光区域的荧光[21]，因此，QDs-ssDNA 和 GO 之间可以发生高效的荧光共振能量转移。

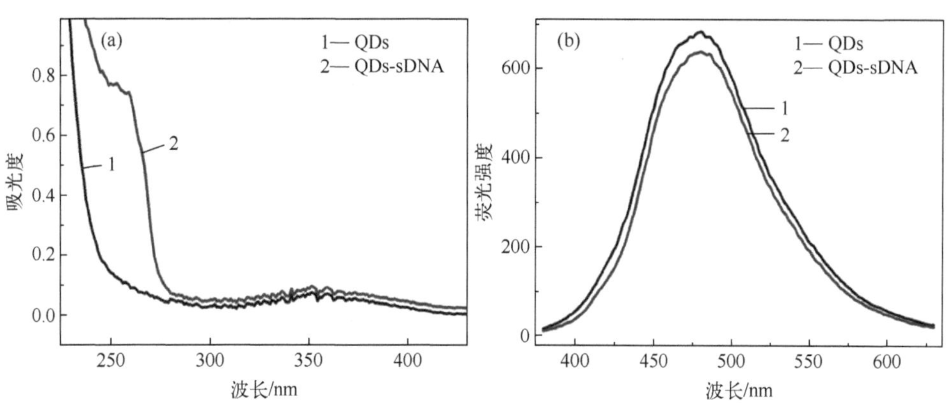

图 3-2 QDs 和 QDs-ssDNA 的光谱特征图像

（a）QDs 和 QDs-ssDNA 的紫外光谱特征；（b）QDs 和 QDs-ssDNA 的荧光光谱特征

3.3 纳米荧光传感器开关的构建及机理分析

3.3.1 荧光传感器的构建

向 10mL 比色管中依次加入 1mL 浓度为 15μg/mL 的 QDs-ssDNA 溶液和一系列不同浓度的目标 DNA（0～50nmol/L），充分混匀，37℃水浴反应 30min。然后，将 100μL 浓度为 2mg/mL 的 GO 加入上述混合物中，用 SSC（pH 7.8）将混合液稀释至 5mL，震荡摇匀，室温下反应 10min。使用荧光分光光度计在 365nm 的激发波长下测量这些溶液的荧光信号。其中，激发和发射的狭缝宽度分别为 5nm 和 10nm。为了防止背景干扰，用相对荧光强度 F/F_0-1 表示信号输出值；其中 F_0 和 F 分别表示检测体系中没有加入目标 DNA 和加入目标 DNA 时溶液的荧光强度。

3.3.2 荧光开关的检测机理分析

如图 3-3 所示，QDs 的—COOH 基团在 EDC/NHS 活化下与 ssDNA 的—NH_2 基团发生共价结合形成 QDs-ssDNA，由于 ssDNA 的芳香环和疏水环通过 π-π 堆积和疏水作用吸附到 GO 表面[28,29]，拉近了 QDs-ssDNA 和 GO 之间的距离，使得 QDs-ssDNA 和 GO 之间发生荧光共振能量转移从而猝灭 QDs-ssDNA 的荧光。比较图 3-4 中曲线 a 和曲线 b 可看出，QDs-ssDNA 溶液中加入 40μg/mL 的 GO 后，QDs-ssDNA 量子点的荧光被显著猝灭（QDs-ssDNA/GO 荧光强度只有 QDs-ssDNA 荧光强度的 13.8%）。而在目标 DNA 存在的情况下，由于目标 DNA 可以选择性

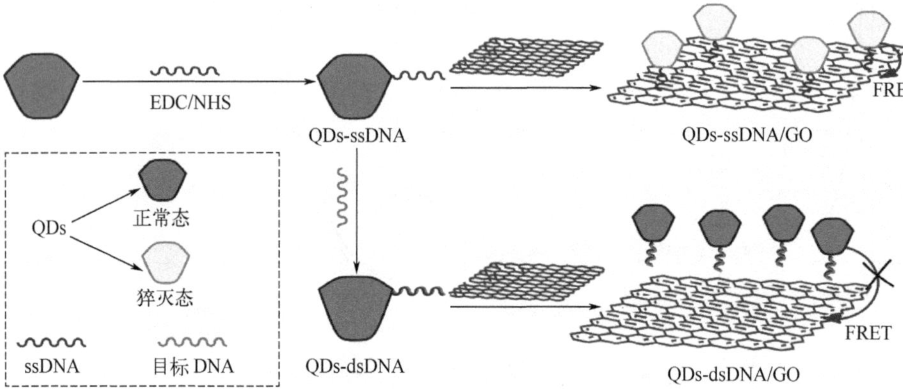

图 3-3 传感器实现 DNA 检测的机理图

地与 QDs-ssDNA 结合为具有高度稳定结构的 QDs-dsDNA。DNA 碱基互补配对隐藏在螺旋结构内部，只有带负电荷的磷酸盐暴露在外[30]，失去了与 GO 结合的能力，荧光猝灭程度显著降低。如图 3-4 所示，比较曲线 b 和 c，检测体系中加入 10nmol/L 目标 DNA 后，QDs-dsDNA/GO 体系的荧光强度明显高于 QDs-ssDNA/GO 体系的荧光强度，并且荧光强度与目标 DNA 的加入量成正比。据此实现来对目标 DNA 的灵敏检测。

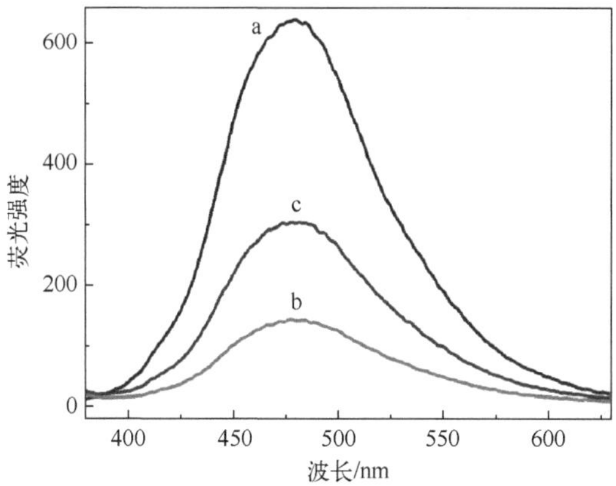

图 3-4 纳米复合材料的荧光光谱图

曲线：a—QDs-ssDNA；b—QDs-ssDNA/GO；c—QDs-dsDNA/GO

3.3.3 荧光传感器检测实验条件的优化

为了获得最佳的实验效果，对实验过程中有可能影响实验结果的这些因素进行了优化，包括：QDs-ssDNA 的浓度、GO 的浓度、反应温度和反应时间。

（1）QDs-ssDNA 的浓度优化

如图 3-5（a）所示，F/F_0-1 的值随着 QDs-ssDNA 的增加而逐渐增大，直到 QDs-ssDNA 的浓度达到 3μg/mL 时 F/F_0-1 的值达到一个峰值。然后，再继续增加 QDs-ssDNA 的浓度，F/F_0-1 的值反而下降。这是因为量子点的浓度过高产生自吸现象，而增加了背景干扰[24, 31]。因此，我们选择 3μg/mL 的 QDs-ssDNA 作为反应的最佳浓度。

（2）GO 的浓度优化

在此基础上优化了 GO 的浓度对检测体系的影响。如图 3-5（b）所示，当 GO

的浓度达到 40μg/mL 时，F/F_0-1 的值最大，因此，选择 40μg/mL 的 GO 进行后续实验。

（3）反应温度优化

图 3-5（c）显示了反应温度对 DNA 杂交的影响。在 37℃时，DNA 的杂交效果和生物活性最高，因此，杂交的速率是最快的[32]。后续反应我们选择 37℃作为杂交实验的最佳温度。

（4）反应时间优化

图 3-5（d）显示的是该体系中加入 GO 后荧光猝灭时间和 DNA 杂交时间的优化的结果。从中可以看出，猝灭效果随着时间的推移而提高，并且在猝灭时间为 10min 时达到最佳。因此，选择 10min 作为的最佳猝灭时间，选择 30min 作为最佳 DNA 杂交时间。

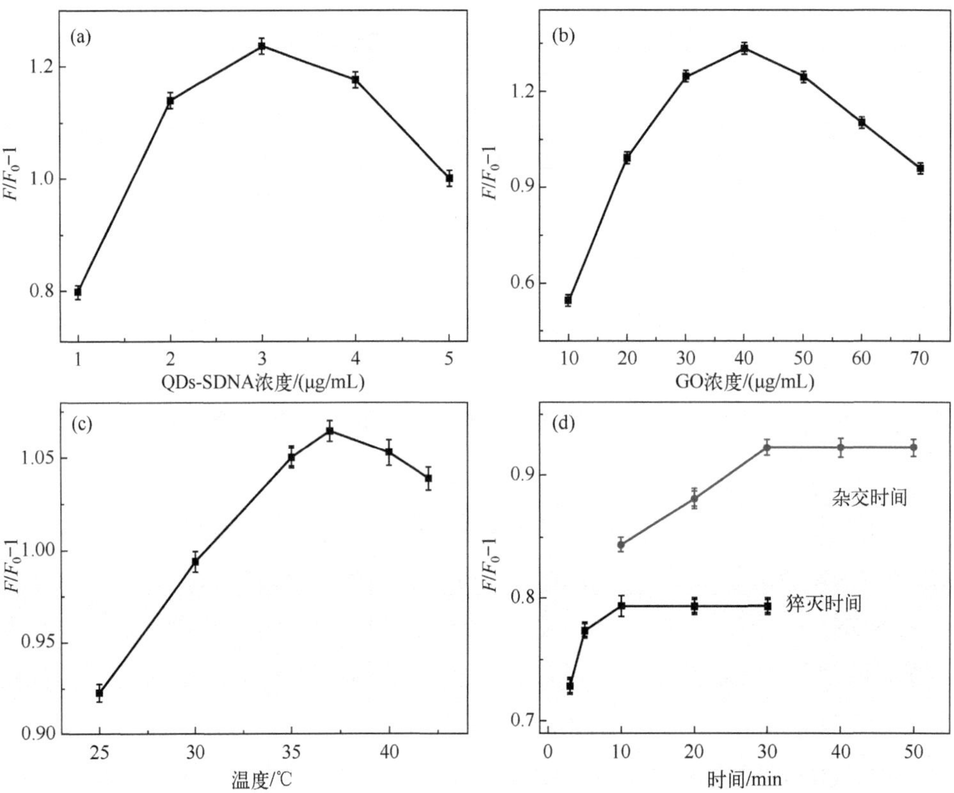

图 3-5 实验条件优化图像

（a）QDs-ssDNA 的浓度；（b）GO 的浓度；（c）DNA 杂交温度；（d）荧光猝灭时间和 DNA 杂交阶段时间

实验过程中，为了避免 ssDNA 浓度过高而发生自身折叠弯曲，影响实验结果，因此偶联反应阶段选择了“QDs 过量”的策略。偶联反应完成之后，离心除去没有与 ssDNA 结合的 QDs，并且测定了偶联反应离心阶段废液的紫外吸收光谱，如图 3-6 所示，离心 5 次后，没有发现废液在 260nm 处出现 DNA 的特征吸收峰，说明所有的 ssDNA 都与量子点发生了偶联。因此，本实验中采用发生偶联反应的 ssDNA 的浓度表示 QDs-ssDNA 复合物的浓度。

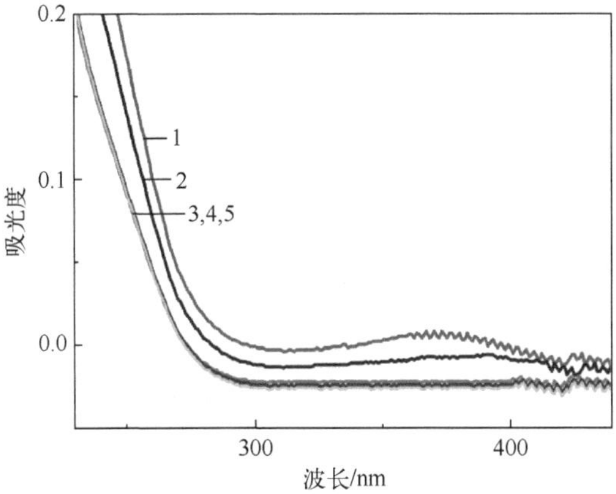

图 3-6　洗脱液的紫外吸收光谱

1—洗脱 1 次；2—洗脱 2 次；3—洗脱 3 次；4—洗脱 4 次；5—洗脱 5 次

3.4　荧光传感器的检测性能分析

3.4.1　荧光传感器灵敏性分析

在最优的实验状态下，记录了检测体系中加入不同浓度（0～50nmol/L）的目标 DNA 后荧光强度的变化。QDs-dsDNA/GO 系统的荧光强度随目标 DNA 浓度的增加而显著增强［图 3-7（a）］，并且表现出明显的线性关系［图 3-7（b）］：在浓度为 0.05～0.3nmol/L 时，线性方程为：$F/F_0-1 = 2.587[tDNA]+0.956(R^2 = 0.995)$；浓度为 0.3～50nmol/L 时线性方程为：$F/F_0-1 = 0.027[tDNA]+1.876(R^2 = 0.998)$。公式中[tDNA]表示目标 DNA 浓度。根据公式 $LOD = 3\sigma/s$，计算得出检出限为 0.008nmol/L。其中，“σ”表示检测系统中没有加入目标 DNA 时空白信号的标准偏差，“s”表示校准曲线的斜率。

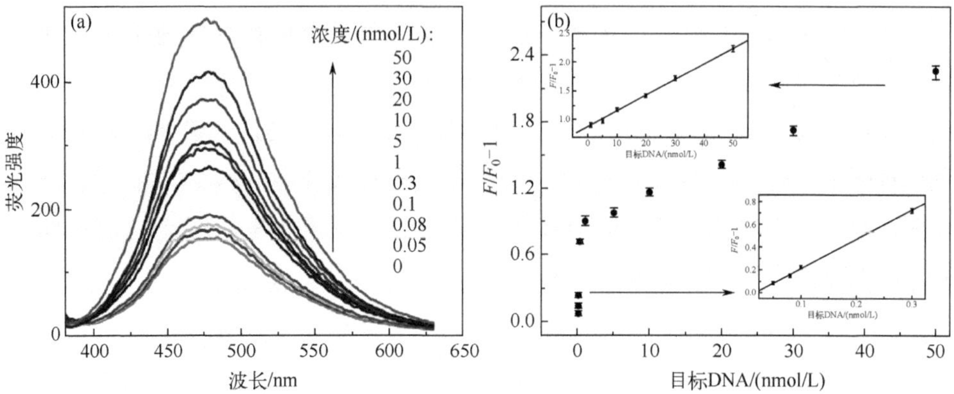

图 3-7　纳米荧光传感器灵敏性检测图像

（a）检测体系加入不同浓度目标 DNA 后荧光强度变化；（b）传感器加入不同浓度 NOSt 的线性关系图

3.4.2　荧光传感器稳定性检测

为了研究 QDs-ssDNA 探针的稳定性，记录探针的荧光强度后将其平均分成两部分。一部分溶液进行如下实验：在 10mL 的比色管中依次加入 1mL 浓度为 15μg/mL 的 QDs-ssDNA 和目标 DNA（0nmol/L，10nmol/L），充分混匀，37℃水浴反应 30min。然后，将 100μL 浓度为 2mg/mL 的 GO 加入上述溶液中，用 SSC（pH 7.8）将混合液稀释至 5mL，摇匀，室温反应 10min 后记录荧光强度。另一部分溶液在 4℃冰箱中放置 2 周后进行相同的处理并记录荧光强度。每个实验重复 3 次。

如表 3-3 所示，将探针 QDs-ssDNA 制备完成时的荧光强度与在 4℃冰箱放置两周后的荧光强度进行了对比。两周后，探针的荧光强度下降了 4.3%，添加 GO 和目标 DNA 时，荧光强度变化趋势与探针制备完成时相同。比较新探针与放置两周后的探针中加入 GO 后 QDs-ssDNA/GO 体系的荧光强度，以及依次加入目标 DNA 和 GO 反应后 QDs-dsDNA/GO 体系的荧光强度，差异均在可接受的范围内（<5%）。结果表明，该探针稳定性较好，在 4℃条件下放置两周后，仍能发挥正常的功能。

表 3-3　新制备的荧光探针与在冰箱放置两周后的探针做相同处理后荧光强度的比较

GO/（μg/mL）	目标 DNA /（nmol/L）	荧光强度的变化（平均值±标准方差）/%
0	0	4.3±0.2
40	0	3.6±0.1
40	10	4.6±0.2

3.4.3 荧光传感器选择性和抗干扰性检测

为了调查本实验合成的检测体系的选择性，在探针 QDs-ssDNA 中分别添加了 10nmol/L 的目标 DNA（NOSt）、MT_1、MT_2、MT_3和 Nt 后记录荧光强度的变化。从图 3-8（a）中可看出，反应完成之后，加入 MT_1、MT_2、MT_3和 Nt 系统的相对荧光强度（F/F_0-1）分别为加入 NOSt 体系相对荧光强度的 32.1%、21.6%、13.2%和 4.3%。表明，与目标 DNA 相比，Nt（非互补目标 DNA）、MT_1（单碱基错配目标 DNA）、MT_2（两个碱基错配目标 DNA）和 MT_3（三碱基错配目标 DNA）与 QDs-ssDNA 杂交的能力很弱。这一结果与已经报道的同类研究方法相似[33-35]。说明本实验合成的传感器可以有选择性并且高效地实现目标 DNA 的检测。

在此基础上，进一步研究了生物体液中常见的一些金属离子和生物小分子对该传感器干扰性的影响，如图 3-8（b）所示，向含有 10nmol/L 目标 DNA 的 QDs-dsDNA/GO 体系中分别加入浓度 2000 倍的 K^+、Na^+、Ca^{2+}、Mg^{2+}和浓度 5000 倍的 L-半胱氨酸（L-Cys）、L-组氨酸（L-His）、L 甘氨酸（L-Gly）和葡萄糖（Glu），传感器的检测性能并没有受到明显的影响（误差＜5%）。表明生物体液中其他潜在的物质并没有对探针的灵敏性造成威胁。

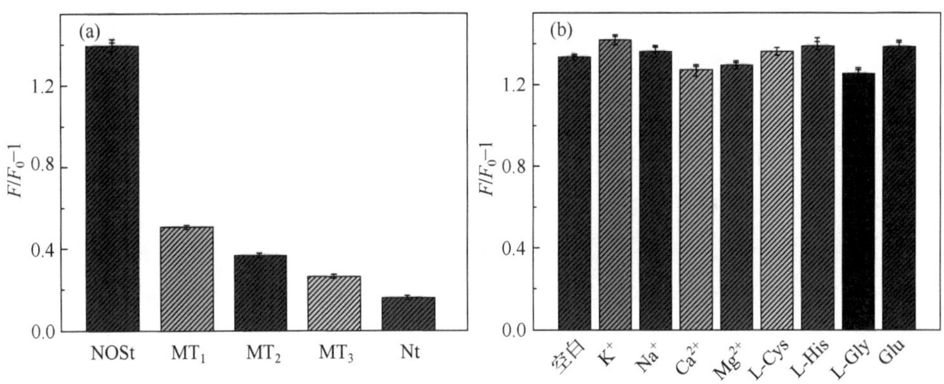

图 3-8 传感器选择性和抗干扰性检测图像

（a）其他抗生素对传感器选择性影响的检测；（b）NOSt 浓度为 10nmol/L 时其他干扰离子对传感器干扰性影响的检测

3.4.4 荧光传感器实用性分析

（1）实际样品准备

以大豆组织提取物为实验材料，研究传感器的实用性。用酚-氯仿-异戊醇提取DNA，用乙醇洗涤除去杂质，将沉淀物溶于TE缓冲液（pH 8.0）中，置于−20℃冰箱保存。使用时，将DNA提取液放置于95℃水浴10min，然后冰浴冷却5min，最后用SSC（pH 7.8）稀释100倍后加入不同浓度的目标DNA检测。

（2）实际样品中NOSt的检测

为了进一步调查本实验合成的传感器的实用性，我们向大豆组织提取液中加入不同浓度(5、10、30nmol/L)的目标DNA后测QDs-dsDNA/GO体系的荧光强度，并用校准方程计算加标回收率。

如表3-4所示，实际样品中加入目标DNA后，荧光强度都有不同程度的增强，加标回收率位于97.3%～103.4%之间。表明该生物传感器可以应用于实际样品的检测而且不需要其他复杂的预处理。

表3−4　植物组织提取液中NOS基因序列的加标检测

样品种类	加入浓度/(nmol/L)	检测浓度/(nmol/L)	回收率（平均值±标准方差）/%
大豆组织提取物	5	4.87	97.3±4.2
	10	10.21	102.1±3.5
	30	31.03	103.4±4.5

注：本实验重复率为3。

3.4.5　荧光传感器优异性分析

如表3-5所示，相比其他检测NOS终止子序列的方法，本方法的检出限与其他方法相近或者更低[5,9]，动态光散射（DLS）除外[10]，然而，本实验开发的方法的线性范围优于动态光散射（DLS）。而且，本方法不需要复杂的样品预处理，可以避免拉曼光散射和生物体自发荧光的干扰。与近年来发表的其他检测DNA的方法相比，本方法具有检出限低[14,32,36,37]、线性范围广[29,32]等优点，而且本实验采用的荧光纳米材料也是所有方法中最环保的。因此，本研究开发出了一种可以高效、快速、灵敏地检测NOS终止子序列的传感器，而且这个传感器可以用于其他目标DNA序列的检测，只需要改变与QDs偶联的ssDNA的序列即可。

表3−5　本研究开发的方法与近年来发表的其他利用DNA杂交原理实现DNA检测方法的对比

方法	目标序列	线性范围/（nmol/L）	检出限/（nmol/L）	参考文献
电化学	NOSt	8.0×10^{-3}～4.0	2.75×10^{-3}	[5]
基因芯片	NOSt	—	44	[9]

续表

方法	目标序列	线性范围/（nmol/L）	检出限/（nmol/L）	参考文献
动态光散射技术	NOSt	1.0×10^{-4}～5.0	3.0×10^{-5}	[10]
FAM 修饰的发卡探针	—	2～40	0.7	[14]
荧光	H. pylori	1.25×10^{-3}～0.875	0.46×10^{-3}	[29]
室温磷光	Ca MV 35S	12～300	4.03	[32]
荧光	HIV	1～50	0.4	[36]
荧光发卡探针	Viral DNA	—	5	[37]
荧光	NOSt	0.05～50	0.008	本研究

注：表中的“—”表明原始文献中没有该项结果的描述。

3.5 小结

综上所述，本实验利用荧光探针合成的生物传感器实现了 NOS 终止子序列的检测，并将此方法成功地应用于实际样品中。检测过程快速、灵敏、环保而且不需要复杂的预处理。这一传感器的优异性能归因于以下几点：①一步法合成了经济环保并且富含羧基的 GOQDs 和具有高猝灭效率的 GO；②QDs-ssDNA 制备过程简单；③QDs-ssDNA 荧光探针与目标 DNA 杂交之后再加入 GO 缩短了反应时间，提高了检测效率；④探针具有良好的稳定性、选择性和特异性，可以避免生物体自发荧光和散射光的干扰。除此之外，这项工作还拓展了 GOQDs 在生物检测领域的应用。

参考文献

[1] Cao M X, Huang J Q, Wei Z M, et al. Engineering Higher Yield and Herbicide Resistance in Rice by -Mediated Multiple Gene Transformation[J]. Crop Sci, 2004, 44(6): 10460-10469.

[2] Devos Y, Craig W, Schiemann J. Transgenic crops, risk assessment and regulatory framework in the European Union[J]. New York: Springer, 2013.

[3] Dong L, Wang Z, Wang X, et al. Construction of a standard reference plasmid containing seven target genes for the detection of transgenic cotton[J].Plasmid, 2014, 74: 39-44.

[4] Romeis J R, Meissle M, Brunner S, et al. Plant biotechnology: research behind fences[J]. Trends Biotechnol, 2013, 31(4): 222-224.

[5] Wei S, Zhong J, Bo Z, et al. Application of cadmium sulfide nanoparticles as oligonucleotide labels for the electrochemical detection of NOS terminator gene sequences[J]. Anal Bioanal

Chem, 2007, 389(7-8): 2179-2184.
[6] Berdal K G, Holstjensen A. Roundup Ready soybean event-specific real-time quantitative PCR assay and estimation of the practical detection and quantification limits in GMO analyses[J]. Eur Food Res Technol, 2001, 213(6): 432-438.
[7] Zhang X, Liu K, Jiao H, et al. Rapid and cost-effective detection ofsequence-specific DNA by monitoring the electrochemical response of2'-deoxyguanosine 5'-triphosphate in a PCR sample[J]. Analyst, 2008(133): 1729-1735.
[8] Ahmed M S M U, Hossain M M, Rao S R, et al. Electrochemical genosensor for the rapid detection of GMO using loop-mediated isothermal amplification[J]. Analyst, 2009, 134(5): 966-972.
[9] Deng Z, Ge Y, Cao Q, et al. The detection of a transgenic soybean biochip using gold label silver stain technology[J]. Bioorg Med Chem Lett, 2011, 21(22): 6905-6908.
[10] Gao D, Sheng Z, Han H. An ultrasensitive method for the detection of gene fragment from transgenics using label-free gold nanoparticle probe and dynamic light scattering[J]. Anal Chim Acta 2011, 696(1-2): 1-5.
[11] Nakamura K, Akiyama H, Kawano N, et al. Evaluation of real-time PCR detection methods for detecting rice products contaminated by rice genetically modified with a CpTI-KDEL-T-nos transgenic construct[J]. Food Chem, 2013, 141(3): 2618-2624.
[12] Sapsford K E, Berti L, Medintz I L. Materials for fluorescence resonance energy transfer analysis: beyond traditional donor-acceptor combinations[J]. Angew Chem Int Ed, 2006, 45(28): 4562-4589.
[13] Freeman R, Liu X, Willner I. Chemiluminescent and chemiluminescence resonance energy transfer (CRET) detection of DNA, metal ions, and aptamer-substrate complexes using hemin/G-quadruplexes and CdSe/ZnS quantum dots[J]. J Am Chem Soc, 2011, 133(30): 11597.
[14] Chen Y, Chen L, Ou Y, et al. Enzyme-free detection of DNA based on hybridization chain reaction amplification and fluorescence resonance energy transfer[J]. Sens Actuators B, 2016, 233: 691-696.
[15] Clegg R M. Fluorescence resonance energy transfer[J]. Curr Opin Biotech, 1995, 6(1): 103-110.
[16] Selvin P R. The renaissance of fluorescence resonance energy transfer[J]. Nat Struct Mol Biol, 2000, 7(9): 730-734.
[17] Zhang C, Wei K, Zhang W, et al. Graphene oxide quantum dots incorporated thin film nanocomposite membrane with high flux and antifouling properties for low-pressure nanofiltration[J]. ACS Appl Mater Interfaces, 2017, 9(12): 11082-11094.
[18] Zhu S, Zhang J, Qiao C, et al. Strongly green-photoluminescent graphene quantum dots for bioimaging applications[J]. Chem Commun, 2011, 47(24): 6858-6860.
[19] Luk C M, Tang L B, Zhang W F, et al. An efficient and stable fluorescent graphene quantum dot-agar composite as a converting material in white light emitting diodes[J]. J Mater Chem, 2012, 22(42): 22378-22381.
[20] Lin L, Rong M, Luo F, et al. Luminescent graphene quantum dots as new fluorescent materials for environmental and biological applications[J]. TrAC, 2014, 54: 83-102.
[21] Furukawa K, Ueno Y, Takamura M, et al. Graphene FRET Aptasensor[J]. ACS Sensors, 2016, 1(6): 710-716.

[22] Zhang J R, Huang W T, Xie W Y, et al. Highly sensitive, selective, and rapid fluorescence Hg^{2+} sensor based on DNA duplexes of poly(dT) and graphene oxide[J]. Analyst, 2012, 137(14): 3300-3305.

[23] Gao L, Lian C, Zhou Y, et al. Graphene oxide-DNA based sensors[J]. Biosens Bioelectron, 2014, 60: 22-29.

[24] Qaddare S H, Salimi A. Amplified fluorescent sensing of DNA using luminescent carbon dots and AuNPs/GO as a sensing platform: A novel coupling of FRET and DNA hybridization for homogeneous HIV-1 gene detection at femtomolar level[J]. 2016, 89: 773-780.

[25] Pang S, Gao Y, Li Y, et al. A novel sensing strategy for the detection of Staphylococcus aureus DNA by using a graphene oxide-based fluorescent probe[J]. Analyst, 2013, 138(9): 2749-2754.

[26] Sun X, Fan J, Zhang Y, et al. A graphene oxide-based FRET sensor for rapid and specific detection of unfolded collagen fragments[J]. Biosens Bioelectron, 2016, 79: 15-21.

[27] Wu Z, Li H, Liu Z. An ultrasensitive homogeneous aptasensor for kanamycin based on upconversion fluorescence resonance energy transfer[J]. Biosens Bioelectron, 2015, 206: 531-537.

[28] Guo Y, Deng L, Li J, et al. Hemin-graphene hybrid nanosheets with intrinsic peroxidase-like activity for label-free colorimetric detection of single-nucleotide polymorphism[J]. ACS Nano, 2011, 5(2): 1282-1290.

[29] Liu Z, Su X. A novel fluorescent DNA sensor for ultrasensitive detection of Helicobacter pylori[J]. Biosens Bioelectron, 2017, 87: 66-72.

[30] Wu M, Kempaiah R, Huang P J, et al. Adsorption and desorption of DNA on graphene oxide studied by fluorescently labeled oligonucleotides[J]. Langmuir, 2011, 27(6): 2731-2738.

[31] Yuan P, Walt D R. Calculation for fluorescence modulation by absorbing species and its application to measurements using optical fibers[J].Anal Chem, 1987, 59(19): 2391-2394.

[32] Qin, Jin, Jinzhi, et al. A DNA probe based on phosphorescent resonance energy transfer for detection of transgenic 35S promoter DNA[J]. Biosens Bioelectron 2017, 91: 560-565.

[33] Cui H F, Xu T B, Sun Y L, et al. Hairpin DNA as a Biobarcode Modified on Gold Nanoparticles for Electrochemical DNA Detection[J]. Anal Chem, 2015, 87(2): 1358-1365.

[34] Gao J, Wang C, Tan H. Luminescent lanthanide coordination polymer as a platform for DNA colorimetric detection[J]. Sens Actuators B, 2017, 244: 571-576.

[35] Liu S, Fang L, Tian Y, et al. Label-free, non-enzymatic and ultrasensitive electrochemical nucleic acid biosensing by tandem DNA-fueled target recycling and hybridization chain reaction[J]. Sens Actuators B, 2017, 244: 450-457.

[36] Ye Y D, Xia L, Xu D D, et al. DNA-stabilized silver nanoclusters and carbon nanoparticles oxide: A sensitive platform for label-free fluorescence turn-on detection of HIV-DNA sequences[J]. Biosens Bioelectron, 2016, 85: 837-843.

[37] Fakih H H, Itani M M, Karam P. Gold nanoparticles-coated polystyrene beads for the multiplex detection of viral DNA[J]. Sens Actuators B, 2017, 250: 446-452.

CHAPTER 4

第4章 基于氧化石墨烯量子点偶联单链DNA结合蛋白的适配体传感器对卡那霉素的检测

4.1 概述

卡那霉素（KAN）是一种氨基糖苷类抗生素，由于其在治疗细菌感染、乳腺炎、肺炎等疾病方面疗效显著得到了广泛的应用[1,2]。然而，随着它的广泛使用，其危害性也逐渐凸显出来，据报道卡那霉素的不规范使用将直接导致其在药品和食品中的残留超标，对人类健康造成严重威胁[3,4]。而且长期使用抗生素会使细菌产生耐药性，打破生态平衡，对周边环境带来严重污染[5-7]。因此，实现KAN的痕量检测，以期保障食品、药品和生物体液中KAN含量低于国际使用标准引起了科研工作者们的广泛关注[8]。尤其是2011年Changill Ban和他的同事通过SELEX方法筛选出对KAN具有强亲和力的核酸适配体[9]，由于其具有很好的生物相容性、易于进行表面修饰、稳定性强、价格优廉等优势，科研工作者们已经合成了多种以适配体为识别元件实现KAN检测的生物传感器，例如：光化学传感器[4,10-12]，电化学传感器[13,14]和比色传感器[1,15]。然而，鉴于这些方法的局限性以及卡那霉素滥用对人类生产、生活造成危害的日益严重性，仍然需要找到一种能够实现快速、简单、灵敏的检测KAN的新方法。

单链DNA结合蛋白（SSB）是一种大分子四聚体，其在生物体的正常代谢中起着至关重要的作用。相比其他蛋白，单链DNA结合蛋白最大的优势是对处于自由状态的ssDNA具有很强的结合力，而且结合迅速快，不需要其他任何偶联试剂的作用[16-18]，但对处于折叠状态的ssDNA几乎不具亲和力[14]，因此可以很好地区分处于自由状态和折叠状态的ssDNA。因此，越来越多的科研工作者将SSB与适配体（ssDNA）以及荧光纳米材料结合制备成荧光共振能量转移（FRET）适配体传感器，从而实现了对多种生物分子的检测，结果表明 SSB 在提高这些适配体传感器的灵敏性方面的作用显著[17,19,20]。

然而，这些以 FRET 为基础的适配体传感器大多是将 SSB 与金属纳米材料相结合作为荧光探针和能量供体。尚未见将 SSB 与环保的碳纳米材料相结合作为荧光探针的报道。氧化石墨烯量子点是一种新型的以碳为基础的通过一步法合成的富含羧基的纳米材料[21,22]，已经被广泛地应用于化学发光[23]、生物成像[24]以及环境领域[25]。然而鲜见将 GOQDs 应用到光化学领域实现 KAN 检测的报道。本研究将 GOQDs 的羧基与 SSB 的氨基结合形成 QDs-SSB 纳米复合物，作为 FRET 中的能量供体，有机猝灭剂 BHQ_1 与核酸适配体结合（apt-BHQ_1）作为 FRET 中的能量受体实现了对 KAN 的灵敏检测。

4.2 纳米材料 QDs-SSB 的合成及特征分析

4.2.1 QDs-SSB 的合成

（1）实验试剂

氨基糖苷类抗生素：卡那霉素（KAN）、庆大霉素（GEN）。

其他类抗生素：磺胺嘧啶（SDZ）、氯霉素（CAP）、阿莫西林（AMO）、四环素（TET）和环丙沙星（CIP）。

1-乙基-3-(3-二甲氨基丙基)碳二亚胺（EDC）和 *N*-羟基琥珀酰亚胺酯（NHS）。

制备纳米材料的原材料：柠檬酸（CA）、NaCl 以及其他的盐类化合物均为分析纯。超滤管（10kD）和透析袋（分子量 1000）。SSB 以及 BHQ_1 偶联的核酸适配体：5′-TGG GGG TTG AGG CTA AGC CGA-BHQ_1-3′，通过高效液相色谱法（HPLC）进行纯化。

实验中用到的水全部为超纯水（电阻率 18.2MΩ·cm）。

（2）实验仪器与设备（表 4-1）

表 4-1　实验仪器设备型号

实验仪器	型号
荧光/磷光光光度计	LS-55
紫外/可见分光光度计	Cary 5000

续表

实验仪器	型号
透射电子显微镜	Tecnai G2 F20
傅里叶变换红外	Nicolet 380
电子天平	XS204
数显酸度计	PH3-3C
涡旋混匀器	SK1
离心机	TDZ25-WS
真空干燥箱	DZF-6020
超声波清洗仪	KH-500B
反应釜	KH-25mL

(3) QDs-SSB 的合成步骤

1.2mL 浓度为 1mg/mL QDs 溶液中加入 0.75mL 浓度为 100mmol/L EDC 混合均匀，室温反应 15min。然后再加入 0.75mL 浓度为 200mmol/L NHS 溶液，在室温下轻轻搅拌 2h 以完全活化 QDs 的羧基。向活化后的溶液中加入 9μL 浓度为 0.5μg/μL 的 SSB 和 0.3mL 10×PBS 缓冲液（pH 7.4，17.6mmol/L KH_2PO_4，20.4mmol/L Na_2HPO_4，26.8mmol/L KCl 和 1.37mol/L NaCl），充分震荡后，在 4℃ 条件下反应 24h，使 QDs 的羧基和 SSB 的氨基充分偶联形成 QDs-SSB 纳米复合物。偶联反应结束后，用超滤管离心除去未发生偶联反应的过量 QDs 和其他小分子，并用稀释的 1×PBS 缓冲液（pH 7.4，1.76mmol/L KH_2PO_4，2.04mmol/L Na_2HPO_4，2.68mmol/L KCl 和 137mmol/L NaCl）洗脱 3 次。洗脱液作为后续反应的母液储存（4℃）待用。

4.2.2 QDs-SSB 的特征分析

从图 4-1(a)可以看出，QDs 激发光谱的峰值为 365nm，发射光谱范围为 380～630nm。QDs 表面富含羧基［图 4-1（b)］，这为其与 SSB 的氨基发生偶联反应提供了条件；除此之外，其表面含有大量的含氧官能团，粒径小（大约 2.3nm）、分布均匀［图 4-1（c)］，这些特征使得 QDs 具有良好的水溶性，为本实验实现水溶液中 KAN 的检测提供了基础。

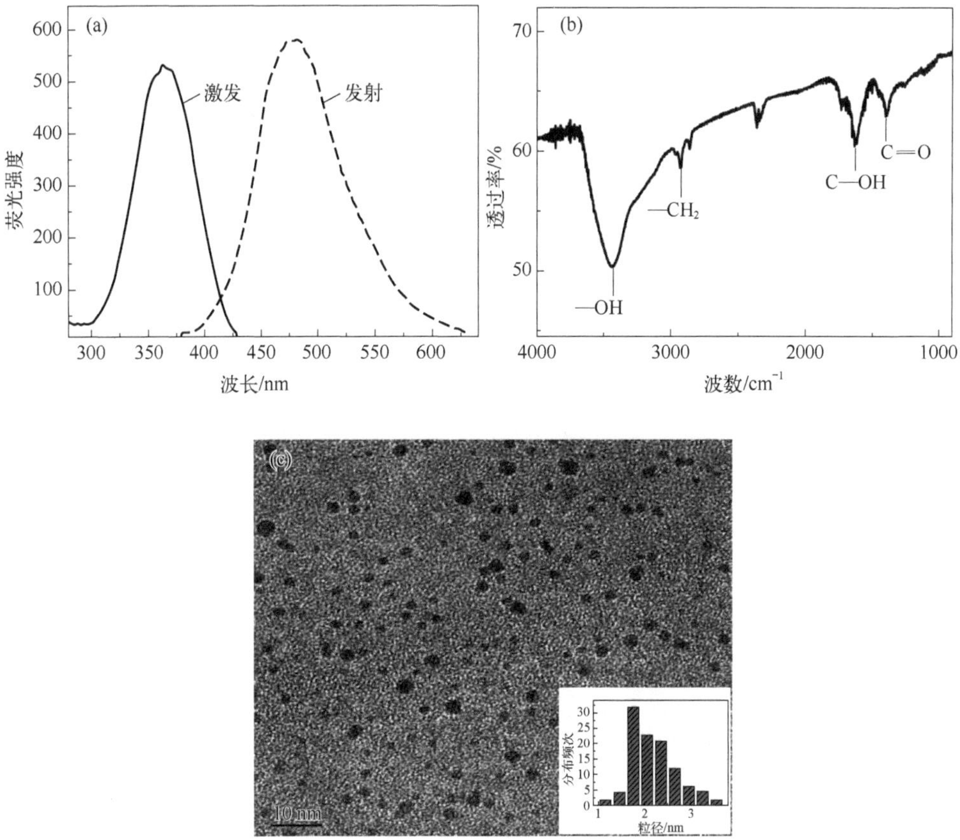

图 4-1　量子点的表征图像

（a）量子点的荧光激发和发射光谱；（b）量子点的红外光谱；（c）量子点的 TEM 图像

图 4-2（a）显示了 QDs、SSB 以及 QDs-SSB 纳米复合材料的紫外吸收光谱，从中可以看到 SSB 在 280nm 处有明显的吸收峰。QDs 和 QDs-SSB 在 365nm 处都有明显的吸收峰，除此之外，QDs-SSB 纳米复合物在 273nm 处出现 SSB 的特征吸收峰，说明 QDs 的羧基和 SSB 的氨基已经发生偶联生成了 QDs-SSB 纳米复合物[26]。从图 4-2（b）QDs-SSB 的发射光谱和猝灭剂 apt-BHQ_1 的紫外吸收光谱可以看出 QDs-SSB 的发射峰值为 460nm，而 BHQ_1 的吸收峰位于 390～600nm 之间。apt-BHQ_1 几乎可以吸收 QDs-SSB 所有范围的发射光谱。此外，QDs-SSB 在 365nm 紫外灯照射下发蓝光，相同的处理条件下 apt-BHQ_1 不发光［图 4-2（b），内部插图］。这些特征为 QDs-SSB 与 apt-BHQ_1 之间发生 FRET，猝灭 QDs-SSB 的荧光提供了条件。

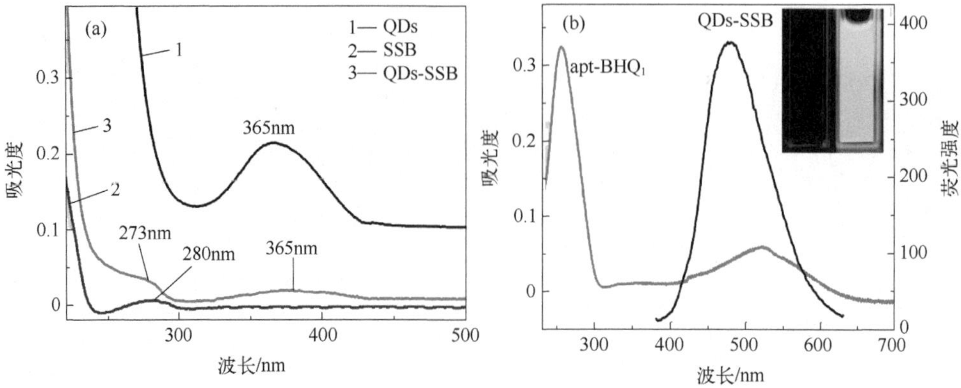

图 4-2 QDs 和 QDs-SSB 的光谱图像表征

（a）QDs 和 QDs-SSB 的紫外吸收光谱；（b）QDs-SSB 的荧光光谱和 apt-BHQ$_1$ 的紫外吸收光谱（插图：从左到右依次为 apt-BHQ$_1$ 和 QDs-SSB 在紫外灯下的照片）

4.3 适配体荧光传感器开关的构建及机理分析

4.3.1 适配体传感器的构建

KAN 的检测包括荧光猝灭和荧光恢复两个阶段。这两个阶段均在 10mL 的比色管中进行。

荧光猝灭阶段：将 1mL 浓度 1.5μg/mL 的 QDs-SSB 溶液和一系列不同浓度的 apt-BHQ$_1$ 在 10mL 比色管中混合并加入 1×PBS 缓冲液至终体积为 5mL，震荡摇匀，然后在 37℃水浴锅中反应 45min，室温下充分冷却后测量并记录荧光强度的变化，通过优化获得 apt-BHQ$_1$ 的最佳猝灭浓度。

荧光恢复阶段：在最佳实验条件下，将 1mL 浓度为 1.5μg/mL 的 QDs-SSB、20μL 浓度为 10μmol/L 的 apt-BHQ$_1$ 和一系列不同浓度的 KAN（0～90ng/mL）加入 10mL 的比色管中，并以 1×PBS 缓冲液补充至溶液的最终体积为 5mL，充分混匀后，将混合物在 37℃水浴锅中加热 50min。室温下充分冷却后测定并记录荧光强度变化。

为了避免背景干扰，本研究中荧光输出值以相对荧光强度 F/F_0-1 表示，其中 F_0 和 F 分别表示该检测体系加入 KAN 前后的荧光强度。

4.3.2 适配体传感器的检测机理分析

如图 4-3 所示，QDs 的羧基在 EDC 和 NHS 的活化作用下与 SSB 的氨基发生偶联反应生成 QDs-SSB 纳米复合物。由于偶联反应结束后过滤除去了过量的 QDs，所以 QDs-SSB 的荧光强度略低于 QDs 溶液。在 QDs-SSB 溶液中加入 apt-BHQ_1 后，由于 SSB 对核酸适配体（apt）具有很强的亲和力，拉近了 QDs-SSB 和 apt-BHQ_1 之间的距离而且 QDs-SSB 的发射光谱与 apt-BHQ_1 的吸收光谱有很大范围的重叠。因此，QDs-SSB 的荧光被 apt-BHQ_1 猝灭。然而，当向 QDs-SSB/apt-BHQ_1 体系中加入 KAN 时，由于适配体对 KAN 的亲和力大于适配体对 SSB 的亲和力[13]，apt-BHQ_1 与 KAN 结合呈折叠状态，脱离 QDs-SSB，使得 QDs-SSB 的荧光逐渐恢复，而且恢复程度与 KAN 的加入量呈线性正相关，从而实现了 KAN 的超痕量检测。

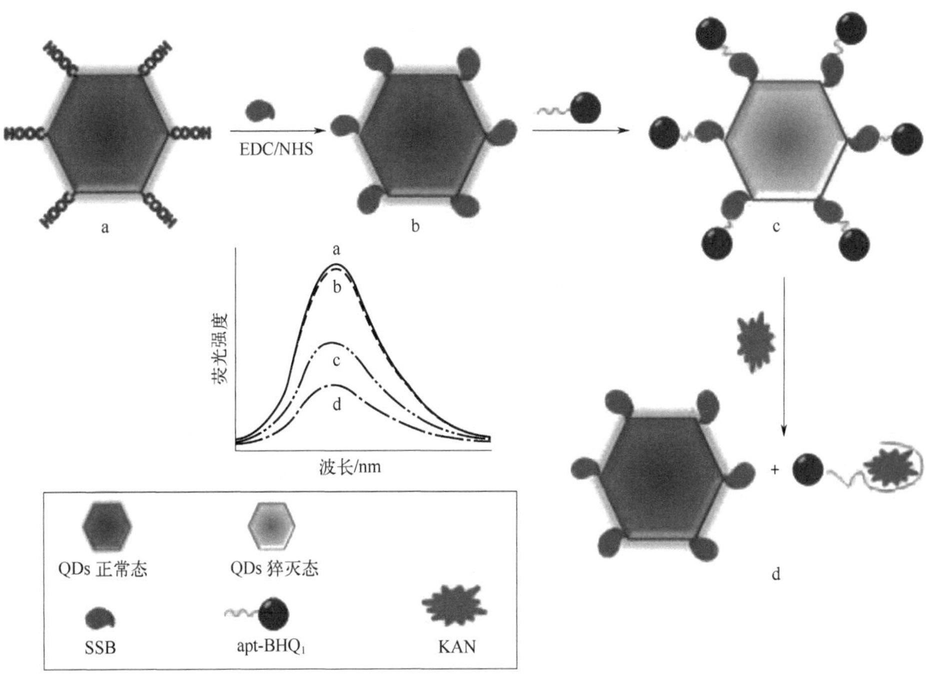

图 4-3 适配体传感器实现卡那霉素检测的机理

4.3.3 实验条件的优化

为了达到最佳的检测效果，我们对实验过程中有可能影响结果的条件进行了优化，包括：偶联过程中 SSB、EDC 和 NHS 的浓度以及检测过程中 QDs-SSB、Mg^{2+}和 apt-BHQ_1 的浓度以及荧光猝灭时间和恢复时间。

（1）SSB 浓度的优化

如图 4-4（a）所示，F/F_0-1 的值随着偶联体系中 SSB 浓度的增加而增大，SSB 浓度达到 1.5μg/mL 时，F/F_0-1 的值达到一个峰值。这是因为该浓度时与 QDs 偶联的 SSB 的量达到饱和，再继续向系统中加入 SSB，过多的 SSB 会使得 QDs 的荧光猝灭，影响偶联效率[27]，致使 F/F_0-1 的值下降。所以实验中我们选择 1.5μg/mL 作为 SSB 的最佳浓度。

（2）偶联试剂 EDC、NHS 浓度的优化

EDC 和 NHS 的浓度对偶联效率有显著影响[28, 29]。本实验中，我们采用的 EDC、NHS 的摩尔浓度比为 1∶2。如图 4-4（b）所示，当 EDC 浓度达到 25mmol/L（NHS 浓度为 50mmol/L）时，F/F_0-1 的值达到最大。这是因为此浓度偶联剂可以活化 QDs 的所有羧基，QDs 和 SSB 的偶联效率最高。然而，过高浓度的 EDC 和 NHS 会导致 SSB 自身发生偶合，从而影响实验结果[28]。所以后续实验选择 25mmol/L EDC 和 50mmol/L NHS 作为偶联剂。

（3）QDs-SSB 浓度的优化

如图 4-4（c）所示，当检测体系中 QDs-SSB 的浓度达到 0.3μg/mL 时，F/F_0-1 的值达到峰值，消除了浓度不足以及浓度过高对实验结果产生的不利影响。从图 4-4（d）可以看出，F/F_0-1 值随系统中 apt-BHQ_1 浓度的增加而增大，直到浓度达到 40nmol/L 时，再继续增加 apt-BHQ_1 的浓度，QDs-SSB 荧光猝灭程度过高，增加了背景干扰，从而降低了 F/F_0-1 的值。

（4）Mg^{2+}浓度的优化

从图 4-4（e）可以看出 F/F_0-1 的值随着 Mg^{2+}浓度的增加而增大，直到 Mg^{2+}浓度为 10mmol/L 时出现一个最大值。这是因为此浓度的 Mg^{2+}使得 SSB 从 SSB_{35} 的结合模式转换为 SSB_{65} 的结合模式，SSB 的 4 个亚基均与 ssDNA 发生了结合，避免了 SSB 本身的非特异性相互作用[30, 31]，从而消除了由于 Mg^{2+}浓度不足而产生的负面影响。

（5）反应时间的优化

在最佳反应物浓度基础上，对荧光猝灭阶段和恢复阶段所需最佳时间进行了优化，如图 4-4（f）所示，当猝灭时间达到 45min 以及恢复时间达到 50min 时，

F/F_0-1 的值不再上升而达到一个平衡的状态，说明这两个时间段猝灭反应和恢复反应已经达到了一个饱和的状态。

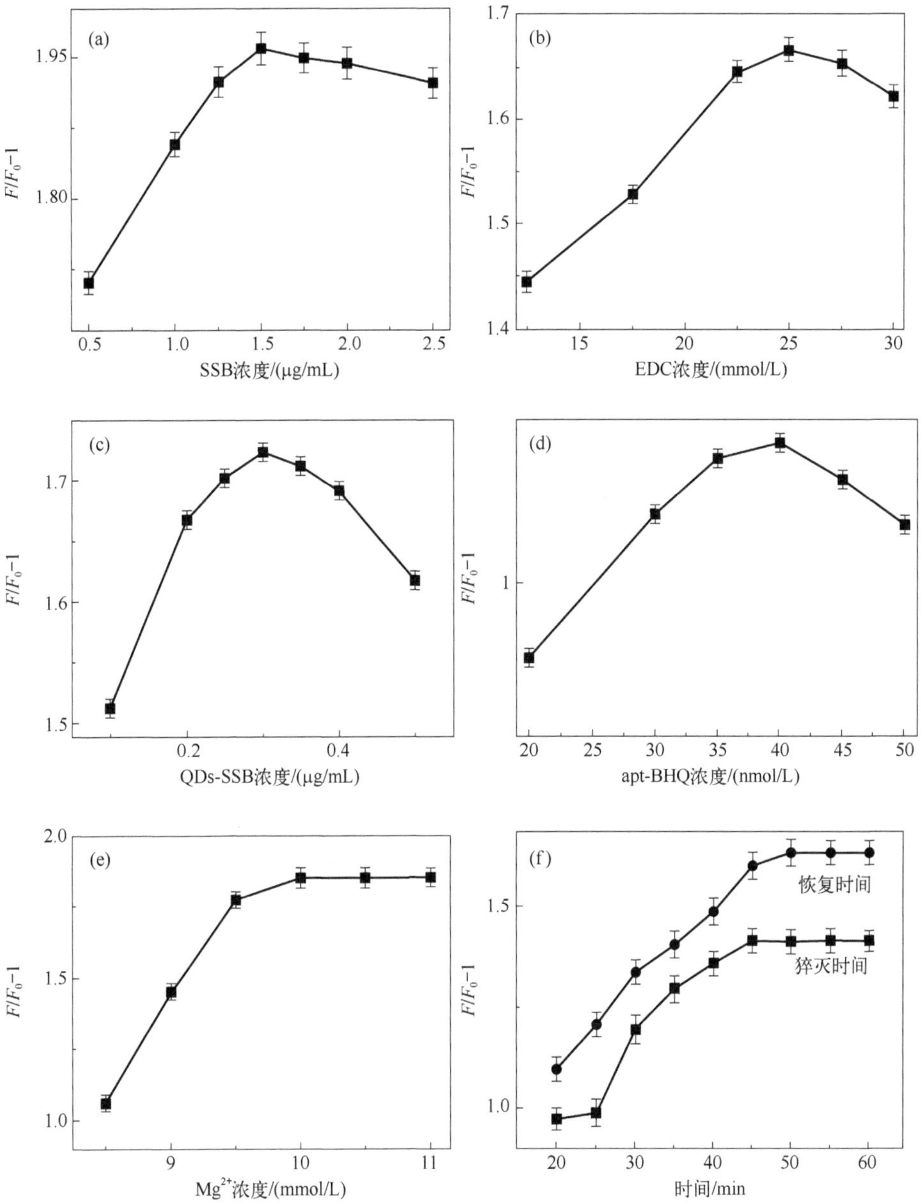

图 4-4　实验条件优化图像

(a) SSB 的浓度对实验结果的影响；(b) EDC 的浓度对实验结果的影响；(c) QDs-SSB 的浓度对实验结果的影响；(d) apt-BHQ$_1$ 的浓度对实验结果的影响；(e) Mg^{2+}的浓度对实验结果的影响；(f) 荧光猝灭阶段的时间和荧光恢复阶段的时间对实验结果的影响

综上，本研究最终选择了 0.3μg/mL QDs-SSB、40nmol/L apt-BHQ_1 和 10mmol/L Mg^{2+}作为反应的最佳浓度；45min 和 50min 别作为 QDs-SSB/apt-BHQ_1 检测体系最佳的猝灭时间和恢复时间。

4.4 适配体传感器的检测性能分析

4.4.1 适配体传感器灵敏性分析

为了研究本纳米荧光传感器的灵敏性，考察了该传感器在最佳实验条件下检测 KAN 的性能。如图 4-5（a）所示，向 QDs-SSB apt-BHQ_1 检测体系加入不同浓度（0.01、0.05、0.2、0.4、1、20、30、50、80、90ng/mL）的 KAN 后，适配体传感器表现出对目标浓度很强的依赖性。随着 KAN 浓度的增加，QDs-SSB/apt-BHQ_1/KAN 体系的荧光强度显著增强，并表现出明显的线性关系[图 4-5（b）]。在浓度范围为 0.01～1ng/mL 时，线性方程为：$F/F_0-1 = 0.526[\mathrm{KAN}]+0.128$（$R^2 = 0.992$；[KAN]表示 KAN 的浓度）。随着检测体系中 KAN 浓度的增加，竞争反应加剧，其与溶液中 apt-BHQ_1 结合速率减缓，线性曲线在 0.1ng/mL 处出现一个拐点。在 1～90ng/mL 的浓度时，QDs-SSB/apt-BHQ_1/KAN 体系的荧光强度与 KAN 浓度之间的关系表现为另一条线性曲线，方程为：$F/F_0-1 = 0.015\,[\mathrm{KAN}]+0.075$（$R^2 = 0.997$）。检出限（LOD）

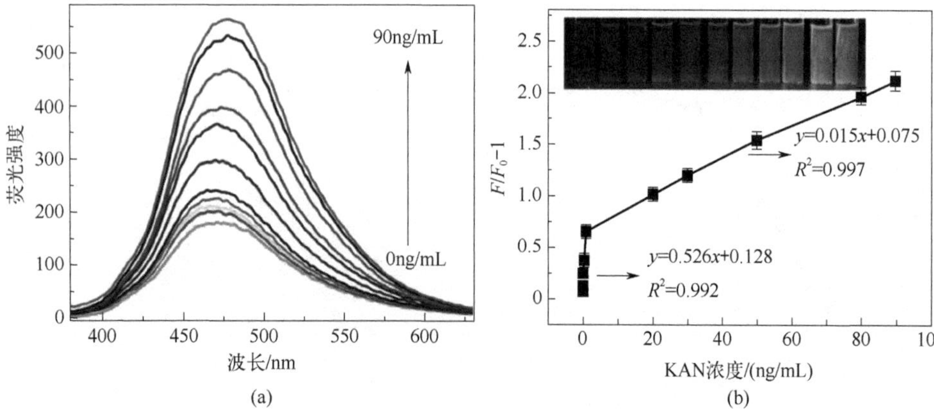

图 4-5 纳米荧光传感器灵敏性分析图像

（a）适配体传感器中加入不同浓度卡那霉素后荧光强度的变化；（b）适配体传感器中加入不同浓度卡那霉素的线性曲线。插图：QDs-SSB/apt-BHQ_1 系统加入不同浓度（0、0.01、0.05、0.2、0.4、1、20、30、50、80、90ng/mL）卡那霉素后在紫外灯照射下荧光增强的照片为 0.006ng/mL，其中，检出限的计算公式为：LOD = 3σ/s，式中 σ 表示检测体系中尚未加入卡那霉素时 11 次平行测定的标准偏差，s 表示线性曲线的斜率。

4.4.2 适配体传感器选择性、抗干扰性、稳定性检测

（1）适配体传感器选择性检测

向检测体系中加入 2ng/mL KAN 以及 10 倍浓度的其他抗生素：庆大霉素（GEN）、氯霉素（CAP）、阿莫西林（AMO）、磺胺嘧啶（SDZ）、四环素（TET）、环丙沙星（CIP）。如图 4-6（a）所示，加入这些抗生素后，与体系中只加入 PBS 缓冲液的荧光强度基本相同，除了加入庆大霉素（GEN）后荧光恢复强度略大于

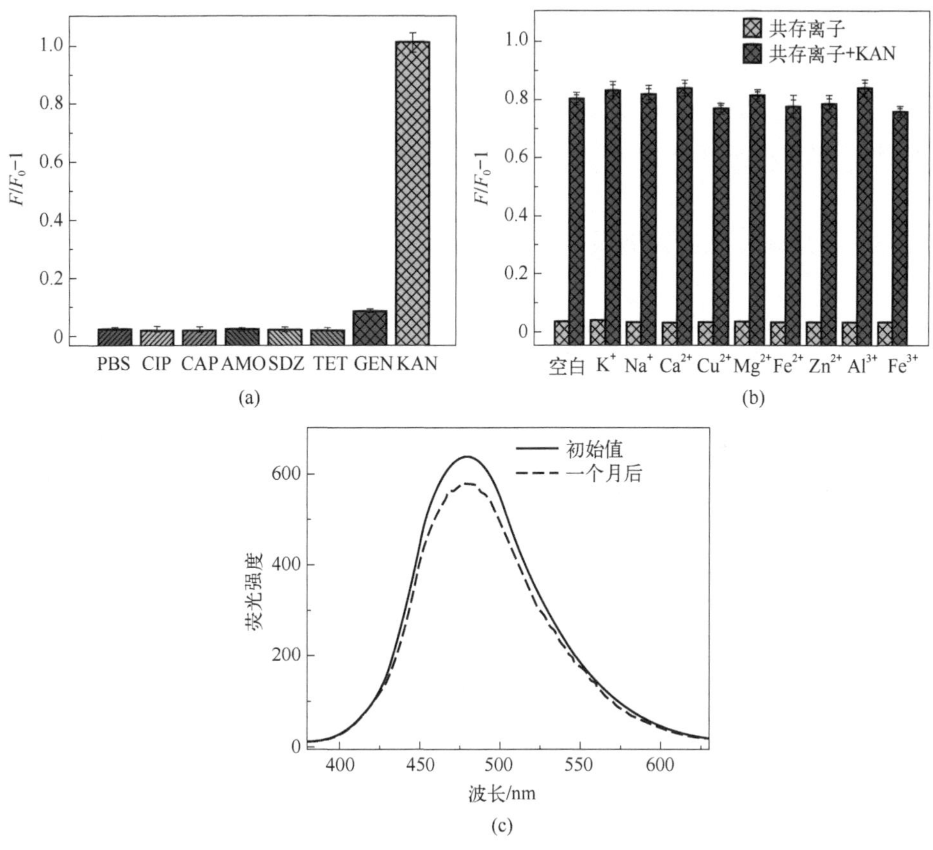

图 4-6 选择性、抗干扰性、稳定性检测

（a）其他抗生素对卡那霉素检测选择性影响的检测；（b）其他共存离子对卡那霉素干扰性影响的检测；（c）QDs-SSB 探针稳定性检测

其他抗生素，约为 KAN 检测体系的 9%，这一结果类似于其他已经报道的以适配体为基础实现 KAN 检测的方法[32-35]。究其原因，可能是因为 GEN 与 KAN 同属于氨基糖苷类抗生素，结构极为相似。

（2）适配体传感器抗干扰性检测

在对实际样品进行检测前，对牛奶中可能存在的离子（K^+、Na^+、Ca^{2+}、Cu^{2+}、Mg^{2+}、Fe^{2+}、Zn^{2+}、Al^{3+}和 Fe^{3+}）对实验结果的影响进行了检测。分别记录加入 20ng/mL KAN 和 100 倍的干扰离子以及单独加入 100 倍的干扰离子时荧光强度的变化，如图 4-6（b）所示，单独加入干扰离子时，检测体系的荧光强度与空白对照组基本相同，同时加入 20ng/mL KAN 和干扰离子的体系荧光强度与只加入 KAN 体系的荧光强度基本相同（＜5%），说明本实验制备的适配体传感器具有较强的抗干扰性。

（3）适配体传感器稳定性检测

将实验中合成的探针 QDs-SSB 在 4℃环境中放置一个月后，探针的荧光强度仅下降了 8.1%［图 4-6（c）］，说明本实验合成的探针具有较强的稳定性。

4.4.3 适配体传感器精确度和重复性分析

（1）适配体传感器精确度分析

研究中我们对该适配体传感器日内和日间的精确度进行了分析，如表 4-2 所示，分别向该检测体系加入三种不同浓度的 KAN（0.2、2 和 20ng/mL），然后在 5 个不同的时间段进行 6 次检测计算日内和日间的相对标准偏差（RSD）。0.2、2 和 20ng/mL 浓度时的日内标准偏差分别为 3.3%、4.1%和 3.2%，日间标准偏差分别为 5.2%、6.3%和 4.6%，表明该传感器精确度良好。

表 4-2　卡那霉素日内和日间的精确度检测

样品数量	添加浓度/(ng/mL)	日内检测（n = 6）		日间检测（n = 6）	
		检测浓度/(ng/mL)	精确度/%	检测浓度/(ng/mL)	精确度 /%
1	0.2	0.19±0.006	3.3	0.2±0.010	5.2
2	2	2.03±0.083	4.1	2.12±0.134	6.3
3	20	19.65±0.629	3.2	19.52±0.898	4.6

（2）适配体传感器重复性分析

研究中我们对该适配体传感器的重复性进行了考察。如图 4-7 所示，在第一次检测实验结束后，向检测体系中再次加入猝灭剂 apt-BHQ_1，溶液的荧光可以再次被猝灭；加入 KAN 后，体系的荧光可以得到很大程度的恢复。如此进行 5 次循环后荧光可恢复到 90%，10 次循环后检测体系的荧光可恢复至 87%。结果表明该荧光探针具有较好的重复性，可以连续重复多次实现 KAN 的检测。

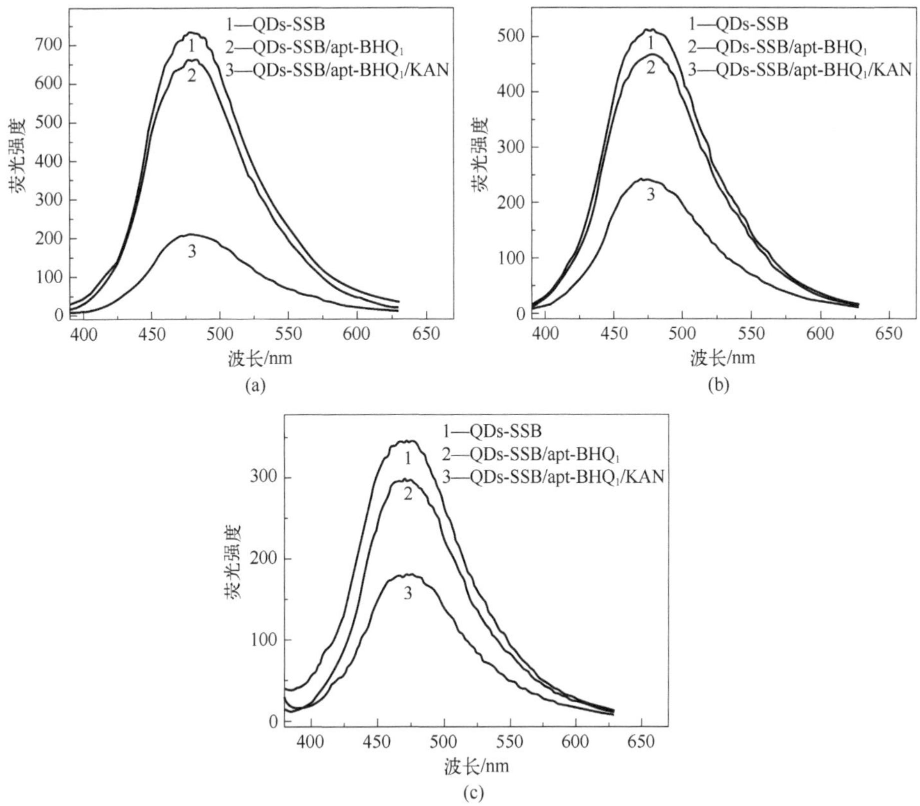

图 4-7　QDs-SSB 探针重复性分析图像

（a）QDs-SSB 探针中加入 apt-BHQ_1 和 KAN 第 1 轮反应的荧光光谱变化；（b）QDs-SSB 探针中加入 Apt-BHQ_1 和 KAN 进行第 5 轮反应时荧光光谱变化；（c）QDs-SSB 探针中加入 apt-BHQ_1 和 KAN 进行第 10 轮反应时荧光光谱变化

4.4.4　适配体传感器实用性分析

（1）实际样品准备

为了测定该实验合成的适配体传感器的实用性，向牛奶中加入不同浓度（0.2、

2、20ng/mL）的 KAN 后测定加标回收率。实验所需牛奶从附近超市购买，加入样品前进行简单的处理，处理过程如下：用 CH_3COOH 将牛奶 pH 调节至 4.6 使其中的蛋白质发生最大程度的凝结，以 10000r/min 的速度离心 10min，除去蛋白沉淀物和上层的脂肪，然后通过 0.2μm 的滤膜过滤，用 $CH_3COONa·3H_2O$ 将其 pH 调节至 7.4，置冰箱备用。

（2）实际样品中 KAN 的检测

分别记录牛奶样品中加入不同浓度的 KAN（0.2、2、20ng/mL）时的荧光强度，并用校正曲线计算加标回收率。如表 4-3 所示，加标回收率在 96.8%～103.2%之间，说明本实验合成的适配体传感器具有较强的实际应用价值。可以用于实际样品中 KAN 的检测，且不需要复杂的预处理。

表 4-3　牛奶样品中卡那霉素加标回收率的检测

样品编号	加入浓度/（ng/mL）	检测浓度/（ng/mL）	加标回收率（平均值±标准方差）/%
1	0.2	0.19	96.8±3.4
2	2	2.06	103.2±4.7
3	20	19.47	97.3±3.8

注：该实验重复次数为 3。

4.4.5　适配体传感器优异性分析

从表 4-4 可以看出，这些与 SSB 结合的适配体传感器均具有较强的灵敏性。然而，尚未见关于 GOQDs 与 SSB 结合的报道，在本实验中，我们将 SSB 和 GOQDs 结合作为荧光供体，适配体标记 BHQ_1（apt-BHQ_1）作为能量受体，借助 FRET 机理开发了一种新的可用于生物检测的方法，并利用此方法实现了 KAN 的检测。我们将此方法与近年来报道的其他实现 KAN 检测的适配体传感器方法进行了对比（表 4-5），结果表明，本方法的灵敏性优于其他适配体传感器，除了以 UCNPs 为基础的 FRET 适配体传感器[11]和两种其他电化学传感器[39,40]之外。但是，本方法的线性范围比以 UCNPs 为基础的 FRET 适配体传感器的线性范围更宽；本方法中荧光探针（GOQDs）的合成方法比 UCNPs 的合成更简单、便捷；相比电化学传感器本检测不需要昂贵的仪器设备。

表 4-4　SSB 修饰的适配体传感器与本方法的比较

实验方法	探针	检测目标	线性范围	检出限	参考文献
荧光传感器	DIL	氯霉素	0.03～10nmol/L	1pmol/L	[17]
比色传感器	AuMNPs	氯霉素	0.05～100ng/mL	0.02ng/mL	[26]
荧光传感器	CdSe/ZnS	氯霉素	0.005～100ng/mL	3pg/mL	[27]
比色传感器	P-SiO_2	苏氨酸	0.03～20ng/mL	1pg/mL	[36]
荧光传感器	GOQDs	卡那霉素	0.01～90ng/mL	6pg/mL(10pmol/L)	本研究

表 4-5　近年来发表的以适配体为修饰剂实现卡那霉素检测的方法与本方法的比较

检测方法	探针	线性范围	检出限	参考文献
FRET 传感器	碳点	4～25μmol/L	1.1 μmol/L	[5]
荧光开关	铂(Ⅱ)	0.2～150μmol/L	143nmol/L	[11]
分光光度法	AuNPs	1～500nmol/L	1nmol/L	[12]
荧光传感器	SiO_2	2～6nmol/L	612pmol/L	[32]
FRET 传感器	FAM	0.5～20nmol/L	321pmol/L	[33]
		0.8～350nmol/L	0.3nmol/L	[34]
	UCNPs	0.03～3nmol/L	9pmol/L	[37]
荧光传感器	$CuInS_2$ QDs	0.3～45nmol/L	0.12nmol/L	[38]
电化学传感器	MWCNTs	0.05～100ng /mL	3.7pg/mL	[39]
	(HNP)PtCu	5.0×10^{-4}～50ng/mL	0.42pg/mL	[40]
	SPCEs	1.2～75ng/mL	0.11ng/mL	[41]
比色传感器	AgNPs	0.05～0.6μg/mL	2.6ng/mL	[42]
荧光传感器	GOQDs	0.01～90ng/mL	6pg/mL(10pmol/L)	本研究

4.5　小结

综上所述，本研究开发出了一种新型的以 FRET 为基础的适配体传感器，并将此传感器成功应用于 KAN 的检测。实验结果表明此适配体传感器在实现 KAN 检测方面具有很多优势：①具有良好的选择性、抗干扰性、稳定性和精确性，可重复使用，而且可以实现实际样品中 KAN 的检测；②虽然本方法的检出限不是所有借助适配体实现 KAN 检测的方法中最低的，但是它可以避免拉曼光散射和生物体自发荧光的干扰；③该实验中纳米材料的制备过程和检测过程简单、快捷、经济、环保；④该实验揭示了生物大分子（SSB、适配体）和 FRET 完美结合以实现生物检测的潜力。这种新型的适配体传感器可以广泛地应用于实际样品中其他目标物质的检测，只需将量子点偶联的适配体更换为相应目标的适配体即可。

参考文献

[1] Ha N R, Jung I P, Kim S H, et al. Paper chip-based colorimetric sensing assay for ultra-sensitive detection of residual kanamycin[J]. Process Biochem, 2017, 62(nov.): 161-168.

[2] Wei Q, Zhao Y, Du B, et al. Ultrasensitive detection of kanamycin in animal derived foods by label-free electrochemical immunosensor[J]. Food Chem, 2012, 134(3): 1601-1606.

[3] Oertel R, Neumeister V, Kirch W. Hydrophilic interaction chromatography combined with tandem-mass spectrometry to determine six aminoglycosides in serum[J]. J Chromatogr A, 2004, 1058(1-2): 197-201.

[4] Zhu Y, Chandra P, Song K-M, et al. Label-free detection of kanamycin based on the aptamer-functionalized conducting polymer/gold nanocomposite[J]. Biosens Bioelectron, 2012, 36(1): 29-34.

[5] Wang Y, Ma T, Ma S, et al. Fluorometric determination of the antibiotic kanamycin by aptamer-induced FRET quenching and recovery between MoS_2 nanosheets and carbon dots[J]. Microchim Acta, 2016, 184(1): 1-8.

[6] Li R, Liu Y, Cheng L, et al. Photoelectrochemical aptasensing of Kanamycin using visible light-activated carbon nitride and graphene oxide nanocomposites[J]. Anal Chem, 2014, 86(19): 9372-9375.

[7] Abnous, Khalil, Robati, et al. Aptasensors for quantitative detection of kanamycin[J]. Biosens Bioelectron, 2016, 82: 162-172.

[8] Kim D M, Rahman M A, Do M H, et al. An amperometric chloramphenicol immunosensor based on cadmium sulfide nanoparticles modified-dendrimer bonded conducting polymer[J]. Biosens Bioelectron, 2010, 25(7): 1781-1788.

[9] Song K M, Cho M, Jo H, et al. Gold nanoparticle-based colorimetric detection of kanamycin using a DNA aptamer[J]. Anal Biochem, 2011, 415(2): 175-181.

[10] Wu Z, Li H, Liu Z. An ultrasensitive homogeneous aptasensor for kanamycin based on upconversion fluorescence resonance energy transfer[J]. Biosens Bioelectron, 2015, 206: 531-537.

[11] Leung K H, He H Z, Chan S H, et al. An oligonucleotide-based switch-on luminescent probe for the detection of kanamycin in aqueous solution[J]. Sens Actuators B, 2013, 177: 487-492.

[12] Zhou N, Zhang J, Tian Y. Aptamer-based spectrophotometric detection of kanamycin in milk[J]. Anal Methods, 2014, 6:1569-1574.

[13] Zhu Z, Ravelet C, Perrier S, et al. Single-stranded DNA binding protein-assisted fluorescence polarization aptamer assay for detection of small molecules[J]. Anal Chem, 2012, 84(16): 7203-7211.

[14] Keith, ARodvold, William, et al. Considerations for effect site pharmacokinetics to estimate

drug exposure: concentrations of antibiotics in the lung[J]. Curr Opin Pharmacol, 2017(36): 114-123.

[15] Xu Y, Han T, Li X, et al. Colorimetric detection of kanamycin based on analyte-protected silver nanoparticles and aptamer-selective sensing mechanism[J]. Anal Chim Acta, 2015, 891: 298-303.

[16] Kerman K, Kobayashi M, Tamiya E. Modification of Escherichia coli single-stranded DNA binding protein with gold nanoparticles for electrochemical detection of DNA hybridization[J]. Anal Chim Acta, 2004, 510(2): 169-174.

[17] Miao Y B, Ren H X, Gan N, et al. Fluorescent aptasensor for chloramphenicol detection using DIL-encapsulated liposome as nanotracer[J]. Biosens Bioelectron, 2016, 81: 454-459.

[18] Zheng W, Teng J, Cheng L, et al. Hetero-enzyme-based two-round signal amplification strategy for trace detection of aflatoxin B1 using an electrochemical aptasensor[J]. Biosens Bioelectron, 2016, 80: 574-581.

[19] Miao Y B, Ren H X, Gan N, et al. A homogeneous and "off-on" fluorescence aptamer-based assay for chloramphenicol using vesicle quantum dot-gold colloid composite probes[J]. Anal Chim Acta, 2016, 27: 49-55.

[20] Taghdisi S M, Danesh N M, Ramezani M, et al. An amplified fluorescent aptasensor based on single-stranded DNA binding protein, copper and silica nanoparticles for sensitive detection of interferon-gamma[J]. Anal Chim Acta, 2017, 984: 162-167.

[21] He P, Sun J, Tian S, et al. Processable Aqueous Dispersions of Graphene Stabilized by Graphene Quantum Dots[J]. Chem Mater, 2015, 27(1): 218-226.

[22] Zhang C, Wei K, Zhang W, et al. Graphene oxide quantum dots incorporated thin film nanocomposite membrane with high flux and antifouling properties for low-pressure nanofiltration[J]. ACS Appl Mater Interfaces, 2017, 9(12): 11082-11094.

[23] Luk C M, Tang L B, Zhang W F, et al. An efficient and stable fluorescent graphene quantum dot-agar composite as a converting material in white light emitting diodes[J]. J Mater Chem, 2012, 22(42): 22378-22381.

[24] Zhu S, Zhang J, Qiao C, et al. Strongly green-photoluminescent graphene quantum dots for bioimaging applications[J]. Chem Commun, 2011, 47(24): 6858-6860.

[25] Lin L, Rong M, Luo F, et al. Luminescent graphene quantum dots as new fluorescent materials for environmental and biological applications[J]. TrAC, 2014, 54: 83-102.

[26] Luan Q, Xi Y, Gan N, et al. A facile colorimetric aptamer assay for small molecule detection in food based on a magnetic single-stranded DNA binding protein-linked composite probe[J]. Sens Actuators B, 2017, 239: 979-987.

[27] Wang Y, Gan N, Zhou Y, et al. Novel single-stranded DNA binding protein-assisted fluorescence aptamer switch based on FRET for homogeneous detection of antibiotics[J]. Biosens Bioelectron, 2016, 87: 508-513.

[28] Bartczak D, Kanaras A G. Preparation of Peptide-Functionalized Gold Nanoparticles Using One Pot EDC/Sulfo-NHS Coupling[J]. Langmuir, 2011, 27(16): 10119-10123.

[29] Shen H, Jawaid A M, Snee P T. Poly(ethylene glycol) carbodiimide coupling reagents for the biological and chemical functionalization of water-soluble nanoparticles[J]. Acs Nano, 2009, 3(4): 915-923.

[30] Shlyakhtenko L S, Lushnikov A Y, Miyagi A, et al. Specificity of Binding of Single-Stranded DNA-Binding Protein to Its Target[J]. BCHM, 2012, 51(7): 1500-1509.

[31] Abnous K, Danesh N M, MonaAlibolandi, et al. A novel electrochemical aptasensor for ultrasensitive detection of fluoroquinolones based on single-stranded DNA-binding protein[J]. Sens Actuators B, 2017, 240: 100-106.

[32] Khabbaz L S, Hassanzadeh-Khayyat M, Zaree P, et al. Detection of kanamycin by using an aptamer-based biosensor using silica nanoparticles[J]. Anal Methods, 2015, 7; 8611-8616.

[33] Danesh N M, Lavaee P, Abnous K, et al. A selective and sensitive fluorescent aptasensor for detection of kanamycin based on catalytic recycling activity of exonuclease Ⅲ and gold nanoparticles[J]. Sens Actuators B, 2016, 222: 1-7.

[34] Chen J, Li Z, Ge J, et al. An aptamer-based signal-on bio-assay for sensitive and selective detection of Kanamycin A by using gold nanoparticles[J]. Talanta, 2015, 139: 226-232.

[35] Zhang Y, Zuo P, Ye B C. A low-cost and simple paper-based microfluidic device for simultaneous multiplex determination of different types of chemical contaminants in food[J]. Biosens Bioelectron, 2015, 68: 14-19.

[36] Luan Q, Miao Y, Gan N, et al. A POCT colorimetric aptasensor for streptomycin detection using porous silica beads-enzyme linked polymer aptamer probes and exonuclease-assisted target recycling for signal amplification[J]. Sens Actuators B, 2017, 251: 349-358.

[37] Li H, Liu Z, Sun D E, et al. An ultrasensitive homogeneous aptasensor for kanamycin based on upconversion fluorescence resonance energy transfer[J]. Biosens Bioelectron, 2015, 206: 531-537.

[38] Liu Z, Tian C, Lu L, et al. A novel aptamer-mediated $CuInS_2$ quantum dots@graphene oxide nanocomposites-based fluorescence “turn off-on” nanosensor for highly sensitive and selective detection of kanamycin[J]. RSC Adv, 2016, 6(12): 10205-10214.

[39] Guo W, Sun N, Qin X, et al. A novel electrochemical aptasensor for ultrasensitive detection of kanamycin based on MWCNTs-$HMIMPF_6$ and nanoporous PtTi alloy[J]. Biosens Bioelectron, 2015, 74: 691-697.

[40] Qin X, Yin Y, Yu H, et al. A novel signal amplification strategy of an electrochemical aptasensor for kanamycin, based on thionine functionalized graphene and hierarchical nanoporous PtCu[J]. Biosens Bioelectron, 2016, 77: 752-758.

[41] Sharma A, Istamboulie G, Hayat A, et al. Disposable and portable aptamer functionalized impedimetric sensor for detection of kanamycin residue in milk sample[J]. Sens Actuators B, 2017, 245: 507-515.

[42] Qin L, Zeng G, Lai C, et al. A visual application of gold nanoparticles: Simple, reliable and sensitive detection of kanamycin based on hydrogen-bonding recognition[J]. Sens Actuators B, 2017, 243: 946-954.

CHAPTER 5

第5章

2-氨基腺嘌呤修饰发夹型适配体传感器实现赭曲霉毒素 A 灵敏检测的应用

5.1 概述

赭曲霉毒素 A（OTA）是一种由青霉和曲霉等真菌产生的毒性较强的次级代谢产物[1,2]，是小麦、玉米、坚果等农作物中常见的污染物，在红酒和啤酒等加工食品中残留尤为严重[3,4]。该毒素具有极强的热稳定性，一旦污染食品便难以去除[5]。研究表明，OTA 可以通过食物链进入人体，对肝脏、肾脏以及神经和免疫系统造成严重损害[6,7]，具有潜在致癌性[8]。因此，实现食品中 OTA 的快速检测对保障食品安全和人类健康均具有重要意义。科研工作者们已建立多种检测技术[2]，其中 Gregory Penner 团队首次通过 SELEX 技术筛选出对 OTA 具有强亲和力的单链寡核苷酸适配体[9]，鉴于该适配体具有稳定性好、生物相容性高等优势，目前已开发出多种基于适配体的生物传感器并实现了赭曲霉毒素 A 的检测[10-12]，包括荧光生物传感器[13]、比色传感器[14]、电化学传感器[15,16]等。其中，荧光适配体生物传感器由于具有良好的灵敏性和快速响应的特征而备受关注[2,17-19]。

然而，大多数荧光适配体传感器需要将适配体与荧光探针或猝灭剂偶联以实现检测。标记过程不仅增加了研究成本、延长了实验周期，且部分荧光纳米材料、荧光染料及猝灭剂存在生物毒性，限制了其在食品基质检测中的应用[20-22]。开发一种操作简便、环境友好的荧光适配体传感器以实现赭曲霉毒素 A 的高效检测尤为重要。

2-氨基腺嘌呤（2-AP）是腺嘌呤的碱基类似物[23]，来源于氰病毒[24]，也被认为是碳质陨石中的外星核碱基，其编码的 DNA 可与正常核苷酸兼容且不改变序列特异性[25]。相比普通腺嘌呤，2-AP 在嘌呤环的 2 位上连接了一个氨基（—NH_2），可与胸腺嘧啶（T）形成三个氢键，导致配对骨架间的非共价相互作用增强（图 5-1）[26,27]，可以避免核酸外切酶Ⅰ（ExoⅠ）的降解[22,28,29]。除此之外，—NH_2进入 B-DNA 的次沟可降低沟的弯曲柔韧性，并形成更大的螺旋环[30]。

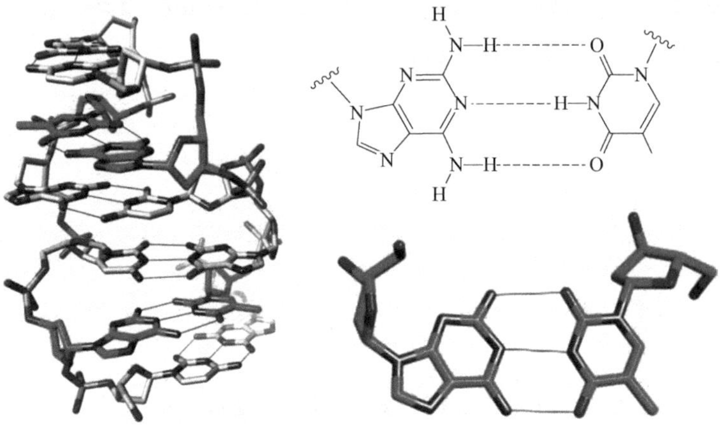

图 5-1　2-AP 与 T 结合形成三个氢键的结构示意图[26]

2-AP 的荧光强度对其所处的环境高度敏感。游离状态下，2-AP 分子的共轭体系能够自由振动，发射出强烈的荧光信号。一旦与单链 DNA（ssDNA）连接，由于碱基与核酸骨架的相互作用，2-AP 分子的构象发生微小变化，导致其荧光强度轻微减弱。而当 2-AP 嵌于双链 DNA（dsDNA）中时，碱基之间的 π-π 堆积作用显著增强，2-AP 的荧光发生显著猝灭现象（无须额外猝灭剂）[21,31,32]。实验中 2-AP 与 ExoⅠ的联合应用可有效区分 DNA 的折叠状态，提升基于 2-AP 的免标记发卡型荧光适配体传感器的检测效率[33]。

基于上述特性，科研人员已经开发了多种基于适配体、2-AP 修饰的寡核苷酸序列和 ExoⅠ的荧光适配体传感器，以实现对相应靶标的检测[33-35]。然而，这些方法仍存在一定的缺陷需要克服，例如：2-AP 嵌入的核苷酸序列过长，导致探针荧光强度较低；与适配体互补的寡核苷酸序列过长，导致互补配对时间延长且适配体释放速度减缓，影响适配体与靶标结合速率，最终影响检测效率且增加了实验成本。

采用发卡结构的 ssDNA 和 2-AP 结合的方式，可以解决上述问题。据报道，形成稳定的发夹结构至少需要 5 个碱基对[36]；2-AP 只能替换寡核苷酸链内部的腺苷（a），不能替换末端的 A；Exo Ⅰ 可以识别 3′端的—OH 并从 3′至 5′方向逐步解离 ssDNA[27]。为进一步提升检测效率，本研究采用 2-AP 作为荧光探针，将 OTA 适配体的 5′ 端修饰形成仅含 5 对配对碱基的发夹结构（H），同时在 3′端暴露仅含单个胸腺嘧啶（T）的序列，作为 2-AP 荧光探针的猝灭剂，将 Exo Ⅰ 作为信号放大剂，通过对比检测系统加入靶标前后荧光强度的差异实现 OTA 的检测。

5.2 免标记发卡型荧光适配体传感器的构建及机理分析

5.2.1 免标记发卡型荧光适配体传感器的构建

（1）实验材料和试剂

本研究中，使用的所有寡核苷酸序列均通过高效液相色谱法（HPLC）合成与纯化（表 5-1），用 TE 缓冲液稀释，冰箱−20℃冷冻保存备用。

核酸外切酶 Ⅰ（Exo Ⅰ，20U/μL）保存于−20℃冰箱。

赭曲霉毒素 A（OTA，纯度 98%），黄曲霉毒素 B_1（AFB_1，98%）、玉米赤霉烯酮（ZEN，98%）、赭曲霉毒素 B（OTB，98%），呕吐毒素（DON）。游离 2-氨基腺嘌呤碱基（2-AP），三羟甲基氨基甲烷（Tris）。

实验所用甲醇(CH_3OH)、氯化钠（NaCl）及其他化学试剂均为分析纯。实验所用溶液均用超纯水（电阻率 18.2MΩ·cm）配制。

实用性检测所用的啤酒（乙醇含量为 3.8%)购自当地超市。

表 5-1 本研究采用的寡核苷酸序列

名称	区段	序列（5′-3′）
H	Ⅰ（核酸适配体）	GAT CGG GTG TGG GTG GCG TAA AGG GAG CAT CGG ACA
	Ⅱ	GCT CC
2-AP 探针		TGT CCG AT

注：A 表示被 2-AP 取代的碱基 A。区段 Ⅰ 中加粗的 8 个碱基序列表示检测过程实现与 2-AP 探针互补配对的序列。

（2）实现 OTA 检测的免标记发卡型荧光适配体传感器光谱测定方法

该实验荧光强度均采用 F98 荧光分光光度计测定。其中，激发波长 310nm，发射波长 368nm，激发狭缝宽度设定为 5nm，发射狭缝宽度设为 10nm。游离的 2-AP 碱基及 2-AP 嵌入寡核苷酸（40nmol/L）溶液的配制均使用 Tris-HCl 缓冲液（20mmol/L Tris-HCl，0.05mol/L NaCl，pH 7.4）作为溶剂。

（3）实现 OTA 检测的免标记发卡型荧光适配体传感器的构建

OTA 检测包含以下三个阶段: ①H 序列与 2-AP 探针杂交形成双链 DNA 导致荧光猝灭的阶段; ②H 序列从 2-AP 探针解离并与 OTA 结合致使荧光恢复的阶段; ③Exo Ⅰ 酶从 3′→5′方向逐步解离 2-AP 探针释放出游离的 2-AP，致使检测体系荧光信号增强的阶段。所有反应阶段均在 10mL 比色管中进行，具体操作如下:

荧光猝灭阶段，将 2-AP 探针（5μmol/L，40μL）与一系列不同浓度适配体修饰发夹序列 H 加入 10mL 比色管中混合均匀，加入 1×Tris-HCl 缓冲液至终体积达到 5mL，充分振荡后置于 37℃水浴反应 20min。冷却至室温后测定并记录荧光强度，优化确定 2-AP 探针与 H 序列的最佳浓度。

荧光恢复阶段，最佳浓度的 2-AP 探针（5μmol/L，40μL）、H 序列（5μmol/L，40μL）、不同浓度的 OTA（0～100nmol/L）分别加入 10mL 比色管中，以 1×Tris-HCl 缓冲液为稀释液，稀释至终体积 5mL。充分混匀后 37℃水浴孵育 5min，向检测体系加入 Exo Ⅰ 酶（0.02U/μL），37℃反应 30min。室温条件下测定并记录荧光强度。为消除背景干扰，用相对荧光强度（F/F_0-1）表示荧光信号输出值，其中 F_0 和 F 分别表示检测体系中加入靶标前后的荧光强度。所有实验均至少重复操作三次。

5.2.2 免标记发卡型荧光适配体传感器检测机理分析

基于 Exo Ⅰ 辅助信号放大系统实现 OTA 检测的免标记荧光传感器检测原理如图 5-2 所示。第一阶段（荧光猝灭阶段），在 OTA 适配体序列 Ⅰ 的 5′端修饰序列 Ⅱ 设计为发夹结构 H 并暴露 8 个含胸腺嘧啶（T）的寡核苷酸序列；将含有 8 个碱基的核苷酸序列（5′-TGT CCG AT-3′）的腺嘌呤（A）替换为 2-AP（<u>A</u>）修饰为 2-AP 探针作为本实验的荧光探针。修饰过程 2-AP 与相邻碱基发生堆叠，导致 2-AP 探针相比游离的 2-AP 荧光强度略有降低[37]。当向 2-AP 探针溶液中加入 H 序列时，互补序列结合形成双链 DNA（dsDNA）造成更多碱基堆叠，使 2-AP 探针/H 体系的荧光显著猝灭[21,32]。

第二阶段（荧光恢复阶段），检测体系加入靶标 OTA，由于适配体对靶标的亲和力强于其互补序列[38]，导致 H 序列从 2-AP 探针上竞争性脱离，发夹结构逐渐打开并与靶标结合，5′端的 2-AP 探针和序列Ⅱ被同时释放，2-AP 探针/H/OTA 体系的荧光出现轻微增强。

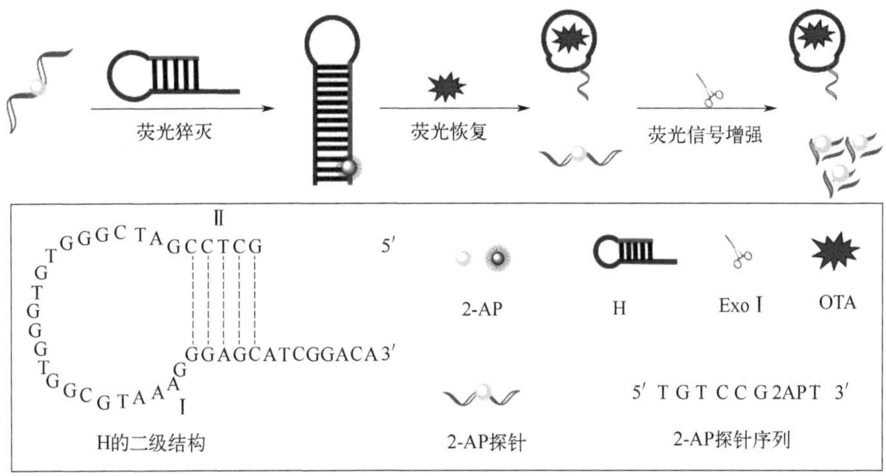

图 5-2 免标记发卡型适配体传感器对 OTA 检测的机理图

第三阶段（荧光信号增强阶段），向检测体系加入 ExoⅠ，2-AP 探针沿 3′-5′ 方向逐渐降解并释放游离的 2-AP，致使检测体系的荧光强度显著增强。且荧光恢复程度与 OTA 加入量成正比（图 5-3），据此实现 OTA 的定量检测。

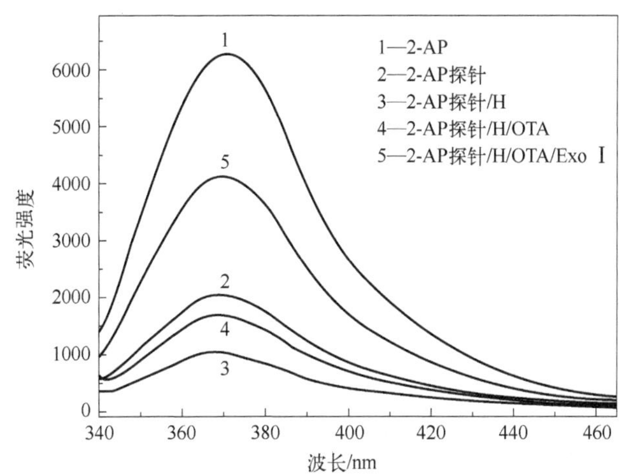

图 5-3 五种不同检测体系的荧光光谱图

图中游离 2-AP、2-AP 探针、H、OTA 及 ExoⅠ的浓度分别为 40nmol/L、40nmol/L、40nmol/L、20nmol/L 和 0.02U/μL

5.2.3 免标记发卡型荧光适配体传感器检测实验条件优化

为获得最佳检测效果，实验中对可能影响检测结果的反应物浓度及实验条件进行了优化，包括：2-AP 探针浓度、适配体互补序列 H 浓度以及 Exo Ⅰ浓度；荧光猝灭时间（时间 a）、荧光恢复时间（时间 b）和荧光信号增强阶段时间（时间 c）；荧光猝灭温度（温度 a）、荧光恢复温度（温度 b）和荧光信号增强阶段温度（温度 c）。

（1）2-AP 探针和 H 序列浓度优化

2-AP 的荧光强度与寡核苷酸链的长度、反应体系核苷酸链的浓度和折叠状态密切相关[35]，实验中首先优化了 2-AP 探针浓度。图 5-4（a）显示，F/F_0-1 值随 2-AP 探针浓度增加而增大，浓度达到 40nmol/L 后，高浓度的 2-AP 探针导致检测体系碱基出现大量堆叠，F/F_0-1 的值下降，检测效率降低[39]。从图 5-5 可以看出，2-AP 探针荧光强度在 10～40nmol/L 浓度范围内显著增强；浓度达到 40nmol/L 后继续增加探针的浓度，体系荧光强度不再增加。为避免过量 2-AP 探针影响后续实验效果、增加实验成本，本研究选择 40nmol/L 作为 2-AP 探针的最佳浓度。如图 5-4（a）所示，当 H 序列与互补序列 2-AP 探针浓度相等时检测效果最佳，故实验中选择 40nmol/L 作为 H 序列最佳反应浓度。

（2）Exo Ⅰ浓度优化

Exo Ⅰ浓度对增强荧光信号和提高检测灵敏度至关重要。从图 5-4（b）可以看出，随着 Exo Ⅰ浓度增加，F/F_0-1 值逐渐增大，直到浓度达到 0.02U/μL，ssDNA 已经被 Exo Ⅰ完全解离并释放出游离的 2-AP，此时继续增加 Exo Ⅰ的量检测体系的荧光信号不再增强[22]，因此本研究选择 0.02U/μL 作为 Exo Ⅰ的最佳浓度。

（3）反应时间和温度的优化

在最佳反应物浓度基础上，我们对三个反应阶段所需的最适温度进行了优化，如图 5-4（c）所示，三阶段反应均在 37℃下表现最佳，这是因为 DNA 和 Exo Ⅰ活性均在 37℃时最高[40,41]。本检测中，孵育时间可能是另一个显著影响检测性能的关键参数，从图 5-4（d）可以看出，三个阶段的反应分别在 20min、5min 和 30min 时效果最佳，后续实验均在最佳反应温度和时间下进行。

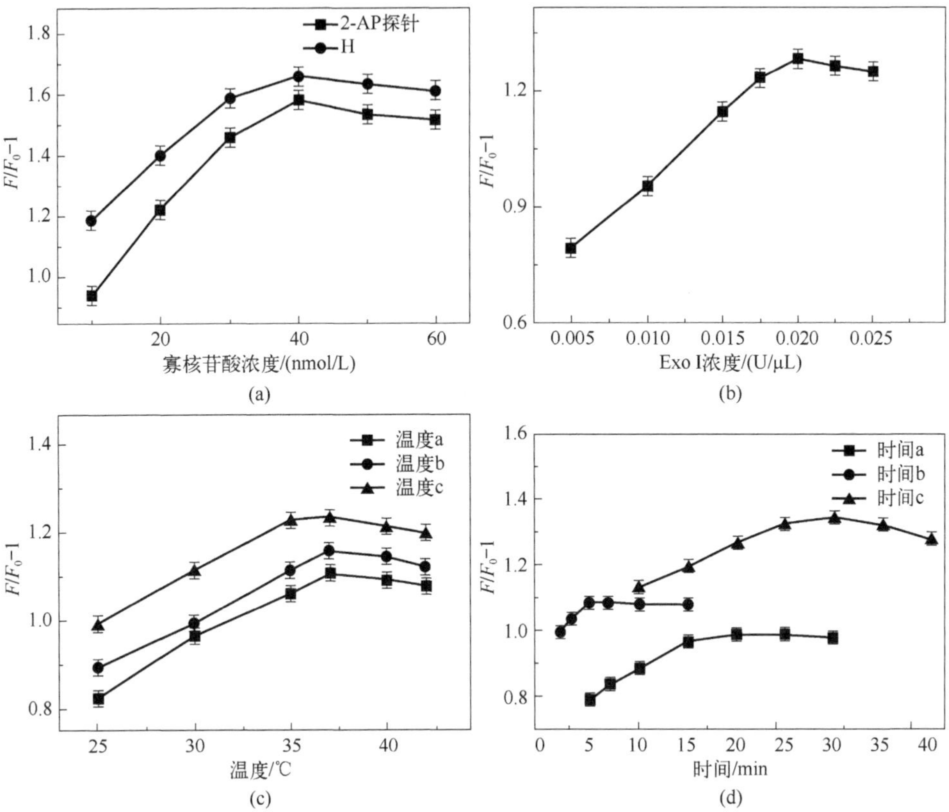

图 5-4 免标记发卡型荧光适配体传感器检测实验条件优化图像

（a）2-AP 探针浓度和 H 序列浓度；（b）Exo Ⅰ 酶浓度；（c）温度；（d）时间

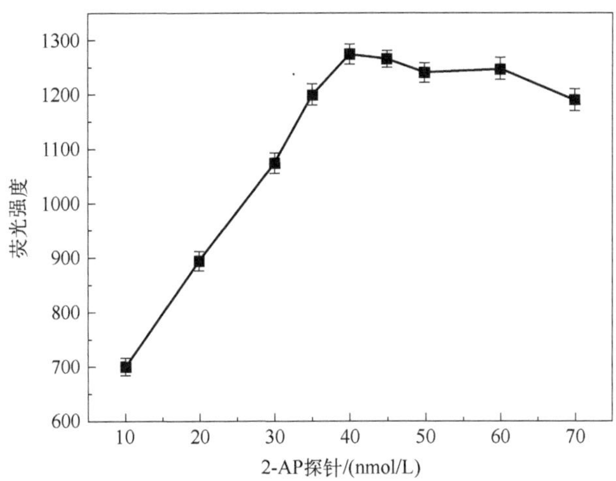

图 5-5 不同浓度 2-AP 探针的荧光强度

5.3 免标记发卡型荧光适配体传感器实现 OTA 检测的性能分析

5.3.1 荧光传感器灵敏性分析

在最佳实验条件下，向检测体系中分别加入不同浓度（0～100nmol/L）的 OTA，记录该检测体系 368nm 处荧光发射光谱变化。如图 5-6（a）所示，随着 OTA 的浓度从 0.5nmol/L 增加至 100nmol/L，检测体系的荧光强度逐渐增强。在浓度为 0.5～10nmol/L 和 10～100nmol/L 两个区间段表现出明显的线性关系，线性方程式分别为：$F/F_0-1=0.119[\text{OTA}]+1.06$（$R^2=0.996$）和 $F/F_0-1=0.033[\text{OTA}]+2.08$（$R^2=0.994$）[图 5-6（b）]。通过公式 $\text{LOD}=3\sigma/s$ 计算得出该方法的检出限（LOD）为 0.03nmol/L，其中 σ 代表示传感体系没有加入 OTA 时 11 次平行测量的标准偏差，s 表示校准曲线的斜率。

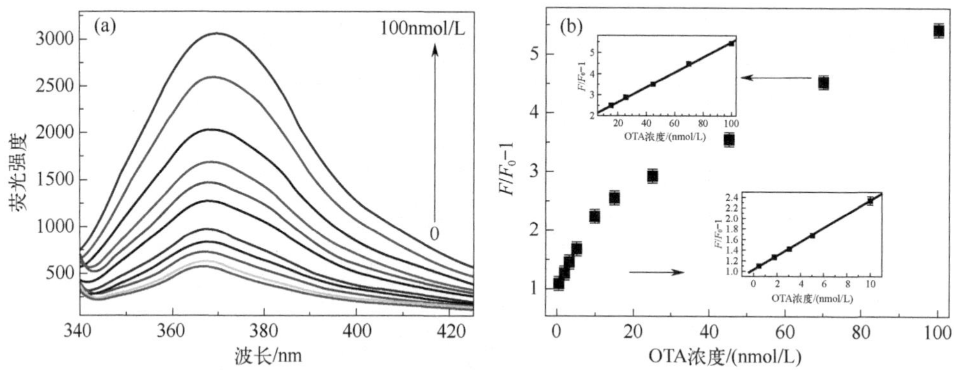

图 5-6 荧光传感器灵敏性分析图像

（a）不同浓度 OTA 的适配传感器荧光发射光谱；（b）不同浓度 OTA（0nmol/L、0.5nmol/L、2nmol/L、3nmol/L、5nmol/L、10nmol/L、15nmol/L、25nmol/L、45nmol/L、75nmol/L 和 100nmol/L）的校准曲线

5.3.2 荧光传感器选择性和抗干扰分析

为了评估该荧光传感器的选择性，分别向检测体系加入 5nmol/L 的 OTA 以及其他四种与 OTA 结构相似，可能同时存在于实际样本中的微生物次级代谢产物：赭曲霉毒素 B（OTB）、黄曲霉毒素 B_1（AFB_1）、玉米赤霉烯酮（ZEN）和呕吐毒素（DON）。如图 5-7 所示，加入其他毒素后，检测体系的荧光强度与对照组基本

相同，除了加入 OTB 的检测体系荧光略微恢复（7.2%）。这可能是因为 OTB 是 OTA 的结构类似物，与 OTA 的适配体具有一定的结合能力[42,43]。将这四种毒素与 OTA 一起加入时，检测体系的荧光强度比单独加入 OTA 时仅仅增加了 8.7%，表明这些毒素对该荧光传感器检测的选择性没有显著影响。这一结果与其他基于适配体实现 OTA 检测的方法相似或更优。表明本研究开发的荧光传感器在实现 OTA 检测方面具有良好的选择性和抗干扰性。

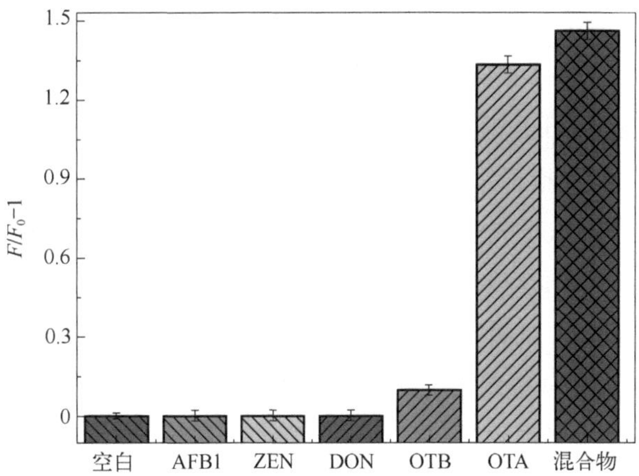

图 5-7　荧光传感器选择性分析图像

5.3.3　荧光传感器实用性分析

(1) 实际样品准备

用啤酒代替缓冲溶液检测该荧光传感器的实用性。根据之前的研究[17]，检测前对啤酒进行了以下处理：50mL 啤酒置于 4℃冰箱中冷却 30min，在超声波条件下脱气 3h，将啤酒样品通过 0.2μm 过滤器过滤，以去除颗粒物杂质，用氢氧化钠（10mmol/L）调节 pH 至 7.4。处理后的啤酒样品与 Tris-HCl 溶液按 1∶1（体积比）的比例稀释待用。

(2) 实际样品中 OTA 的检测

向处理后的啤酒样品中添加不同浓度（3nmol/L、10nmol/L 和 50nmol/L）的 OTA，记录荧光强度变化。如表 5-2 所示，实验测得加标回收率位于 96.5%～105.6% 区间，表明该荧光传感器具有很强的实际应用价值。

表 5-2 啤酒样品中 OTA 的加标检测

样品编号	加标浓度/(nmol/L)	检测浓度/(nmol/L)	加标回收率(平均值±标准方差)/%
1	3	0.29	96.7±3.6
2	10	10.56	105.6±4.1
3	50	48.27	96.5±3.9

注：本实验重复次数为三次。

5.3.4 荧光传感器的优异性分析

如表 5-3 所示，将本研究开发的传感器与近年来其他实现 OTA 检测的方法相比，除了基于 Nanoceria/DNA@GQDs[47]、Cy_3/AuNPs[48]的 FRET 检测方法和电化学方法[15]之外，本实验开发的荧光传感器检测方法与其他方法灵敏度相当或更优[13,16,44-47]，然而，本研究开发的荧光传感器检测策略不需要通过复杂工艺合成 GQDs 和 Au 纳米粒等化学试剂，也无须通过繁琐的修饰过程将适配体（ssDNA）修饰到纳米材料表面。此外，本实验采用的荧光材料 2-氨基腺嘌呤（2-AP）相较于荧光染料 Cy3 更适合应用于无毒的食品基质。与电化学传感器方法相比，该方法无须复杂操作技术和昂贵的仪器设备。因此，本研究构建的传感器可实现 OTA 的高效、灵敏的检测，并且更换适配体类型即可实现其他靶标的检测。

表 5-3 本研究开发的荧光传感器与近年来实现 OTA 检测的其他方法的对比

方法	探针	线性范围	检出限	参考文献
LSPR	GNRs	10pmol/L～100nmol/L	12.0pmol/L	[7]
荧光	UCNPs	0.01～50μg/mL	3ng/mL	[13]
电化学	CCD	1pg/mL～0.1μg/mL	0.7pg/mL	[15]
电化学	Gold/MoS_2	0.1～50.0nmol/L	0.06nmol/L	[16]
FRET	CdTeQDs/MoS_2	1.0～1000ng/mL	1.0ng/mL	[44]
CRET	DNAzyme/$Dabcy_1$	0.1～100ng/mL	0.22ng/mL	[45]
荧光	荧光团/猝灭剂	0.4～20ng/mL	0.08ng/mL	[46]
FRET	CeO_2/DNA@GQDs	0.01～20ng/mL	2.5pg/mL	[47]
FRET	Cy3/AuNPs	2.5pg/mL～1g/mL	1.4pg/mL	[48]
荧光	GQDs	0～1ng/mL	13pg/mL	[49]
荧光	2-AP	0.5～100nmol/L	0.03nmol/L (0.07ng/mL)	本研究

5.4 小结

综上所述，本研究开发了一种新型的 2-AP 修饰的免标记发夹型适配体传感器，并且借助 Exo Ⅰ 成功地实现了 OTA 的检测。研究结果表明，该发夹适配体传感器在 OTA 检测中具有快速、灵敏、简便、环保、实用等优势。该方法的创新性主要体现在：①将适配体设计为发夹结构，仅暴露 8 个碱基与互补序列配对以猝灭 2-AP 的荧光，避免了适配体全部碱基与互补链杂交及靶标加入后再解离对反应速率的影响；②选择短的寡核苷酸序列中的腺嘌呤作为 2-AP 的替代体，既避免了其他复杂荧光探针与猝灭基团的引入增加实验操作流程，又避免了大量碱基堆叠对 2-AP 荧光强度的影响。除此之外，该检测体系反应条件温和且操作简便，只需更换检测体系中的发夹结构适配体，即可实现复杂食品基质中其他目标物质的检测。

参考文献

[1] Binder E M. Managing the risk of mycotoxins in modern feed production[J]. Anim Feed Sci Tech, 2007, 133(1-2): 149-166.

[2] Alhamoud Y, Yang D, Fiati Kenston S S, et al. Advances in biosensors for the detection of ochratoxin A: Bio-receptors, nanomaterials, and their applications[J]. Biosens Bioelectron, 2019, 141: 1-20.

[3] Arroyo-Manzanares N, Gamiz-Gracia L, Garcia-Campana A M. Determination of ochratoxin A in wines by capillary liquid chromatography with laser induced fluorescence detection using dispersive liquid-liquid microextraction[J]. Food Chem, 2012, 135(2): 368-372.

[4] Garcia-Moraleja A, Font G, Manes J, et al. Analysis of mycotoxins in coffee and risk assessment in Spanish adolescents and adults[J]. Food Chem Toxicol, 2015, 86: 225-233.

[5] Peng S, Wei L, Zhi D, et al. A competitive aptamer chemiluminescence assay for ochratoxin A using a single silica photonic crystal microsphere[J]. Anal BioChem, 2018, 554: 28-33.

[6] Ali R, Mittelstaedt R A, Shaddock J G, et al. Comparative analysis of micronuclei and DNA damage induced by Ochratoxin A in two mammalian cell lines[J]. Mutat Res, 2011, 723(1): 58-64.

[7] Lee B, Park J H, Byun J Y, et al. An optical fiber-based LSPR aptasensor for simple and rapid in-situ detection of ochratoxin A[J]. Biosens Bioelectron, 2018, 102: 504-509.

[8] Wei Y, Zhang J, Wang X, et al. Amplified fluorescent aptasensor through catalytic recycling for highly sensitive detection of ochratoxin A[J]. Biosens Bioelectron, 2015, 65: 16-22.

[9] Cruz-Aguado J A, Penner G. Determination of Ochratoxin A with a DNA Aptamer[J]. J Agric. Food Chem, 2008, 56(22): 10456-10461.

[10] Cheng S, Zheng B, Yao D, et al. Study of the binding way between saxitoxin and its aptamer and a fluorescent aptasensor for detection of saxitoxin[J]. Spectrochim Acta A, 2018, 204: 180-187.

[11] Sang F, Zhang X, Liu J, et al. A label-free hairpin aptamer probe for colorimetric detection of adenosine triphosphate based on the anti-aggregation of gold nanoparticles[J]. Spectrochim Acta A, 2019, 217: 122-127.

[12] Yuan H, Huang Y, Yang J, et al. An aptamer-based fluorescence bio-sensor for chiral recognition of arginine enantiomers[J]. Spectrochim Acta A, 2018, 200: 330-338.

[13] Jin B, Yang Y, He R, et al. Lateral flow aptamer assay integrated smartphone-based portable device for simultaneous detection of multiple targets using upconversion nanoparticles[J]. Sens Actuators B, 2018, 276: 48-56.

[14] Soh J H, Lin Y, Rana S, et al. Colorimetric detection of small molecules in complex matrixes via target-mediated growth of aptamer-functionalized gold nanoparticles[J]. Anal Chem, 2015, 87(15): 7644-7652.

[15] Suea-Ngam A, Howes P D, Stanley C E, et al. An exonuclease Ⅰ-assisted silver-metallized electrochemical aptasensor for ochratoxin A detection[J]. ACS Sens, 2019, 15:1560-1568.

[16] Wang Y, Ning G, Bi H, et al. A novel ratiometric electrochemical assay for ochratoxin A coupling Au nanoparticles decorated MoS_2 nanosheets with aptamer[J]. Electrochim. Acta, 2018, 285: 120-127.

[17] Chen Y, Ding X, Zhu D, et al. Preparation and evaluation of highly hydrophilic aptamer-based hybrid affinity monolith for on-column specific discrimination of ochratoxin A[J]. Talanta, 2019, 200: 193-202.

[18] Jiang, Chengmei, Lan, et al. Recent progress in application of nanomaterial-enabled biosensors for ochratoxin A detection[J]. TrAC, 2018, 102: 236-249.

[19] Lan Y, Qin G, Wei Y, et al. Highly sensitive analysis of tetrodotoxin based on free-label fluorescence aptamer sensing system[J]. Spectrochim Acta A, 2019, 219: 411-418.

[20] Xiao, Sai, Jin, et al. Highly sensitive DNAzyme sensor for selective detection of trace uranium in ore and natural water samples[J]. Sens Actuators B, 2015, 210: 656-660.

[21] Wang X, Zeng R, Chu S, et al. A quencher-free DNAzyme beacon for fluorescently sensing uranyl ions via embedding 2-aminopurine[J]. Biosens Bioelectron, 2019, 135: 166-172.

[22] Liu X, Dong L, Wang L, et al. 2-Aminopurine modified DNA probe for rapid and sensitive detection of *l*-cysteine[J]. Talanta, 2019, 202: 520-525.

[23] Schmoldt A, Benthe H F, Haberland G. Digitoxin metabolism by rat liver microsomes[J]. BioChem Pharmacol, 1975, 24(17): 1639-1641.

[24] Kirnos M D, Khudyakov I Y, Alexandrushkina N I, et al. 2-Aminoadenine is an adenine substituting for a base in S-2L cyanophage DNA[J]. Nature, 1977, 270(5635): 369-370.

[25] Callahan M P, Smith K E, LI H J C, et al. Carbonaceous meteorites contain a wide range of extraterrestrial nucleobases[J]. Proc Natl Acad Sci USA., 2011, 108(34): 13995-13998.

[26] Zhang X, Duan L, Zhao Y, et al. Theoretical study on fluorescent T-analogues for selective recognition of 2-aminoadenine (Z) in aqueous solution via base-pair induced ESICT mechanism[J]. J Mol Liq, 2023, 389: 122864.

[27] Hornum M, Stendevad J, Sharma P K, et al. Base-pairing properties of double-headed nucleotides[J]. Chemistry-A European Journal, 2019, 25(30): 7387-7395.

[28] Jones A C, Neely R K. 2-Aminopurine as a fluorescent probe of DNA conformation and the DNA-enzyme interface[J]. Q Rev Biophys, 2015, 48(2): 244-279.

[29] Rachofsky E L, Osman R, Ross J B. Probing structure and dynamics of DNA with 2-aminopurine: effects of local environment on fluorescence[J]. BCHM, 2001, 40(4): 946-956.
[30] Xu M, Li B. Label-free fluorescence strategy for sensitive detection of exonuclease activity using SYBR Green I as probe[J]. Spectrochim Acta A, 2015, 151: 22-26.
[31] Mitsis P G, Kwagh J G. Characterization of the interaction of lambda exonuclease with the ends of DNA[J]. Nucleic Acids Res, 1999, 27(15): 3057-3063.
[32] Somsen O J G, Hoek, Amerongen. Fluorescence quenching of 2-Aminopurine in Dinucleotides[J]. Chem Phys Lett, 2005, 402(1-3): 61-65.
[33] Liu H, Bai Y, Qin J, et al. Exonuclease I assisted fluorometric aptasensor for adenosine detection using 2-AP modified DNA[J]. Sens Actuators B, 2018, 256: 413-419.
[34] Liu C, Lv S, Gong H, et al. 2-aminopurine probe in combination with catalyzed hairpin assembly signal amplification for simple and sensitive detection of microRNA[J]. Talanta, 2017, 174: 336-340.
[35] Liao R, He K, Chen C, et al. Double-strand displacement biosensor and quencher-free fluorescence strategy for rapid detection of microRNA[J]. Anal Chem, 2016(88): 4254-4258.
[36] Zhou W, Ding J, Liu J 2-Aminopurine-modified DNA homopolymers for robust and sensitive detection of mercury and silver[J]. Biosens Bioelectron, 2017, 87: 171-177.
[37] Li M, Sato Y, Nishizawa S, et al. 2-Aminopurine-modified abasic-site-containing duplex DNA for highly selective detection of theophylline[J]. J Am Chem Soc, 2009, 131(7): 2448-2449.
[38] Li N, Ho C M. Aptamer-based optical probes with separated molecular recognition and signal transduction modules[J]. J Am Chem Soc, 2008, 130(8): 2380-2381.
[39] Reha-Krantz L J The use of 2-aminopurine fluorescence to study DNA polymerase function[J]. Methods Mol Biol, 2009, 521: 381-396.
[40] Wang H, Li D, Hu Z, et al. Protective effects of green tea polyphenol against renal injury through ROS-mediated JNK-MAPK pathway in lead exposed rats[J]. Molecules Cells, 2016, 39(6): 508-513.
[41] He Y, Fan Z. A novel biosensor based on DNA hybridization for ultrasensitive detection of NOS terminator gene sequences[J]. Sens Actuators B, 2018, 257: 538-544.
[42] Yang Y J, Zhou Y, Xing Y, et al. A Label-free aptasensor based on Aptamer/NH_2 Janus particles for ultrasensitive electrochemical detection of Ochratoxin A[J]. Talanta, 2019, 199: 310-316.
[43] Shen P, Li W, Liu Y, et al. High-throughput low-background G-quadruplex aptamer chemiluminescence assay for ochratoxin A using a single photonic crystal microsphere[J]. Anal Chem, 2017, 89(21): 11862-11868.
[44] Lu Z, Chen X, Hu W. A fluorescence aptasensor based on semiconductor quantum dots and MoS_2 nanosheets for ochratoxin A detection[J]. Sens Actuators B, 2017, 246: 61-67.
[45] Jo E J, Mun H, Kim S J, et al. Detection of ochratoxin A (OTA) in coffee using chemiluminescence resonance energy transfer (CRET) aptasensor[J]. Food Chem, 2016, 194: 1102-1107.
[46] Wu K, Ma C, Zhao H, et al. Sensitive aptamer-based fluorescene assay for ochratoxin A based on RNase H signal amplification[J]. Food Chem, 2019, 277: 273-278.
[47] Tian J, Wei W, Wang J, et al. Fluorescence resonance energy transfer aptasensor between nanoceria and graphene quantum dots for the determination of ochratoxin A[J]. Anal Chim Acta,

2018, 1000: 265-272.

[48] Liu Y, Yu J, Wang Y, et al. An ultrasensitive aptasensor for detection of Ochratoxin A based on shielding effect-induced inhibition of fluorescence resonance energy transfer[J]. Sens Actuators B, 2016, 222: 797-803.

[49] Wang S, Zhang Y, Pang G, et al. Tuning the aggregation/disaggregation behavior of graphene quantum dots by structure-switching aptamer for high-sensitivity fluorescent ochratoxin A sensor[J]. Anal Chem, 2017, 89(3): 1704-1709.

CHAPTER 6

第6章 一种基于适配体的生物传感器通过荧光共振能量实现胰岛素检测的应用

6.1 概述

血糖浓度水平与人体健康密切相关。高浓度血糖会损害人体的眼睛、肾脏、神经、心脏等器官[1]，而低血糖则会导致机体出现饥饿、出汗、心慌、颤抖、面色苍白甚至昏迷等症状[2]。胰岛素（INS）在调节机体血糖水平方面有非常重要的作用[3]，是生物体中唯一能够降低血糖浓度并促进糖原、脂肪和蛋白质合成的激素，通常被认为是体液中血糖浓度预测的标志物[4]。尽管近年来科研人员已经采用电化学[5]、光化学[6]、高效液相色谱[7]、拉曼光散射[8]等方法进行了胰岛素检测，但这些方法仍面临一定的缺陷需要克服[9]。然而由胰岛素水平分泌异常所导致的慢性病发病率逐年上升，对人类健康构成了严重威胁[10]。因此，开发一种灵敏且高效的胰岛素检测方法至关重要。

以适配体（apt）作为生物识别元件的荧光传感器检测方法，因其具有稳定性高、灵敏性优异、操作简单等优点，被广泛应用于生物医学检测领域[11-13]。适配体是一种单链DNA（ssDNA）或RNA序列，通过生物体外指数富集的配体进化系统（SELEX）进行筛选和合成，具有稳定性好、生物相容性佳、易于表面修饰以及成本低等优势[14-16]。

2009年，Ikebukuro等[17]在室温下筛选出了一种对胰岛素具有高亲和力的寡核苷酸适配体序列。随后，研究人员将其与CdSe/ZnS量子点[18]以及荧光染料羧基荧光素（FAM）[19]相结合，制备了荧光适配体传感器，并实现了对胰岛素的检测。然而，这些方法使用的荧光探针的激发波长大多在紫外/可见光范围内，很容易受到生物体自发荧光和散射光的干扰。Wang 等[20]使用近红外量子点（CdTeSe/ZnS）偶联适配体作为荧光探针，对人体血浆中的胰岛素进行了灵敏检测。结果表明，近红外发光荧光探针能够很好地避免生物组织中内源性物质（血清蛋白、血红蛋白、胆红素等物质）的噪声干扰[21]。然而，制备重金属量子点的过程较为复杂且生物相容性有限。红色发光碳点（R-CDs）不仅能够避免生物体自发荧光和散射光的干扰，而且其细胞毒性低，能够避免检测过程对生物体液造成的二次污染[22-24]。除此之外，R-CDs 能够深入穿透生物组织，因而得到医学领域检测人员的青睐[22,25]。氧化石墨烯（GO）是一种优异的碳基荧光猝灭剂，在生物液体中具有良好的稳定性和生物相容性[26,27]。

本研究选择 R-CDs 作为荧光探针，并在其表面修饰胰岛素特异性适配体（apt），制备出荧光纳米复合材——R-CDs@apt 作为荧光供体，氧化石墨烯（GO）作为荧光受体，构建基于荧光共振能量转移（FRET）的生物传感器（R-CDS@apt/GO）。基于游离状态下氧化石墨烯（GO）与适配体（apt）之间存在强大的 π-π 作用力，R-CDs@apt 与 GO 之间的距离拉近，发生荧光共振能量转移（FRET），R-CDs@Apt/GO 体系的荧光被猝灭。胰岛素加入传感体系后，适配体选择性地与胰岛素结合，并从氧化石墨烯表面脱离，FRET 效应消失，检测体系的荧光逐渐恢复，从而实现对胰岛素的高效检测。

6.2 纳米材料的合成及特征分析

6.2.1 R-CDs@apt 的合成

（1）实验试剂

胎牛血清、葡萄糖（Glu）、肾上腺素（Adr）、前列腺特异性抗原（PSA）、尿酸（UA）和免疫球蛋白 G（IgG）。

红色发射碳点（R-CDs）（通过溶剂热法合成）。氯化钠（NaCl）、磷酸氢二钠（Na_2HPO_4）、磷酸二氢钾（KH_2PO_4）以及所有其他化学试剂均为分析纯。

氨基修饰且经高效液相色谱（HPLC）纯化的胰岛素适配体：（5′-$(CH_2)_6$-NH_2GGT GGT GGG GGG GGT TGG TAG GGT GTC TTC-3′（分子量：9672.35），用 Tris-EDTA（TE）缓冲液稀释后置于−20℃冰箱中冷冻保存备用[17]。

1-乙基-3-（3-二甲氨基丙基）碳二亚胺（EDC）和 *N*-羟基琥珀酰亚胺酯（NHS）。透析袋（分子质量：7000kDa）。

采用磷酸盐缓冲液（PBS，pH 7.4）作为洗涤和偶联反应的缓冲液。采用 Milliq 纯化系统制备超纯水（电阻率 18.2MΩ·cm）作为稀释试剂。

（2）仪器设备

使用 Tecnai G_2 F_{20} 型电子显微镜对 R-CDs 的形态结构进行表征。采用 Cary 300 型紫外可见分光光度计测定 R-CDs 及纳米复合材料的紫外-可见（UV-Vis）吸收光谱。借助 Nicolet 380 型傅里叶变换红外光谱仪（FT-IR）获取纳米材料 4000～400cm^{-1} 波长范围内的红外光谱。使用 F98 型荧光分光光度计分析检测体系的荧光光谱，参数如下：激发波长为 560nm，发射波长范围为 610～640nm，激发和发射狭缝宽度均为 10nm，所有荧光检测实验均在室温条件下进行。

（3）R-CDs@apt 的制备

在 1mL R-CDs（1mg/mL）中加入 1mL EDC（20mmol/L）和 1mL NHS（200mmol/L）反应 2h 以活化羧基，迅速加入 30μg（OD=1）适配体，4℃下孵育 24h 以充分反应。用透析袋（分子质量：7kDa）收集适配体修饰的 R-CDs（R-CDs@apt），透析液 4℃保存备用。所有反应均在磷酸盐缓冲液（PBS，pH 7.4）中进行。

6.2.2 荧光供体和荧光受体的特征分析

如图 6-1（a）所示，R-CDs 的拉曼光谱分别在 1360cm^{-1}（sp^3 杂化碳）和 1596cm^{-1}（sp^2 杂化碳）处出现特征峰[28,29]。从图 6-1（b）可以看出碳点的 X 射线衍射（XRD）晶体图谱，在 24.5° 处出现一个特征峰，显示碳点的平面和无定形晶体性质[26]。从 R-CDs 的高分辨透射电子显微镜（HRTEM）图像［图 6-2（a）］中可以看出 R-CDs 大小均匀，经计算其平均晶体尺寸约为 4.1nm。R-CDs 在约 560nm 处的紫外吸收最强［图 6-2（b）］。在这个激发波长下，R-CDs 的发射光谱范围为 610～640nm，处于红色发射区域，能够很好地避免生物体液中内源性物质的噪声干扰[30-33]。因此，在后续实验中采用 560nm 作为 R-CDs 的激发光谱进行检测。

氧化石墨烯（GO）的 XRD 光谱在 11.6° 处出现一个特征峰［图 6-1（c）］。图 6-2（a）展示了 GO 的透射电子显微镜（TEM）图像，表明我们已成功地将石墨粉氧化为厚度约为 2nm 的 GO[32]。图 6-2（d）GO 的傅里叶变换红外光谱（FT-IR）

显示，其在 3413cm^{-1}、1620cm^{-1}、1398cm^{-1}、1225cm^{-1}和 1052cm^{-1}处出现伸缩振动峰，表明 GO 含有大量的含氧官能团，在水溶液中具有良好的分散性，为其与适配体发生 π-π 作用提供了条件[32]。

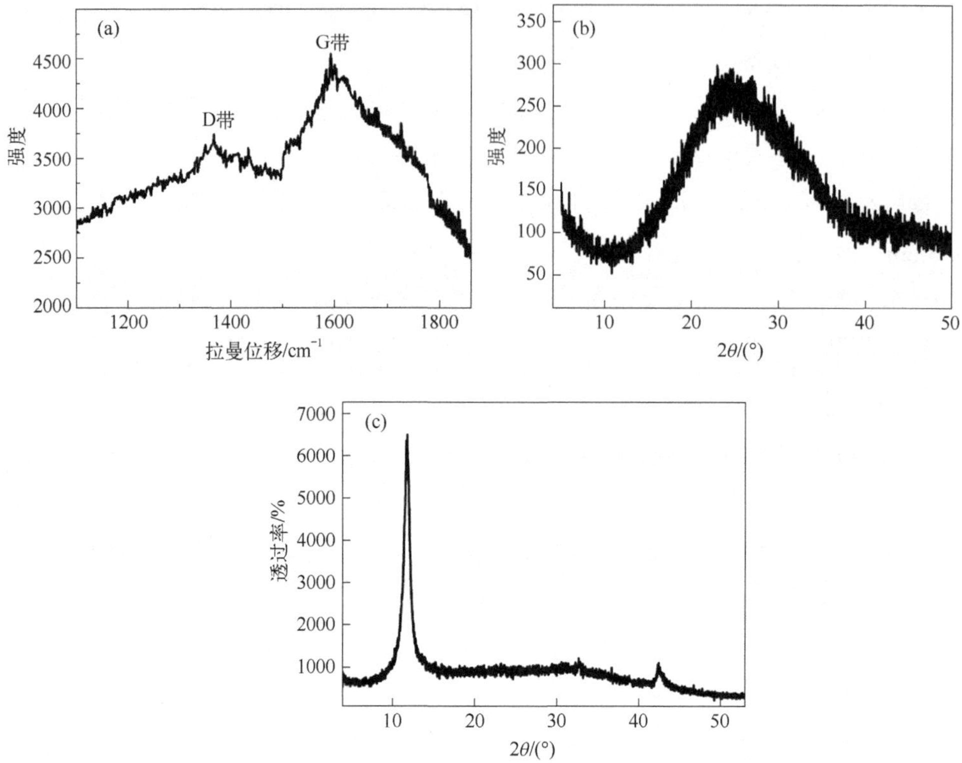

图 6-1　R-CDs 和 GO 的表征图像

（a）R-CDs 的拉曼光谱；（b）R-CDs 的 XRD 图像；（c）GO 的 XRD 图像

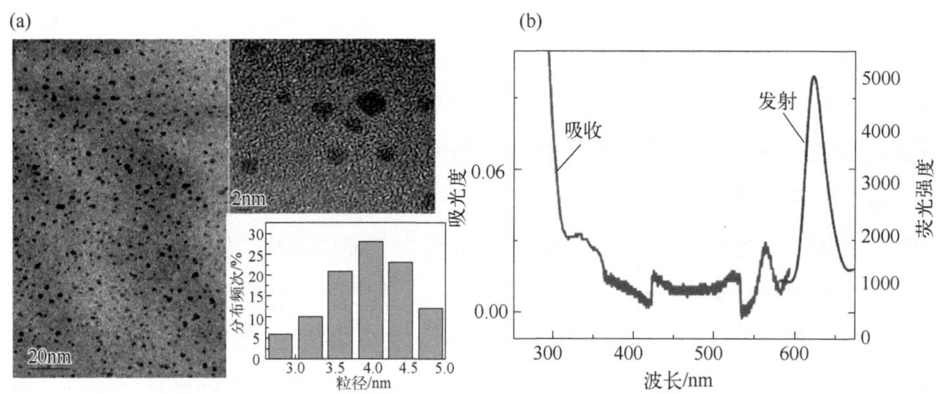

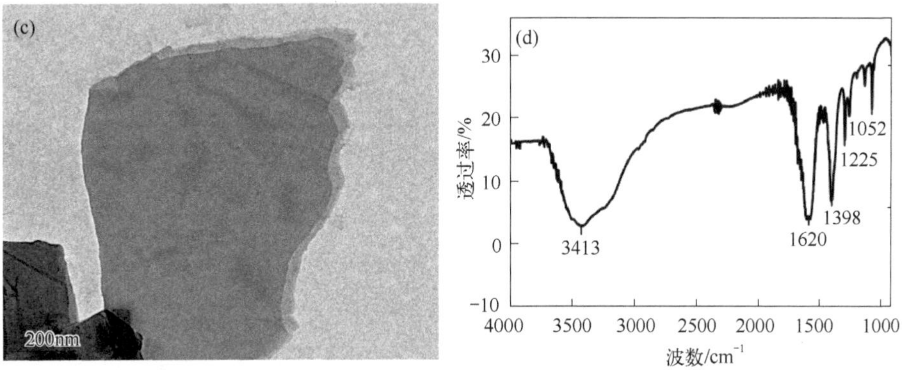

图 6-2　R-CDs 和 GO 的光谱图像

（a）R-CDs 的 HRTEM 图像；插图：R-CDs 的粒径分布；（b）R-CDs 的紫外-可见吸收光谱和发射光谱；（c）GO 的 TEM 图；（d）GO 的 FT-IR 光谱

6.2.3　R-CDs 和 R-CDs@apt 的特征分析

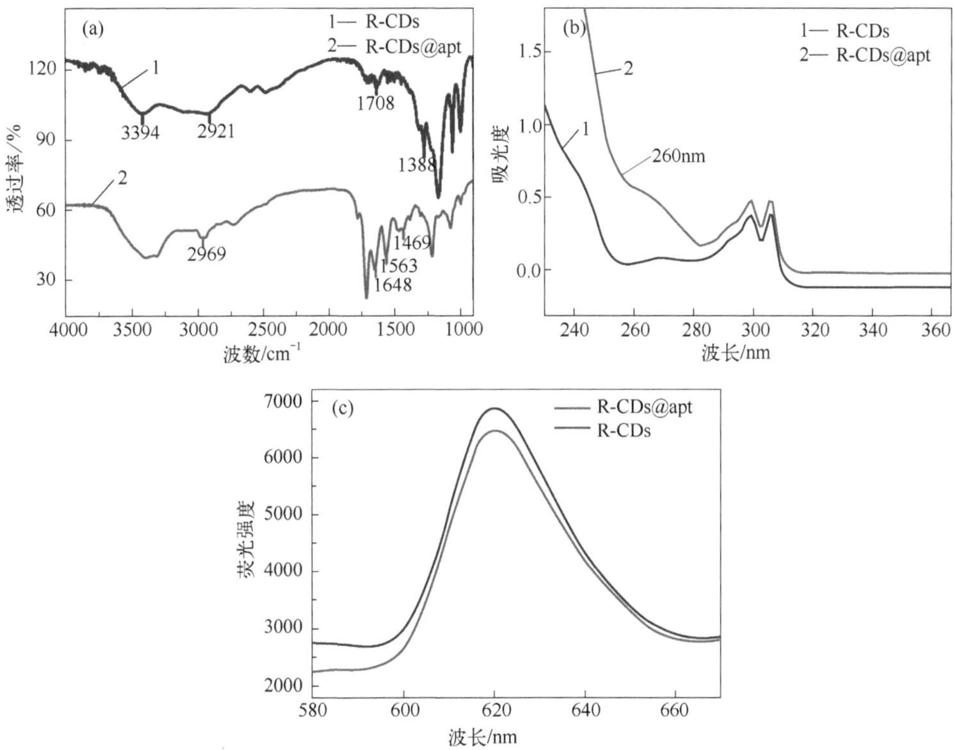

图 6-3　R-CDs 和 R-CDs@apt 的表征图像

(a)R-CDs 和 R-CDs@apt 的 FT-IR 光谱；(b)R-CDs 和 R-CDs@apt 的紫外-可见吸收光谱；(c)R-CDs 和 R-CDs@apt 的荧光发射光谱

R-CDs 的 FT-IR 光谱[图 6-3(a)]表明，R-CDs 表面含有大量羧基，如 3394cm^{-1}和 1388cm^{-1}处的 O—H、2921cm^{-1}处的 C—H 以及 1708cm^{-1}处的 C—OH[33]，这为其与适配体上修饰的氨基发生反应提供了条件。从 R-CDs@apt 的 FT-IR 光谱可以看出，其在 2969cm^{-1}、1648cm^{-1}、1563cm^{-1}和 1469cm^{-1}位置出现了新的伸缩振动峰，表明反应生成了 N—H、N—C═O、C═N 和 C—N 键。这些结果表明，R-CDs 表面的羧基和适配体的氨基发生反应形成了肽键[34]。从图 6-3（b）可以看出，与 R-CDs 相比，R-CDs@apt 在 260nm 左右出现了一个新的吸收峰，这表明 R-CDs 与适配体之间发生了偶联反应[34,35]。偶联反应后，通过透析除去了过量的 R-CDs，所以 R-CDs@apt 的荧光强度略低于 R-CDs，但荧光发射光谱的位置保持不变（峰值 625nm）[图 6-3（c）]。氧化石墨烯（GO）可以吸收可见光到近红外光区域的所有光谱[36]，这为 R-CDs@apt 与 GO 之间发生 FRET 提供了前提。

6.3 生物传感器的构建及机理分析

6.3.1 生物传感器的构建

胰岛素的检测包括两个步骤：荧光猝灭阶段和荧光恢复阶段。这两个阶段的反应均在 10mL 的比色管中进行。具体过程如下：在荧光猝灭阶段，将 7μg/mL 的 R-CDs@apt 和不同浓度的 GO 依次加入比色管中，向反应溶液中加入磷酸盐缓冲液（PBS，pH 7.4），直至最终体积达到 5mL。搅拌均匀，室温下孵育 15min，测量荧光强度。通过优化得到 GO 的最佳浓度。在荧光恢复阶段，在最佳反应浓度下，将 R-CDs@apt（35μg/mL，1mL）、GO（10μg/mL，30μL）和不同浓度的胰岛素（INS，1.3～150nmol/L）依次加入比色管中，然后加入 PBS（pH 7.4）使最终体积达到 5mL，混合均匀，室温下反应 30min。使用荧光分光光度计记录反应溶液在 560nm 激发波长下的荧光强度。激发和发射的狭缝宽度均设为 10nm。为了避免背景干扰，使用相对荧光强度（F/F_0-1）表示荧光信号输出值，其中 F_0 表示检测体系中不加入胰岛素时的荧光强度，F 表示检测体系中加入胰岛素时的荧光强度。

6.3.2 生物传感器的检测机理分析

检测机理如图 6-4 所示，R-CDs 的羧基通过 EDC 和 NHS 活化，并与适配体的氨基结合，制备出具有选择性的近红外荧光碳纳米复合材料（R-CDs@apt）。加入 GO 后，由于适配体与 GO 之间的 π-π 堆积相互作用，R-CDs@apt 被吸附到 GO 表面［图 6-5（a）］发生了 FRET。R-CDs@apt 的荧光被猝灭［比较图 6-5（b）中的曲线 A 和 B］; 然而，检测体系中加入胰岛素后，适配体序列选择性地结合 INS，并形成具有多个反向平行结构的 G-四链体[37]，隐藏了表面的氢键，失去了与 GO 的 π-π 吸附力，FRET 逐渐消失，R-CDs@Apt/GO/INS 体系的荧光逐渐恢复［图 6-5（b）中的曲线 C］，并且荧光恢复程度与检测体系中胰岛素的加入量成正比，以此实现对胰岛素的检测。

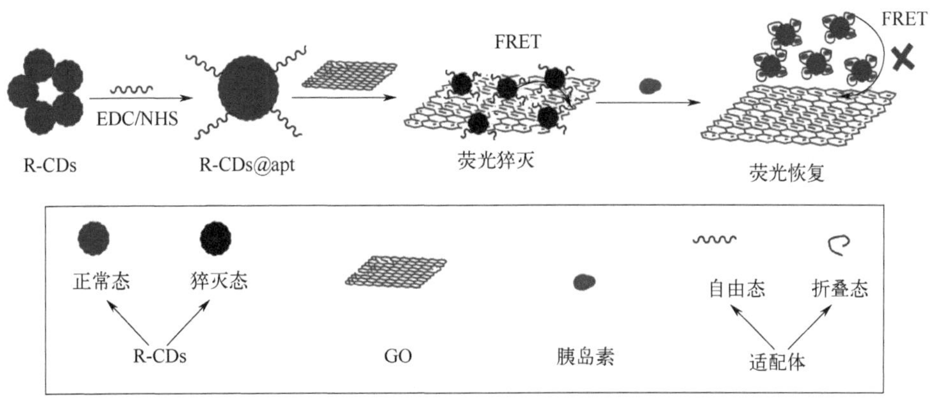

图 6-4 FRET 适配体传感器实现胰岛素检测的机理图

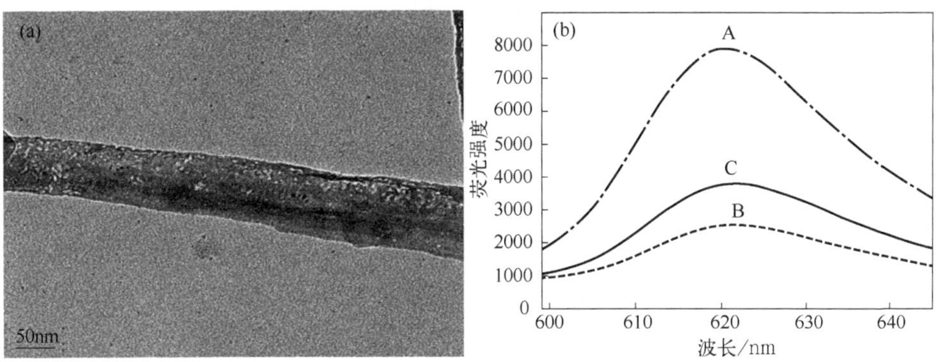

图 6-5 R-CDs@apt 和 R-CDs@apt/GO 的特征图像

（a）R-CDs@apt 吸附在 GO 表面的 TEM 图像；（b）R-CDs@apt（A）、R-CDs@apt/GO（B）和 R-CDs@apt/GO/INS（C）的荧光光谱

6.3.3 实验条件的优化

本研究对可能影响实验结果的适配体、R-CDs@apt 和 GO 的浓度、反应体系 pH 值、孵育时间、荧光猝灭阶段时间（时间 a）和恢复阶段时间（时间 b）进行了优化。

（1）适配体浓度优化

如图 6-6（a）所示，偶联阶段，F/F_0-1 的值随着适配体浓度的增加而增大，直到适配体浓度达到 13μg/mL；之后再加入适配体导致过量的适配体序列相互缠绕，氢键被隐藏起来，从而降低了其与 GO 的结合效率[38-41]，F/F_0-1 的值下降。因此，选择 13μg/mL 作为偶联体系所需适配体的最佳浓度。

（2）孵育时间优化

图 6-6（b）显示，F/F_0-1 的值随孵育时间的延长逐渐增大，直到孵育时间达到 24h，之后再继续延长孵育时间会导致 R-CDs 与适配体之间的反应过饱和，反应效率降低，因此将 24h 作为该实验的最佳孵育时间。

（3）R-CDs@apt 浓度优化

偶联实验采用 R-CDs 过量的策略，在偶联反应结束后除去没有被适配体修饰的 R-CDs。因此，在检测阶段，用发生偶联反应适配体的浓度表示 R-CDs@apt 的浓度。从图 6-6（c）可以看出，F/F_0-1 的值随着 R-CDs@apt 浓度的增加而逐渐增大，直到浓度达到 7μg/mL；之后再继续向检测体系加入 R-CDs@apt，过量的 R-CDs@apt 发生自吸，导致背景干扰增加，F/F_0-1 的值下降[41]。因此，选择 7μg/mL 作为 R-CDs@Apt 的最佳浓度。

（4）GO 的浓度、反应 pH 优化

图 6-6（d）显示，F/F_0-1 的值随 GO 浓度的增加而增大，浓度为 60μg/mL 时出现峰值，表明该浓度时检测效果最佳。在 pH = 7.4 时，F/F_0-1 的值达到最大，这是因为在此 pH 值下适配体的活性最佳［图 6-6（e）］。后续反应选择 60μg/mL 作为 GO 的最佳浓度，7.4 作为最佳 pH。

（5）反应时间优化

从图 6-6（f）可以看出，当荧光猝灭阶段时间 a 达到 15min，荧光恢复阶段时间 b 达到 30min 时，F/F_0-1 的值达到峰值，检测效果最佳。因此，本研究分别选择 15min 和 30min 作为荧光猝灭阶段和荧光恢复阶段的最佳时间。

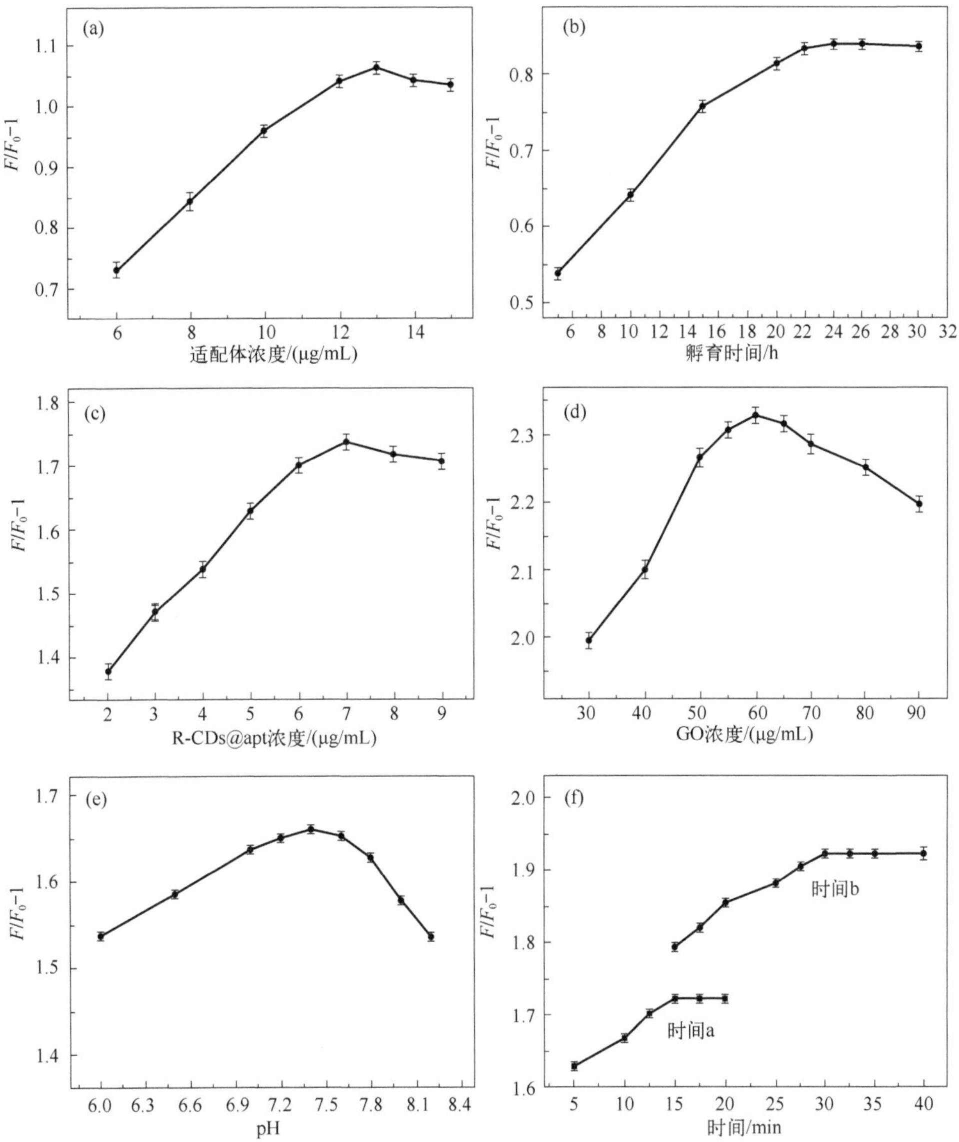

图 6-6 实验条件优化图像

（a）适配体浓度优化；（b）孵育时间优化；（c）R-CDs@apt 浓度优化；（d）GO 浓度优化；（e）pH 优化；（f）荧光猝灭阶段时间（时间 a）和荧光恢复阶段（时间 b）时间优化

6.4 生物传感器的检测性能分析

6.4.1 生物传感器灵敏性分析

在最佳实验条件下，研究了该体系定量检测胰岛素的灵敏度。从图 6-7（a）可以看出，随着胰岛素浓度（1.3、3、5、10、30、50、70、100、120、140 和 150nmol/L）的增加，R-CDs@apt/GO/INS 体系的荧光强度呈现上升趋势。在 1.3～10nmol/L 浓度范围内，存在明显的线性关系，线性方程式为 $F/F_0-1=0.0532$ [INS]+0.0109（$R^2=0.991$）。然而，随着胰岛素（INS）浓度的继续增加，竞争加剧，其与适配体的结合速率下降，在 10～150nmol/L 的浓度范围内出现了另一条线性拟合曲线：$F/F_0-1=0.0141$ [INS]+0.4799（$R^2=0.996$）［图 6-7（b）］。根据公式 LOD = $3\sigma/s$

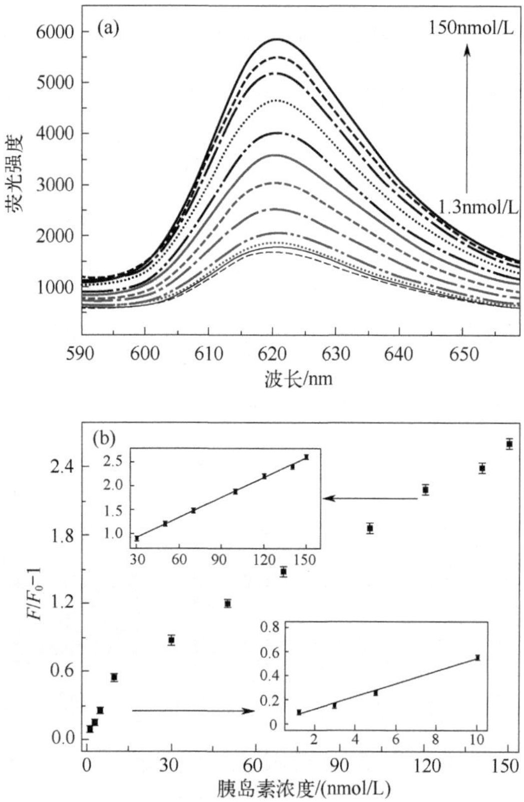

图 6-7　适配体传感器灵敏性分析图像

（a）适配体传感器对不同浓度胰岛素响应的荧光发射光谱；（b）适配体传感器对不同浓度的胰岛素响应的线性关系

计算得出该传感器的检出限为 1.1nmol/L，其中 σ 表示检测体系中不加入胰岛素时 11 次平行测量的标准偏差，s 表示校准曲线的斜率。

6.4.2 生物传感器选择性和抗干扰性分析

（1）选择性分析

向检测体系分别添加 5nmol/L 的胰岛素以及生物体液中可能存在的 10 倍浓度的葡萄糖（Glu）、肾上腺素（Adr）、前列腺特异性抗原（PSA）、尿酸（UA）和免疫球蛋白 G(IgG)观察检测体系荧光强度变化。如图 6-8（a）所示，添加这些生物体液中可能存在的物质后反应体系的荧光强度与仅含磷酸盐缓冲溶液（PBS）体系的荧光强度基本相同，表明这些潜在的干扰物质对检测体系的选择性没有显著影响。

（2）抗干扰性分析

在此基础上，研究了生物体液中可能存在的其他干扰性离子（Fe^{3+}、Ca^{2+}、Mg^{2+}、K^{+}、CO_3^{2-}和 SO_4^{2-}）对该传感器检测性能的研究。如图 6-8（b）所示，添加 5nmol/L INS 和 100nmol/L 的干扰离子后，检测体系的荧光强度只出现轻微变化（≤5%）。这些结果表明，本研究开发实现胰岛素检测的传感器具有良好的选择性和抗干扰能力。

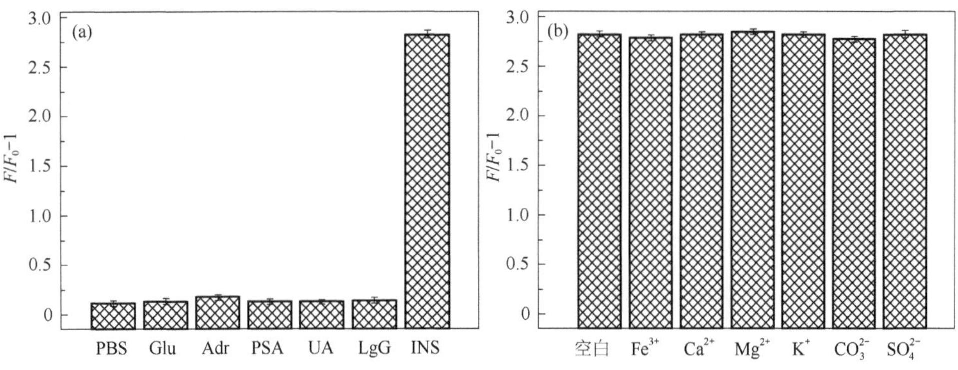

图 6-8 适配体传感器选择性和抗干扰性检测图像

（a）选择性检测；（b）抗干扰性检测

6.4.3 生物传感器的实用性分析

（1）实际样品准备

为了测试该传感器的实用性，将胎牛血清用 PBS 缓冲液（pH 7.4）稀释 10

倍作为反应溶液。再加入不同浓度的胰岛素记录荧光强度变化，与标准曲线进行对比，计算回收率。

(2) 实际样品中胰岛素的检测

如表 6-1 所示，将三种不同浓度的胰岛素（3nmol/L、50nmol/L、120nmol/L）添加到稀释的胎牛血清中。记录荧光强度并计算得出加标回收率分别为 97.6%、101.3%和 98.7%，表明该传感器具有良好的实用性。

表 6-1 胎牛血清样品中 INS 的加标回收率检测

样品编号	添加浓度/(nmol/L)	检测浓度/(nmol/L)	加标回收率/%	相对标准偏差/%
1	3	2.93	97.6	3.2
2	50	50.65	101.3	2.3
3	120	118.44	98.7	2.1

6.4.4 生物传感器的优异性分析

本研究开发的检测策略与近年来报道的基于适配体的胰岛素检测方法相比具有显著优势。如表 6-2 所示，本方法不仅具有更低的检测限和更宽的线性范围，而且在抗干扰性和稳定性方面表现优异。特别需要指出的是，虽然电化学传感器[42,44]在灵敏度方面表现突出，但其很容易受到生物体液中葡萄糖、尿酸和抗坏血酸等干扰分子缓慢氧化的影响，稳定性较差[9]。此外，免疫测定方法由于酶与其他蛋白质及 C 肽可能发生的交叉反应，在实际现场检测中的应用效果受到限制[47]。相比之下，本研究提出的策略有效克服了这些技术瓶颈，展现在更好的检测性能和实用价值。

表 6-2 近年来发表的以适配体为识别元件实现胰岛素检测的生物传感器性能对比

检测方法	检测体系	线性范围/(nmol/L)	检出限/(nmol/L)	实际样品	精确度(加标回收率)/%	参考文献
荧光	FAM/TAMRA	2～70	2	—	—	[5]
化学发光	Au-NPs	7.5×10^{-3}～5.0	1.6×10^{-3}	—	—	[17]
荧光	CdSe/ZnS QDs@GO	4.3～206.4	2.74	胰岛素注射样品	92.1～95.3	[18]
电化学	Apt/cDNA-MSTF	10～350	3.0	纯化血清	96.28～108.05	[42]

续表

检测方法	检测体系	线性范围/(nmol/L)	检出限/(nmol/L)	实际样品	精确度(加标回收率)/%	参考文献
荧光	三螺旋分子开关	0～100	9.97	大鼠血清和人尿液	—	[43]
电化学	GC/CQD-Chit/GLA/apt	0.5～10	0.11	人体血清	96.8～105.6	[44]
比色	GO/DNA	0～600	10	—	—	[45]
聚集诱导发光	BDVAI/AuNCs	0～50	23.6×10^{-3}	—	—	[46]
免疫测定	ICP-MS	0.2～40	2.0	人体血清	91～98	[47]
荧光	R-CDs@apt/GO	1.3～150	1.1	胎牛血清	97.6～101.3	本研究

注：符号“—”表示文章中没有明确说明结果。

此外，本方法使用的两种纳米材料（R-CDs@apt 和 GO）的细胞毒性低于 CdSe/ZnS QDs[18]。合成方法比 BDVAI 更简单[46]，并且本研究使用的荧光探针的发射光谱范围在近红外区域内，相比其他荧光检测方法[5,17,43]，具有更好的抗干扰能力。

6.5 小结

综上所述，本研究制备了一种近红外荧光适配体传感器，无须复杂的预处理，就可实现生物体液中胰岛素的检测。实验结果表明，该适配体传感器在胰岛素检测方面具有良好的灵敏度、抗干扰性、选择性，并且操作简单、高效。尽管该检测体系的检测限并不是所有检测方法中最低的，但实验中选择了近红外碳纳米材料作为荧光探针，能够很好地避免生物体自发荧光和散射光的干扰，并且该纳米材料具有较强的生物组织穿透能力，对组织损伤较小。该检测策略的开发有望为实现生物组织中胰岛素的高效检测提供基础，同时也有望拓展红色发光碳点（R-CDs）结合适配体实现生物检测的应用范围。

参考文献

[1] Alberti K G M M, Zimmet P Z. Definition, diagnosis and classification of diabetes mellitus and its complications. Part 1: diagnosis and classification of diabetes mellitus. Provisional report of a WHO consultation[J]. Diabet Med, 1998, 15(7): 539-553.

[2] Patterson C, Guariguata L, Dahlquist G, et al. Diabetes in the young-a global view and worldwide estimates of numbers of children with type 1 diabetes[J]. Diabetes Res Clin Pract, 2014, 103(2): 161-175.

[3] Noorbakhsh A, Alnajar A I K. Antifouling properties of reduced graphene oxide nanosheets for highly sensitive determination of insulin[J]. Microchem J, 2016, 129: 310-317.

[4] Belle T, Coppieters K T, Herrath M. Type 1 diabetes: etiology, immunology, and therapeutic strategies[J]. Physiol Rev, 2011, 91(1): 79-118.

[5] A., Verdian-Doghaei, M. R, et al. Spectroscopic study of the interaction of insulin and its aptamer-sensitive optical detection of insulin[J]. J Lumines, 2015,159:1-8.

[6] Pu Y, Zhu Z, Han D, et al. Insulin-binding aptamer-conjugated graphene oxide for insulin detection[J]. Analyst, 2011, 136(20): 4138-4140.

[7] Xiong Y, Deng C, Zhang X, et al. Designed synthesis of aptamer-immobilized magnetic mesoporous silica/Au nanocomposites for highly selective enrichment and detection of insulin[J]. ACS Appl Mater Interfaces, 2015, 7(16): 8451-8456.

[8] Cho H, Kumar S, Yang D, et al. Surface-enhanced Raman spectroscopy-based label-free insulin detection at physiological concentrations for analysis of islet performance[J]. ACS Sens, 2018, 3(1): 65-71.

[9] Soffe R, Nock V, Chase J G. Towards point-of-care insulin detection[J]. ACS Sens, 2018, 4(1): 3-19.

[10] Ge K, Peng Y, Lu Z, et al. Aptamer-gold nanoparticle doped covalent organic framework followed by matrix-assisted laser desorption/ionization time-of-flight mass spectrometry for selective enrichment and detection of human insulin[J]. J Chromatogr A, 2020, 1615: 460741.

[11] Bisker G, Bakh N A, Lee M A, et al. Insulin detection using a corona phase molecular recognition site on single-walled carbon nanotubes[J]. ACS Sens, 2018, 3(2): 367-377.

[12] Zhong Z, Gao R, Chen Q, et al. Dual-aptamers labeled polydopamine-polyethyleneimine copolymer dots assisted engineering a fluorescence biosensor for sensitive detection of Pseudomonas aeruginosa in food samples[J]. Spectrochim Acta A, 2020, 224: 117417.

[13] Shahdost-fard F, Roushani M. An impedimetric aptasensor based on water soluble cadmium telluride (CdTe) quantum dots (QDs) for detection of ibuprofen[J]. J ElectroAnal Chem, 2016, 763: 18-24.

[14] Bock L C, Griffin L C, Latham J A, et al. Selection of single-stranded DNA molecules that bind and inhibit human thrombin[J]. Nature, 1992, 355(6360): 564-566.

[15] Zheng H, Sheng R, Li H, et al. Rapid and selective detection of Bacillus cereus in food using cDNA-based up-conversion fluorescence spectrum copy and aptamer modified magnetic separation[J]. Spectrochim Acta A, 2022, 267: 120618.

[16] Urak K T, Blanco G N, Shubham S, et al. RNA inhibitors of nuclear proteins responsible for multiple organ dysfunction syndrome[J]. Nat Commun, 2019, 10 (1):116.

[17] Yoshida W, Mochizuki E, Takase M, et al. Selection of DNA aptamers against insulin and construction of an aptameric enzyme subunit for insulin sensing[J]. BioSens Bioelectron., 2009, 24(5): 1116-1120.

[18] Yang J, Zhang Z, Yan G. An aptamer-mediated CdSe/ZnS QDs@graphene oxid composite fluorescent probe for specific detection of insulin[J]. Sens Actuators B, 2018, 255: 2339-2346.

[19] Liu C, Han J, Zhang J, et al. Novel detection platform for insulin based on dual-cycle signal amplification by exonuclease Ⅲ [J]. Talanta, 2019, 199: 596-602.

[20] Wang Y, Gao D, Zhang P, et al. A near infrared fluorescence resonance energy transfer based aptamer biosensor for insulin detection in human plasma[J]. Chem Commun, 2013, 50(7): 811-813.

[21] Liu X, Yan C H, Capobianco J A. Photon upconversion nanomaterials[J]. Chem Soc Rev, 2015, 44(6): 1299-1301.

[22] Tang C, Long R, Tong X, et al. Dual-emission biomass carbon dots for near-infrared ratiometric fluorescence determination and imaging of ascorbic acid[J]. Microchem J, 2021, 164: 106000.

[23] Roushani M, Kohzadi S, Haghjoo S, et al. Dual detection of Malation and Hg (Ⅱ) by fluorescence switching of graphene quantum dots[J]. Environ Nanotechnol Monit Manag, 2018, 10: 308-313.

[24] Lv A, Chen Q, Zhao C, et al. Long-wavelength (red to near-infrared) emissive carbon dots: Key factors for synthesis, fluorescence mechanism, and applications in biosensing and cancer theranostics[J]. Chinese Chem Lett, 2021, 12: 3653-3664.

[25] Moaddab A, Ghasemi S. Green synthesis of silver/carbon dot nanoparticles from Malva Sylvestris for fluorescence determination of tetracycline[J]. Microchem J, 2021, 166: 106222.

[26] Tang L, Wang Y, Li J The graphene/nucleic acid nanobiointerface[J]. Chem Soc Rev, 2015, 44(19): 6954-6980.

[27] Sun X, Fan J, Zhang Y, et al. A graphene oxide-based FRET sensor for rapid and specific detection of unfolded collagen fragments[J]. Biosens Bioelectron, 2016, 79: 15-21.

[28] Gao W, Song H, Wang X, et al. Carbon dots with red emission for sensing of Pt^{2+}, Au^{3+}, and $Pd^{2+}$and their bioapplications in vitro and in vivo[J]. ACS Appl Mater Interfaces, 2018, 10(1): 1147-1154.

[29] Dhandapani E, Duraisamy N, Mohan Raj R. Green synthesis of carbon quantum dots from food waste[J]. Mater Today Proceed, 2022, 51: 1696-1700.

[30]Cao L, Wang X, Meziani M J, et al. Carbon dots for multiphoton bioimaging[J]. J Am Chem Soc, 2007, 129(37): 11318-11319.

[31] Lu S, Sui L, Liu J, et al. Near-infrared photoluminescent polymer-carbon nanodots with two-photon fluorescence[J]. Adv Mater, 2017, 29(15): 1603443.

[32] Pramod M, Sabale, Thomas J, et al. A base-modified PNA-graphene oxide platform as a turn-on fluorescence sensor for the detection of human telomeric repeats[J]. Nanoscale, 2014, 6(18): 10460-10469.

[33] Shahdost fard F, Roushani M. Cu-In-S/ZnS quantum dots/silver nanoparticles nanocomposites-modified electrode as an electrochemical label-free aptasensor for the detection of β-casomorphin 7 in early distinguish of autism[J]. Microchem J, 2020, 159: 105514.

[34] Shu Y, Zheng N, Zheng A Q, et al. Intracellular zinc quantification by fluorescence imaging with a FRET system[J]. Anal Chem, 2019, 91(6): 4157-4163.

[35] He Y, Fan Z. A novel biosensor based on DNA hybridization for ultrasensitive detection of NOS terminator gene sequences[J]. Sens Actuators B, 2018, 257: 538-544.

[36] Alibolandi M, Hadizadeh F, Vajhedin F, et al. Design and fabrication of an aptasensor for chloramphenicol based on energy transfer of CdTe quantum dots to graphene oxide sheet[J].

Mater Sci Eng C, 2015, 48: 611-619.

[37] Yu Z, Schonhoft J D, Dhakal S, et al. ILPR G-quadruplexes formed in seconds demonstrate high mechanical stabilities[J]. J Am Chem Soc, 2009, 131(8): 1876-1882.

[38] Zhang J R, Huang W T, Xie W Y, et al. Highly sensitive, selective, and rapid fluorescence Hg^{2+} sensor based on DNA duplexes of poly(dT) and graphene oxide[J]. Analyst, 2012, 137(14): 3300-3305.

[39] Zhou J, Wang D, Yang H, et al. Specific detection of acetamiprid with aptamer based on flexible and adhesive SERS membrane[J]. Spectrochim Acta A, 2022, 270: 120801.

[40] Mr A, Zr A, Sjh B, et al. Impedimetric ultrasensitive detection of chloramphenicol based on aptamer MIP using a glassy carbon electrode modified by 3-ampy-RGO and silver nanoparticle[J]. Colloids Surf. B: Biointerfaces, 183: 110451-110451.

[41] Wang Y, Gan N, Zhou Y, et al. Novel single-stranded DNA binding protein-assisted fluorescence aptamer switch based on FRET for homogeneous detection of antibiotics[J]. Biosens Bioelectron, 2017(87): 508-513.

[42] Asadpour F, Mazloum-Ardakani M, Hoseynidokht F, et al. In situ monitoring of gating approach on mesoporous silica nanoparticles thin-film generated by the EASA method for electrochemical detection of insulin[J]. BioSens Bioelectron., 2021, 180: 113124.

[43] Taghdisi S M, Danesh N M, Lavaee P, et al. Aptamer Biosensor for Selective and Rapid Determination of Insulin[J]. Anal Lett, 2015, 48(4): 672-681.

[44] Abazar F, Noorbakhsh A. Chitosan-carbon quantum dots as a new platform for highly sensitive insulin impedimetric aptasensor[J]. Sens Actuators B, 2020, 304: 127281.

[45] Liu M, Zhao H, Chen S, et al. Interface engineering catalytic graphene for smart colorimetric biosensing[J]. ACS Nano, 2012, 6(4): 3142-3151.

[46] Jia Y, Guo S, Han Q, et al. Target-triggered and controlled release plasmon-enhanced fluorescent AIE probe for conformational monitoring of insulin fibrillation[J]. J Mat Chem B, 2021, 9:5128-5135.

[47] Liu J M, Yan X P. Ultrasensitive, selective and simultaneous detection of cytochrome c and insulin based on immunoassay and aptamer-based bioassay in combination with Au/Ag nanoparticle tagging and ICP-MS detection[J]. J Anal At Spectrom, 2011, 26(6): 1191-1197.

CHAPTER 7

第7章 一种基于红色发光碳点的适配体传感器用于钾离子检测及植物成像的应用

7.1 概述

钾离子（K^+）是生物体必需的营养物质，在维持动植物正常生理功能方面起着重要作用[1]。例如，它可以维持动物细胞的渗透压，控制激素释放、细胞凋亡、血压、酸碱平衡以及细胞内其他离子的浓度[2,3]。适当补充 K^+可以保护植物细胞膜结构，提高作物光合作用效率，调节过氧化物酶（POD）、超氧化物歧化酶（SOD）和过氧化氢酶（CAT）等抗氧化酶的活性，并增强抗氧化系统的防御能力[4,5]。而过量的 K^+会阻碍植物对钙（Ca^{2+}）和镁（Mg^{2+}）等必需阳离子的吸收，导致植物产量下降，并有可能通过食物链影响动物和人体内的 K^+平衡，破坏肾脏、心脏、神经系统和心血管系统等重要器官的正常功能，甚至导致死亡[5, 6]。开发一种高效且灵敏的 K^+生物体外和体内检测方法并实现 K^+植物成像，对更好地理解与 K^+相关的生理和病理机制，促进对机体中 K^+相关疾病的监测都极为重要[6, 7]。

2012 年，Ma 等人[8]利用体外指数富集的配体系统进化技术（SELEX）筛选出了一种 K^+特异性适配体序列（K-apt）：5′-GGT TGG TGT GGT TGG-3′。并通过实验证明，该适配体与 K^+结合后可以形成稳定的四聚体结构，从而避免其他离子的干扰。随后，研究人员开发出了以该适配体为识别元件的电化学[9]检测法、离子色谱法[10]、光化学[11]等多种方法以实现钾离子的检测。其中，基于荧光的适配体传感器检测方法由于具有灵敏性优异、检测效率高、使用方便、操作简单及生物相容性良好等优点而备受青睐[11, 12]。

据报道，目前利用适配体作为识别元件实现 K^+检测的荧光方法主要采用有机荧光团[12]、荧光素（FAM）[13]和量子点[14]等作为荧光探针。这些探针的光谱范围主要在紫外/可见光区域，容易受到植物叶绿素背景荧光和散射光的干扰。此外，有机荧光探针的毒性效应限制了其在生物体内检测和成像方面的应用。研究发现，红色发光碳点（R-CDs）具有良好的生物相容性、优异的光稳定性、无光闪烁以及极小的光漂白性，能够有效地避免来自机体内源性化学物质的噪声干扰[14]。因此，科研人员常将其与相关的荧光猝灭剂结合，制备成荧光共振能量转移（FRET）传感器，以实现高效的生物化学检测。

氧化石墨烯（GO）具有较大的比表面积，含有丰富的羧基[15]，易于进行修饰，常被作为荧光传感器的猝灭剂应用于生物化学检测领域[16, 17]。然而，以往大多数研究均是利用 GO 与单链 DNA /适配体之间的 π-π 堆积相互作用来实现荧光共振能量转移（FRET）并进行检测。但这种方法在选择性和疏水相互作用方面存在缺陷，难以推广使用。据报道，通过将适配体和 GO 偶联作为 FRET 受体，可以提高检测的灵敏度[18, 19]。

鉴于 K^+检测的迫切需要以及核酸适配体、R-CDs、GO 和 FRET 策略的优势，本研究将钾离子适配体（K-apt）偶联到 R-CDs 表面，制备出（R-CDs@K-apt）作为荧光供体；GO 表面修饰适配体的互补序列（C-apt），制备出（C-apt@GO）作为荧光受体，构建一种针对 K^+的特异性适配体传感器（CNs@K-apt/C-apt@GO）。凭借 C-apt 与 K-apt 之间存在的氢键拉近 C-apt@GO 与 R-CDs@K-apt 之间的距离，FRET 作用发生，R-CDs@K-apt/C-apt@GO 体系荧光减弱；向检测体系加入 K^+时，K-apt 与 K^+结合后折叠成 G-四链体结构，导致 K-apt 失去了与 C-apt 的结合位点，FRET 逐渐消失，荧光恢复，且荧光恢复的程度与 K^+加入量成正比，从而实现 R-CDs@K-apt/K^+/C-apt@GO 体系对 K^+的检测。

7.2 纳米材料的合成及特征分析

7.2.1 R-CDs 和 R-CDs@K-apt 的合成

（1）R-CDs 的合成

本研究中使用红色发光碳点（R-CDs）通过一步水热法制备而成[20]。具体如下：将摩尔比为 1000:1 的柠檬酸（1.5g）和中性红（2.1g）加入超纯水（5mL）

中，搅拌均匀，制备好的混合物转移至一个 25mL 的不锈钢高压反应釜中，180℃下反应 4h，制得紫色的 R-CDs 溶液。将该溶液在 10000r/min 的转速下离心 10min，除去黑色固体沉淀物，用孔径为 0.22μm 的微孔膜对上清液进行过滤，冷冻干燥制得 R-CDs 粉末。

（2）R-CDs@K-apt 的合成

用 1-乙基-3-(3-二甲氨基丙基)碳二亚胺和 *N*-羟基琥珀酰亚胺酯作为偶联剂，以催化 R-CDs 表面的羧基（—COOH）与 K-apt 5′端的氨基（$—NH_2$）之间发生反应，形成酰胺键。具体操作如下：以柠檬酸钠缓冲液（pH 7.8）为溶剂，配制 R-CDs 溶液（1mL，1mg/mL）、1-乙基-3-（3-二甲氨基丙基）碳二亚胺溶液（1mL，20mmol/L）和 *N*-羟基琥珀酰亚胺酯溶液（1mL, 200mmol/L），混合后反应 3h。加入 K-apt（43.5μg），室温下搅拌反应 24h。使用超滤管（3kD）将得到的溶液以 8000r/min 的转速离心三次，每次 20min。用柠檬酸钠缓冲液进行洗脱，洗脱液为 R-CDs@K-apt。

7.2.2 R-CDs 和 R-CDs@K-apt 的特征分析

用透射电子显微镜（TEM）对红色发光碳点（R-CDs）的形貌进行分析。如图 7-1（a）内部插图所示，R-CDs 分布均匀，粒径大约为 3.5nm。图 7-1（b）光谱分析表明，R-CDs 的最大激发峰位于 530nm 处（曲线 a），发射光谱（曲线 b）范围为 610～640nm，表明我们已经成功地制备出了 R-CDs。

从图 7-2（a）R-CDs 的傅里叶变换红外光谱图可以看出制备的 R-CDs 在 $1396cm^{-1}$ 处出现 C—N 键，证明 R-CDs 的制备过程中已成功地将中性红中的氮掺杂到柠檬酸的碳结构中[19]。此外，在 $3438cm^{-1}$、$1727cm^{-1}$、$1551cm^{-1}$ 和 $1217cm^{-1}$ 处分别出现了 O—H、C═O、C═C 和 C—O—C 的伸缩振动峰。表明所制备的 R-CDs 表面含有大量羧基（—COOH），水溶性良好，并且可以作为与 K-apt 的 $—NH_2$ 偶联的结合位点[21, 22]。

图 7-2（a）显示与 R-CDs 相比，R-CDs@K-apt 在 $1405cm^{-1}$ 和 $1092cm^{-1}$ 处出现 C═N 的伸缩振动峰，在 $2976cm^{-1}$ 处出现—NH 的伸缩振动峰，在 $1648cm^{-1}$ 处出现—N—C═O 的伸缩振动峰，在 $1568cm^{-1}$ 处出现 N—C—H 的伸缩振动峰[23]。此外紫外吸收光谱图［图 7-2（b）］显示，与 R-CDs 的紫外图谱相比，R-CDs@K-apt

在 260nm 处出现了适配体的吸收峰。表明，K-apt 与 R-CDs 之间发生了偶联，成功制备了 R-CDs@K-apt 复合物。

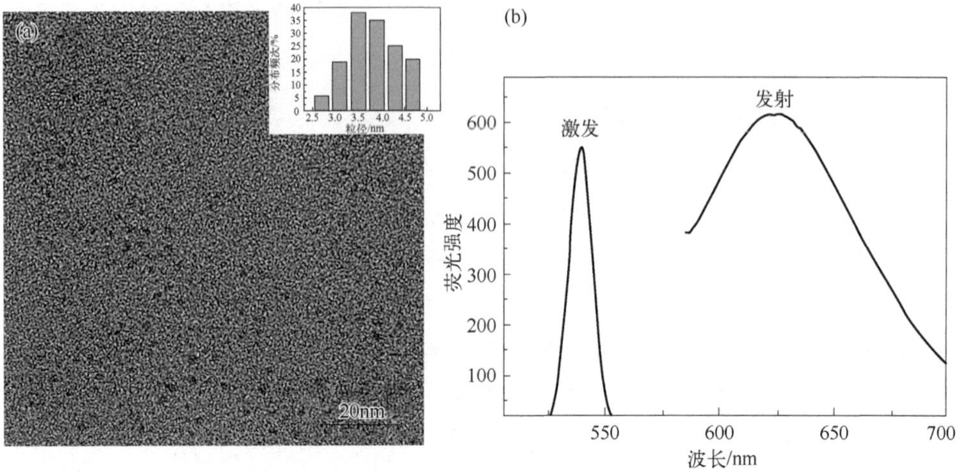

图 7-1　R-CDs 的表征

（a）TEM 图像（插图：R-CDs 的粒径分布）；（b）R-CDs 的荧光激发光谱和发射光谱

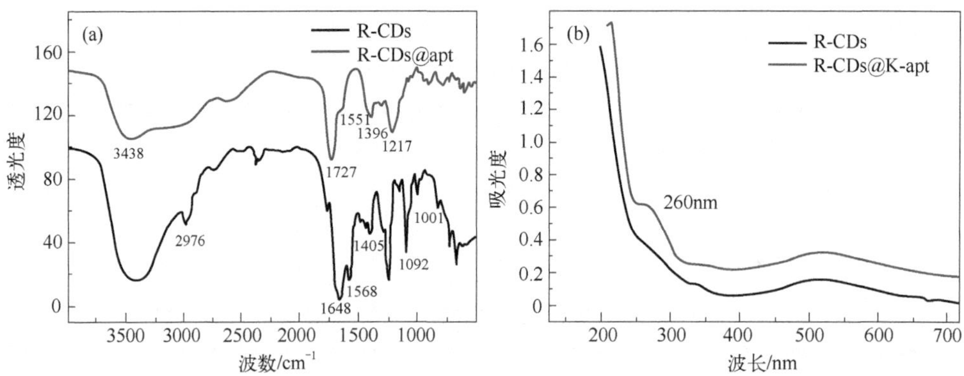

图 7-2　R-CDs 和 R-CDs@K-apt 的特征分析

（a）傅里叶变换红外光谱；（b）紫外-可见吸收光谱

7.2.3　C-apt@GO 的制备

适配体（C-apt）与氧化石墨烯（GO）的偶联采用了 C-apt 过量的技术[20, 21]。冰浴条件下，将配制的 1-乙基-3-(3-二甲氨基丙基）碳二亚胺溶液（1mL, 15mmol/L）和 *N*-羟基琥珀酰亚胺酯溶液（1mL，30mmol/L）倒入 GO 分散液（0.5mg/mL）中反应 4h，以确保 GO 表面的羧基（—COOH）完全被活化。加入 49.5μg（1.5OD）$—NH_2$

修饰的 C-Apt，用柠檬酸钠缓冲液（SSC）将所得溶液的 pH 值调节至 7.8，室温下反应过夜。将混合物进行离心处理，洗涤三次，除去过量的 C-apt，收集沉淀物获得 C-apt 偶联的氧化石墨烯（C-apt@GO）。后续实验用 GO 的浓度表示 C-apt@GO 的浓度。

7.2.4 C-apt@GO 的特征分析

从图 7-3 可看出，GO 在 3413cm^{-1} 处显示出 O—H 的伸缩振动峰，在 1398cm^{-1} 和 1052cm^{-1} 处显示出 C═O 的伸缩振动峰，在 1620cm^{-1} 和 1225cm^{-1} 处显示出 C—OH 的伸缩振动峰。GO 的傅里叶变换红外光谱（FT-IR）与早期研究一致，表明我们已经成功制备出了富含—COOH 的 GO[21]。偶联阶段，GO 与互补适配体（C-apt）反应后，复合物在 2989cm^{-1}、1648cm^{-1}、1574cm^{-1} 和 1478cm^{-1} 处分别出现与—NH、—N—C═O、N—C—H 和 C═N 键相关的特征峰[23]。表明 GO 表面的—COOH 与互补适配体的—NH_2已经成功偶联，形成了互补适配体-氧化石墨烯（C-apt@GO）复合猝灭剂。

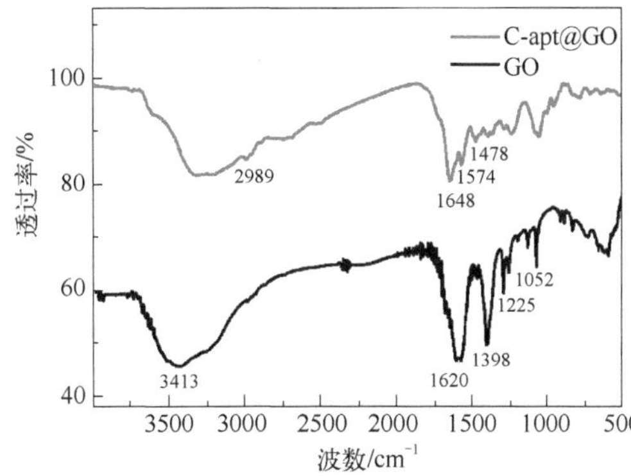

图 7-3 GO 和 C-apt@GO 的傅里叶变换红外光谱

7.3 纳米荧光传感器的构建及机理分析

7.3.1 纳米荧光传感器的构建

K^+的检测反应包含两个阶段：由荧光共振能量转移（FRET）反应导致的荧光猝灭阶段和荧光共振能量转移作用消除引起的荧光恢复阶段。两阶段的反应均在 10mL 的比色管中进行。首先，将红色发光碳点偶联钾离子适配体（R-CDs@K-apt，

14.5μg/mL，1mL）和 30μL 浓度为 0.5mg/mL 的互补适配体偶联氧化石墨烯（C-apt@GO）溶液加入比色管中，用 SSC 将反应液体积调整至 5mL。混合物置于 37℃水浴锅中，恒温反应 20min，室温下充分冷却测量并记录荧光强度。随后，将不同浓度的 K^+加入 R-CDs@K-Apt/C-Apt@GO 体系，室温下反应 15min。使用 530nm 波长的激发光源，通过分光光度计记录 625nm 处荧光发射强度。发射和激发光谱的狭缝宽度均为 10。为了减少背景干扰的影响，采用相对荧光信号（F/F_0-1）表示输出值，其中 F_0 和 F 分别表示检测体系加入 K^+前后检测体系的荧光强度。

7.3.2 纳米荧光传感器的检测机理分析

将 C-apt@GO 加入 R-CDs@K-apt 溶液中，钾离子适配体（K-apt）与互补适配体（C-apt）结合形成双链 DNA，拉近了 R-CDs@K-apt 与 C-apt@GO 之间的距离［图 7-4（a）］。此外，R-CDs@K-apt 的发射光谱与 C-apt@GO 的吸收光谱有广

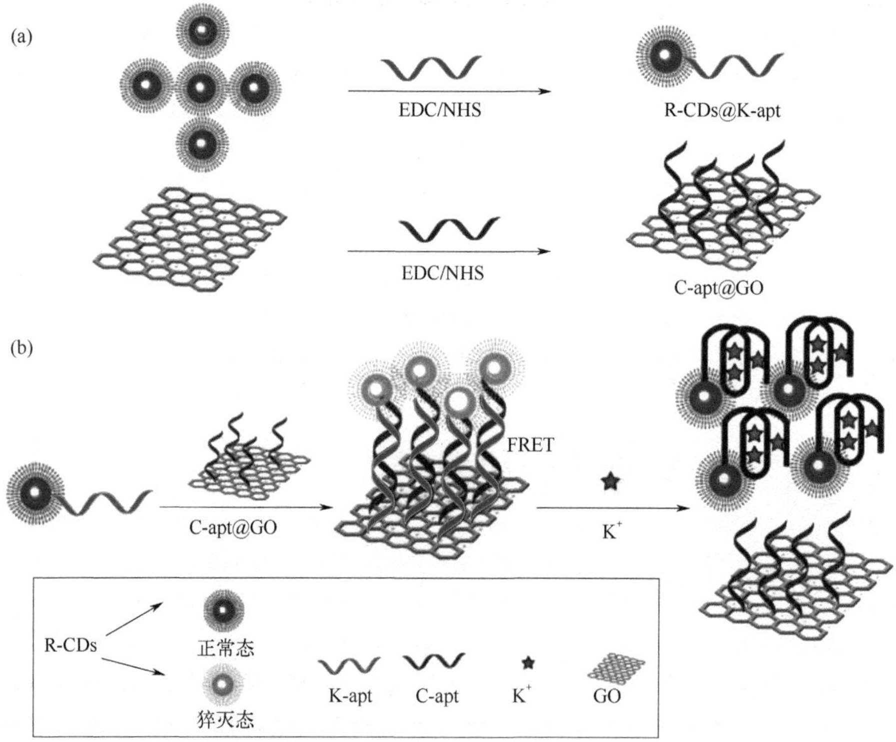

图 7-4 荧光传感器实现 K^+检测的传感机理

泛的重叠范围，导致 FRET 发生[24,25]。对比图 7-5 中的曲线 a 和曲线 b 可以发现，向 R-CDs@K-apt 体系中加入 C-apt@GO（3μg/mL）后，检测体系的荧光强度下降了 71.6%。当向 R-CDs@K-apt/C-apt@GO 体系中加入 K^+时，R-CDs@K-apt 从 C-apt@GO 上脱离，并选择性地与 K^+结合，形成 G-四链体结构[26,27]，导致 FRET 现象消失，同时 R-CDs@K-apt/K^+/C-apt@GO 体系的荧光也逐渐恢复（图 7-5 中曲线 c），并且荧光恢复程度与加入 K^+的浓度呈正相关，以此实现对 K^+的检测。

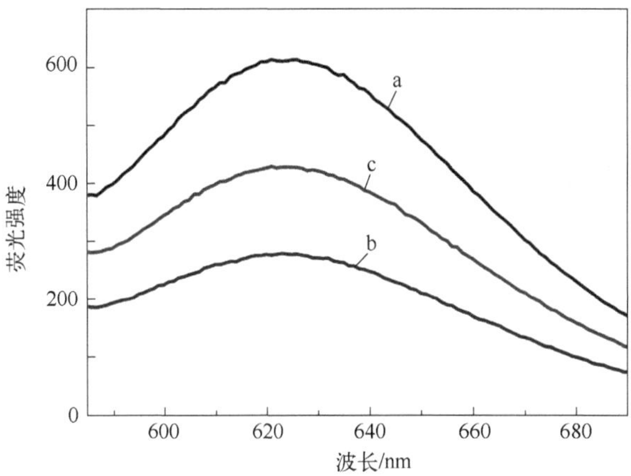

图 7-5 检测体系荧光光谱图像

曲线：a—R-CDs@K-apt；b—R-CDs@K-apt /C-apt@GO；c—R-CDs@K-apt/K^+/C-apt@GO

7.3.3 实验条件的优化

实验中我们考虑了可能会影响所设计的 K^+适配体传感器检测性能的因素，包括偶联阶段 K-apt 和 C-apt 的浓度，以及检测阶段 R-CDs@K-apt 和 C-apt@GO 的浓度。此外，荧光恢复阶段和荧光猝灭阶段的时间（时间 a 和时间 b）也会影响整体的检测结果。因此，在实现 K^+检测之前对这些参数进行了优化。

（1）偶联序列 K-apt 和 C-apt 的浓度优化

为提高 K^+适配体传感器的 FRET 效率，偶联阶段需有适量的 K-apt 和 C-apt 序列参与，避免 K-apt 和 C-apt 过量导致自身相互缠绕影响后续实验。如图 7-6（a）和（b）所示，K-apt 和 C-apt 浓度分别达到为 14.5μg/mL 和 16.5μg/mL 时 F/F_0-1 的值最大，反应效果最佳。

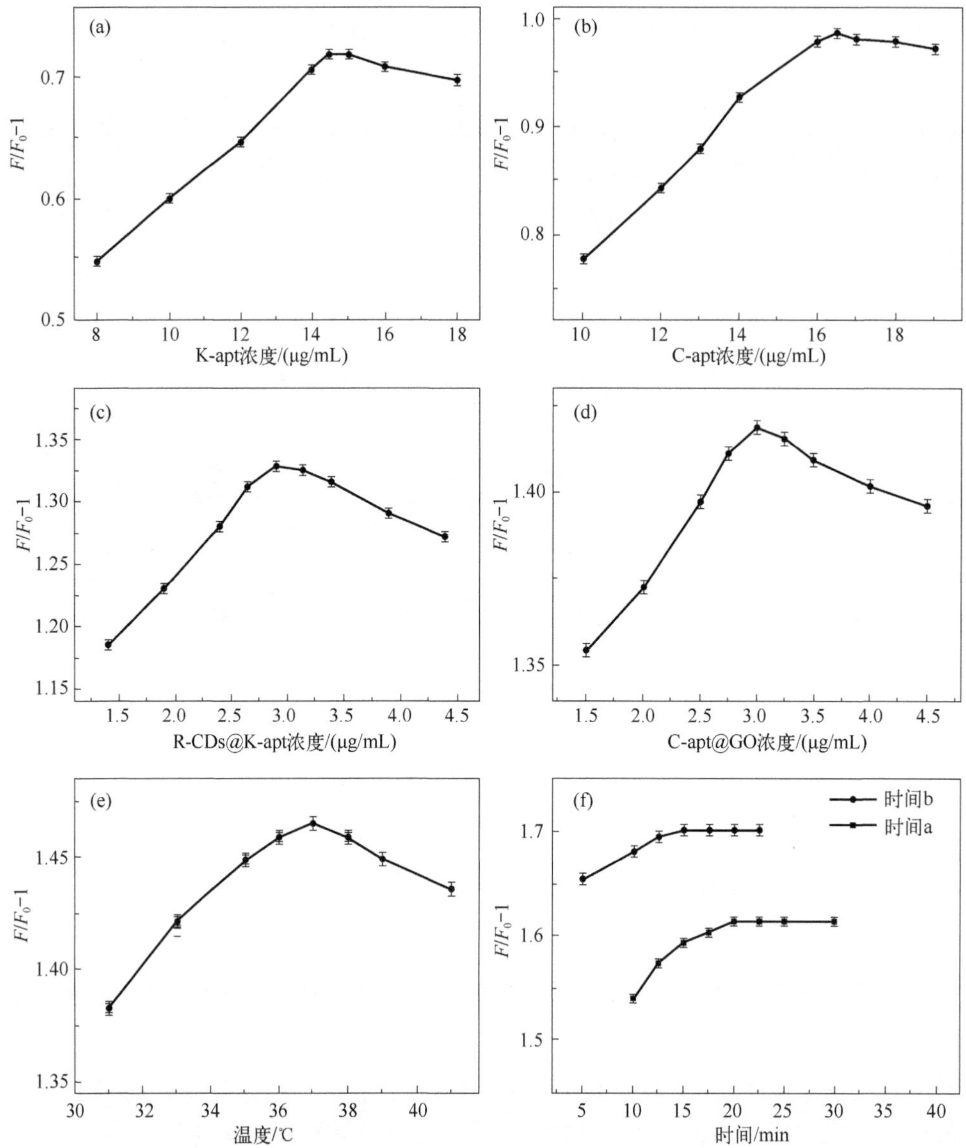

图 7-6 实验条件的优化

（a）K-apt 浓度；（b）C-apt 浓度；（c）R-CDs@K-apt 浓度；（d）C-apt@GO 浓度；（e）R-CDs@K-apt 和 C-apt@GO 的孵育温度；（f）荧光猝灭阶段的时间（时间 a）、荧光恢复阶段的时间（时间 b）

（2）R-CDs@K-apt 的浓度优化

从图 7-6（c）可以看出，随着 R-CDs@K-apt 浓度的增加，F/F_0-1 的值逐渐增大，在浓度为 2.9μg/mL 时达到峰值。随后浓度继续增加会导致 R-CDs@K-Apt 发生自吸收现象，背景干扰增强[28,29]。因此，后续实验选择 2.9μg/mL 作为 R-CDs@K-apt 的最佳浓度。

（3）C-apt@GO 浓度优化

在此基础上，我们对 C-apt@GO 的浓度进行了优化。如图 7-6（d）所示，随着 C-apt@GO 浓度的增加，溶液中的 R-CDs@K-apt 依次与 C-apt@GO 结合，最终在 C-apt@GO 浓度为 3μg/mL 时达到峰值。之后随着 C-apt@GO 浓度的进一步增加，荧光信号不再变化[30]。因此，将 C-apt@GO 的最佳浓度确定为 3μg/mL。

（4）孵育温度优化

如图 7-6（e）所示，随孵育温度的升高，R-CDs@K-apt 与 C-apt@GO 之间结合效率逐渐升高，温度达到 37℃时，K-apt 和 C-apt 具有最高的生物活性和结合速率。因此，确定荧光猝灭阶段的最佳温度为 37℃。

（5）反应时间优化

从图 7-6（f）可以看出，随反应时间的延长，F/F_0-1 的值逐渐升高，荧光猝灭阶段（时间 a）和荧光恢复阶段（时间 b）的时间分别为 20min 和 15min 时 F/F_0-1 的值最大，反应效果最佳，后续实验分别选择 20min 和 15min 作为荧光猝灭阶段和荧光恢复阶段的最佳时间。

7.4 纳米荧光传感器的检测性能分析

7.4.1 纳米荧光传感器灵敏性分析

在最佳实验条件下，对该 K^+ 适配体传感器的灵敏性进行了评估。如图 7-7（a）所示，随着 K^+ 浓度的增加，检测体系在 625nm 处的荧光信号逐渐增强。在 K^+ 浓度为 5.0×10^{-9}～2.2×10^{-7}mol/L 时，呈现出良好的线性关系，线性方程式为：$F/F_0-1 = 0.0054[K^+]+0.0812$，$R^2 = 0.994$［图 7-7（b）］。使用公式 $LOD = 3\sigma/s$ 计算该适配体传感器的检出限为 6.2×10^{-11}mol/L，其中 σ 表示该检测体系不加入 K^+ 时测得的荧光强度的标准偏差，s 表示所得校准曲线的斜率。

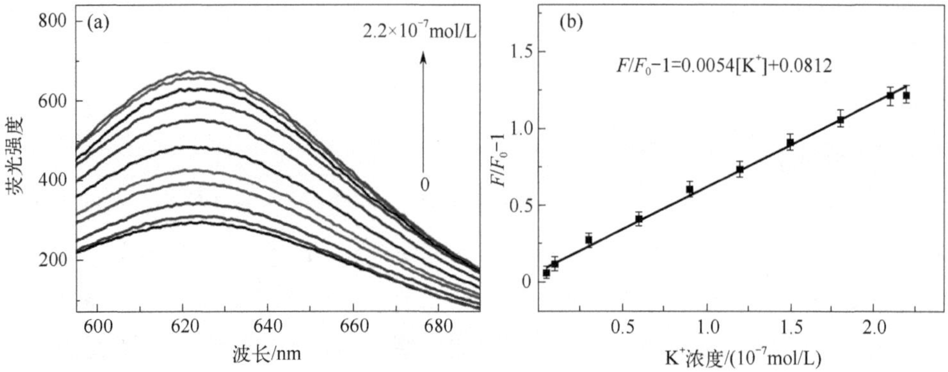

图 7-7　适配体传感器灵敏性检测曲线图

(a) 适配体传感器加入不同浓度 K^+（5.0×10^{-9}、1.0×10^{-8}、3.0×10^{-8}、6.0×10^{-8}、9.0×10^{-8}、1.2×10^{-7}、1.5×10^{-7}、1.8×10^{-7}、2.1×10^{-7}、2.2×10^{-7}mol/L）后的荧光发射光谱；(b) 适配体传感器加入不同浓度 K^+的线性关系曲线

7.4.2　纳米荧光传感器的选择性和抗干扰性检测

将浓度 5.0×10^{-8}mol/L 的 K^+以及生物体液中可能存在的 10 倍浓度的其他离子（Na^+, Ca^{2+}, Li^+, Mg^{2+}, NH_4^+, Cu^{2+}, Fe^{3+}, Zn^{2+}, Hg^{2+}, Ag^+和 Al^{3+}）加入检测体系，相同的实验参数下观察并记录体系荧光强度变化。如图 7-8 所示，与空白组相比，含 K^+体系的荧光显著增强，而加入其他离子后体系的荧光强度仅出现细微变化（＜5%）。表明本实验开发的适配体传感器对 K^+检测具有良好的选择性和抗干扰性。

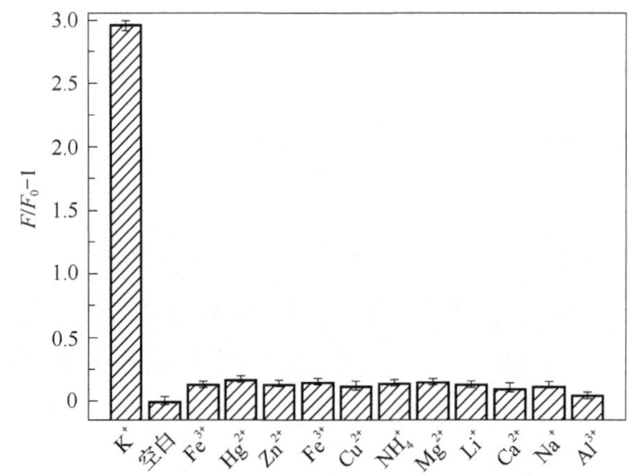

图 7-8　钾离子选择性和抗干扰性检测

7.4.3 纳米荧光传感器的实用性检测

测定血清样品中 K^+的加标回收率，以确定该传感器的实用性。具体如下：血清样品稀释 100 倍，添加不同浓度的 K^+（1.0×10^{-8}、5.0×10^{-8}、1.0×10^{-7}mol/L），记录荧光强度变化，使用标准曲线计算加标回收率，如表 7-1 所示，三组样品的加标回收率为 96.52%～102.56%。采用电感耦合等离子体质谱法（ICP-MS）测定血清样品中 K^+的浓度，回收率为 97.2%～104.3%（表 7-1）。该结果与已经报道的其他 K^+适配体传感器检测结果一致。表明本实验开发的传感器对实际样品中 K^+检测具有良好的实用性。

表 7-1 通过 ICP-MS 方法对血清样本中 K^+进行分析的结果

样品编号	加入浓度/(mol/L)	K^+适配体传感器		ICP-MS	
		检测浓度/(nmol/L)	回收率（平均值±标准方差）/%	检测浓度/(mol/L)	回收率(平均值±标准方差)/%
1	10	9.86	98.6±3.1	10.43	104.3±2.5
2	50	51.28	102.56±2.7	48.61	97.2±4.8
3	100	96.52	96.52±4.3	98.34	98.34±3.7

注：该实验重复 3 次。

7.4.4 纳米荧光传感器植物成像性能分析

考虑到适宜浓度 K^+对植物生长的重要性，通过植物成像的方法进一步研究了该适配体传感器在小麦幼苗中的应用效果。首先，通过标准的 MTT 法研究该适配体传感器对 HeLa 细胞的毒性：将 HeLa 细胞与不同浓度的适配体传感器（0、2.9、14.5、29、58、87μg/mL，以 R-CDs@K-apt 的浓度表示）在 37℃下孵育 24h，观察到 HeLa 细胞的存活率均大于 90%（图 7-9），表明该研究开发的 K^+适配体传感器的细胞毒性较低，可以用于生物成像。

在此基础上，研究了 R-CDs@K-apt/C-apt@GO 适配体传感器对植物活体中 K^+成像的性能。具体如下：用 K^+适配体传感器处理小麦幼苗 1h，向实验组添加 K^+（2.0×10^{-8}mol/L）孵育 30min，用超纯水进行彻底清洗，使用激光共聚焦显微镜对样品进行分析［图 7-10（a）］，结果发现，对照组（未添加 K^+）没有出现明显的荧光信号，实验组的根、茎和叶均出现明亮的红色荧光［图 7-10（b）（c）和（d）］。表明该 K^+适配体传感器植物成像性能良好。

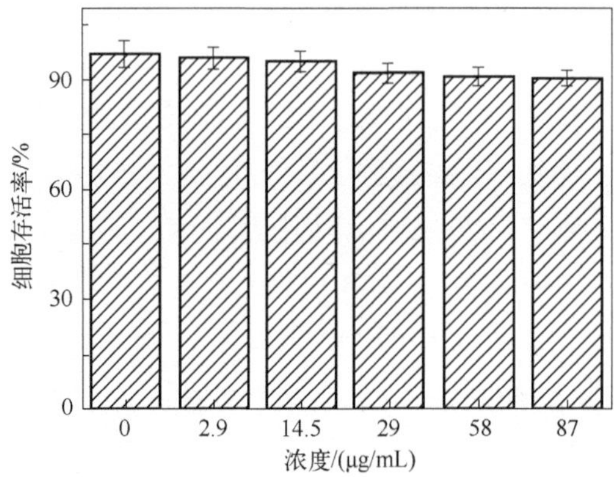

图 7-9　HeLa 细胞在不同浓度 K^+ 适配体传感器中孵育 24h 后的细胞活力

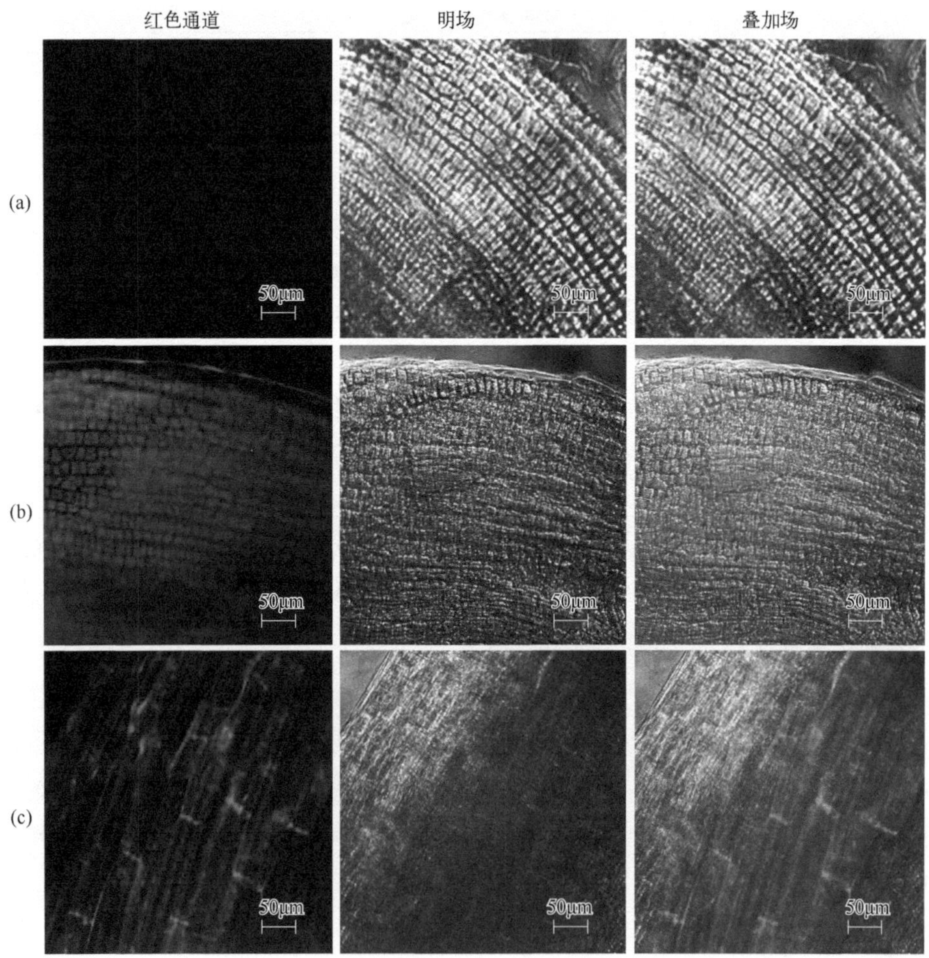

(d)

图 7-10　适配体传感器小麦中荧光成像性能分析

（a）对照组；（b）小麦根部的实验组；（c）小麦茎部的实验组；（d）小麦叶片的实验组

7.4.5　纳米荧光传感器的优异性分析

将本研究所开发的适配体传感器与近年来发表的以适配体作为识别元件实现 K^+ 检测的方法进行对比（表 7-2），发现本研究开发的适配体传感器显示出比其他方法更低的灵敏度[9, 11, 31-33]，除了采用蓝色碳点[34]和染料[35]作为荧光探针的荧光检测方法以及电化学检测方法[26]之外。然而，与电化学方法相比，该技术在检测过程中无须复杂的预处理；红色发射碳点（R-CDs）相比荧光染料更加环保；与发射蓝光的碳点相比，R-CDs 对植物组织具有更强的穿透能力，这一特性有助于减少生物体自发荧光和散射光对生物检测的干扰，可以提高植物成像效果。综上，该实验所开发的适配体传感器能够有效地用于生物体外和体内 K^+ 的检测，该研究进一步拓宽了此类方法在植物检测中的应用范围。

表 7-2　本方法与已发表的基于适配体实现钾离子（K^+）检测方法的比较

检测方法	探针	线性范围 /(mol/L)	检出限 /(mol/L)	参考文献
荧光实验	FAM	5×10^{-5}～1.4×10^{-3}	1.4×10^{-5}	[9]
比色传感器	AUNPs	1×10^{-6}～1×10^{-3}	4.2×10^{-5}	[11]
电化学传感器	FETs	1×10^{-13}～1×10^{-7}	5.8×10^{-14}	[26]
电化学传感器	免标记	1×10^{-8}～1×10^{-5}	2.31×10^{-9}	[31]
荧光实验	AIE	1×10^{-5}～5×10^{-3}	5.0×10^{-6}	[32]
荧光实验	AO	1×10^{-5}～2×10^{-3}	1.0×10^{-6}	[33]
荧光实验	蓝色发射 CDs	1×10^{-10}～5×10^{-8}	1.0×10^{-12}	[34]
荧光实验	荧光染料	1×10^{-9}～1×10^{-3}	2.37×10^{-12}	[35]
荧光实验	R-CDs	5.0×10^{-9}～2.2×10^{-7}	6.2×10^{-11}	本研究

7.5 小结

综上所述，本研究开发了一种基于 FRET 的新型适配体传感器并且实现了对 K^+的高效、灵敏且环保的检测。该适配体传感器表现出来的优势归因于以下几点：采用的纳米材料（R-CDs 和 GO）制备过程简单；生物大分子（K-apt 和 C-apt）的修饰显著提高了该适配体传感器的特异性和生物相容性；K-apt 对 K^+的亲和力相比其与 C-apt 的亲和力更强，为 FRET 的发生和消除提供了前提条件，从而大幅提高了反应速率。该方法的局限性在于其检出限并非所有 K^+检测方法中最低的，但它具有低毒性和优异的光学性能，为实现小麦幼苗中的钾离子 K^+的检测提供了一种可行的方法。这不仅为该方法在植物生理学研究中的应用提供了新的视角，也为纳米生物技术在动植物的健康监测和生长调控领域的应用提供了新的思路。

参考文献

[1] Cui J, Tcherkez G. Potassium dependency of enzymes in plant primary metabolism[J]. Plant Physiol Biochem, 2021, 166: 522-530.

[2] Shahid M, Saleem M F, Saleem A, et al. Exogenous potassium-instigated biochemical regulations confer terminal heat tolerance in wheat[J]. J Soil Sci Plant Nutr, 2019, 20 (3):1-6.

[3] Li L-D, Huang X-Q, Guo L. Electrochemical potassium ion sensor based on DNA G-quadruplex conformation and gold nanoparticle amplification[J]. Rare Met. 2013, 32(4): 369-374.

[4] Liu C, Liao W. Potassium signaling in plant abiotic responses: Crosstalk with calcium and reactive oxygen species/reactive nitrogen species[J]. Plant Physiol Biochem, 2022, 173: 110-121.

[5] Johnson R, Vishwakarma K, Hossen M, et al. Potassium in plants: Growth regulation, signaling, and environmental stress tolerance[J]. Plant Physiol Biochem, 2022, 172(4): 56-69.

[6] Xu Q, Fu H, Zhu B, et al. Potassium improves drought stress tolerance in plants by affecting root morphology, root exudates and microbial diversity[J]. Metabolites, 2021, 11(3): 131.

[7] Liu J, Zheng M, Wang L, et al. Adaptive detection of ochratoxin a with extended dynamic range by molecular-clamp modulated aptamer fluorescent probes[J]. MicroChem J, 2024, 199: 110257.

[8] Yuanboonlim W, Siripornnoppakhun W, Niamnont N, et al. Phenylene-ethynylene trication as an efficient fluorescent signal transducer in an aptasensor for potassium ion[J]. Biosens Bioelectron, 2012, 33(1): 17-22.

[9] Verdian-Doghaei A, Housaindokht M R, Abnous K. A fluorescent aptasensor for potassium ion detection-based triple-helix molecular switch[J]. Anal Biochem, 2014, 466: 72-75.

[10] Tounsi M, Ben?Braiek M, Baraket A, et al. Electrochemical capacitive K^+ EMIS chemical sensor based on the dibromoaza[7]helicene as an ionophore for potassium ions detection[J]. Electroanalysis, 2016, 28(12): 2892-2899.

[11] Chen Z, Guo J, Ma H, et al. A simple colorimetric sensor for potassium ion based on DNA G-quadruplex conformation and salt-induced gold nanoparticles aggregation[J]. Anal Methods, 2014, 6(19): 8018-8021.

[12] Jinsang, Kim, Tyler D, et al. Ion-specific aggregation in conjugated polymers: highly sensitive and selective fluorescent ion chemosensors[J]. Angew Chem Int Ed, 2000.

[13] Kim B, Jung I H, Kang M, et al. Cationic conjugated polyelectrolytes-triggered conformational change of molecular beacon aptamer for highly sensitive and selective potassium ion detection[J]. J Am Chem Soc, 2012, 134(6): 3133-3138.

[14] Shi C, Gu H, Ma C. An aptamer-based fluorescent biosensor for potassium ion detection using a pyrene-labeled molecular beacon[J]. Anal Biochem, 2010, 400(1): 99-102.

[15] Hu J-Y, Li Z, Zhai C-Y, et al. Plasmonic photo-assisted electrochemical sensor for detection of trace lead ions based on Au anchored on two-dimensional g-C3N4/graphene nanosheets[J]. Rare Metals, 2021, 40(7): 1727-1737.

[16] Xie R, Wang Z, Zhou W, et al. Graphene quantum dots as smart probes for biosensing[J]. Anal Methods, 2016, 8(20): 4001-4016.

[17] Li S, Kang Y, Shang M, et al. Highly sensitive and selective detection of Ochratoxin a using modified graphene oxide-aptamer sensors as well as application[J]. MicroChem J, 2022, 179: 107449.

[18] Shi Y, Dai H, Sun Y, et al. Fluorescent sensing of cocaine based on a structure switching aptamer, gold nanoparticles and graphene oxide[J]. Analyst, 2013, 138(23): 7152.

[19] Emmanuel Ibukun A, Yahaya N, Husaini Mohamed A, et al. Recent developments in synthesis and characterisation of graphene oxide modified with deep eutectic solvents for dispersive and magnetic solid-phase extractions[J]. MicroChem J, 2024, 199: 110111.

[20] Sun X, Fan J, Zhang Y, et al. A graphene oxide-based FRET sensor for rapid and specific detection of unfolded collagen fragments[J]. Biosens Bioelectron, 2016, 79: 15-21.

[21] Gao W, Song H, Wang X, et al. Carbon dots with red emission for sensing of Pt^{2+}, Au^{3+}, and Pd^{2+} and their bioapplications in vitro and in vivo[J]. ACS Appl Mater Interfaces, 2018, 10(1): 1147-1154.

[22] Dong C-L, Li M-F, Yang T, et al. Controllable synthesis of Tb-based metal-organic frameworks as an efficient fluorescent sensor for Cu^{2+} detection[J]. Rare Metals, 2020, 40(2): 505-512.

[23] Zamani M, Pourmadadi M, Seyyed Ebrahimi S A, et al. A novel labeled and label-free dual electrochemical detection of endotoxin based on aptamer-conjugated magnetic reduced graphene oxide-gold nanocomposite[J]. J ElectroAnal Chem, 2022, 908: 116116.

[24] Alibolandi M, Hadizadeh F, Vajhedin F, et al. Design and fabrication of an aptasensor for chloramphenicol based on energy transfer of CdTe quantum dots to graphene oxide sheet[J]. Mater Sci Eng, C, 2015, 48: 611-619.

[25] He Y, Cheng Y, Wen X. A design of red emission CDs-based aptasensor for sensitive detection of insulin via fluorescence resonance energy transfer[J]. Spectrochim Acta A-Mol Biomol Spectrosc, 2022, 280: 121497.

[26] Yuan Q, Wu S, Ye C, et al. Sensitivity enhancement of potassium ion (K^+) detection based on graphene field-effect transistors with surface plasma pretreatment[J]. Sens Actuators B, 2019, 285: 333-340.

[27] Chen F, Xia J, Ferry D K, et al. Dielectric Screening Enhanced Performance in Graphene FET[J]. Nano letters, 2009, 9(7): 2571-2574.

[28] Wang Y, Gan N, Zhou Y, et al. Novel single-stranded DNA binding protein-assisted fluorescence

aptamer switch based on FRET for homogeneous detection of antibiotics[J]. Biosens Bioelectron, 2017(87): 508-513.

[29] He Y, Fan Z. A novel biosensor based on DNA hybridization for ultrasensitive detection of NOS terminator gene sequences[J]. Sens Actuators B, 2018, 257: 538-544.

[30] Wen X, Yan X, Zheng X, et al. Selection and truncation of aptamers as fluorescence sensing platforms for selective and sensitive detection of nitrofurazone[J]. Anal Chim Acta, 2023, 1252: 341044.

[31] Jarczewska M, Górski Ł, Malinowska E. Application of DNA aptamers as sensing layers for electrochemical detection of potassium ions[J]. Sens Actuators B, 2016, 226: 37-43.

[32] Lu D, He L, Wang Y, et al. Tetraphenylethene derivative modified DNA oligonucleotide for in situ potassium ion detection and imaging in living cells[J]. Talanta, 2017, 167: 550-556.

[33] Zhen S J, Yu Y, Li C M, et al. Graphene oxide amplified fluorescence anisotropy for label-free detection of potassium ion[J]. Analyst, 2015, 140(1): 353-357.

[34] Carbon dots as a fluorescent probe for label-free detection of physiological potassium level in human serum and red blood cells[J]. Anal Chim Acta 2015, 880: 130-135.

[35] Chen Z, Tan L, Hu L, et al. Superior fluorescent probe for detection of potassium ion[J]. Talanta, 2015, 144: 247-251.

CHAPTER 8

第8章 羧基化单壁碳纳米管对钾胁迫下小麦幼苗生长发育的影响

8.1 概述

钾是小麦生长发育过程中必需的营养元素之一，通常以离子态吸附于质膜表面或以水溶性无机盐的形式存在于细胞内[1]。可以与生长素、赤霉素、细胞分裂素、乙烯等激素协同作用调节植物生长发育，促进植物光合作用[2]。且能够调节抗氧化酶（SOD 和 POD）的活性，增强抗氧化系统防御功能，提高植物对盐碱胁迫、干旱胁迫、重金属胁迫、渗透胁迫、冷胁迫、热胁迫和强光胁迫等非生物胁迫的耐受性[3]。据调查，我国钾盐资源储量有限，农业用地缺钾现象严重[4]。长期缺钾会导致小麦出现根系短少、叶片焦枯，生理紊乱，器官坏死、生长缓慢等现象，影响小麦产量和质量[5,6]。因此，找到一种切实可行的策略来缓解低钾胁迫对小麦的影响对保障小麦的绿色安全生产至关重要[7]。据报道，碳纳米管（carbon nanotubes，CNTs）可以通过植物的根、茎、叶等营养器官进入植物体内，通过提高植物不同营养素的保留率而改良植物非生物胁迫，上调植物防御系统，介导细胞酶活性，促进植物生长，增强植物光合作用、提高作物产量，调节作物的非生物胁迫[8,9]。

CNTs 是一种由一层或多层石墨烯组成的圆柱体，两端开放或封闭。根据管壁层数的不同，可分为：单壁碳纳米管（SWCNTs）和多壁碳纳米管（MWCNTs）。其中，SWCNTs 具有良好的对称性，且纯度较高，直径一般在 0.8～2nm，长度介于 0.1～50μm 范围[10-12]。具有水溶性良好、稳定性优异等特征，被广泛应用于污染物降解、荧光检测、生物标记、医学成像、植物生长调节[10]等众多领域。

Canas 等[13]研究发现低剂量的 SWCNTs 可以促进番茄幼苗生长。吴康等[14]发现叶面喷施 SWCNTs 能提高平邑甜茶叶绿素含量和光合作用，促进其地上部分生长，上调抗氧化酶的活性。然而也有研究发现 SWCNTs 会抑制植物的生长，如 Stampoulis 等[15]研究发现碳纳米管会诱导细胞产生大量活性氧（ROS）并损伤抗氧化系统，扰乱正常代谢及信号转导过程导致生物量降低。袁刚强等[16]研究发现单壁碳纳米管会延迟水稻种子萌发，抑制水稻幼苗的生长。Begurn 等[17]研究发现添加 MWCNTs 会使生菜、黄瓜和水稻的生长受到抑制。Shen 等[18]研究发现 SWCNTs 会导致植物叶肉细胞发生染色质凝缩、原生质体聚集和 H_2O_2 积累等一系列有害反应。也有研究发现，不同表面修饰的 SWCNTs 对植物的作用效果不同[13]。

综上，CNTs 的尺寸、表面基团、外施方式均会影响其生物学效应，且 CNTs 对不同种类植物的生理响应也不尽相同。然而，目前关于 CNTs 对非生物胁迫下植物生长发育影响的研究仍处于初步阶段，尚未见关于 CNTs 对低钾胁迫下小麦幼苗生长发育影响的报道。为进一步探讨 CNTs 作为外施剂对非生物胁迫下植物生长、生理特性的影响。本研究选择小麦幼苗为实验材料，采用水培的方法分析羧基化单壁碳纳米管（SWCNTs-COOH）对低钾胁迫下小麦幼苗生长指标、光合作用指标、抗逆性生理指标等方面的影响，以期探讨 CNTs 对非生物胁迫下植物抗逆性生理特性的影响，同时也为采用碳纳米管调节植物的生长发育提供理论参考，为拓宽纳米生物技术的应用范围提供科学依据。

8.2 SWCNTs-COOH 特征分析

碳纳米管的粒径、表面结构、化学基团均会影响植物的生长发育[16]。本研究使用的 SWCNTs-COOH[在分散液中固含量为 0.15%（质量浓度），纯度：＞95%]。由图 8-1（a）SWCNTs-COOH 的 TEM 图像可看出，SWCNTs-COOH 是一种呈细管状的材料，管壁较薄，平均外径（13.2±2.9）nm。SWCNTs-COOH 的 FT-IR［图 8-1（b）］显示其在 3422cm^{-1}、2921cm^{-1}、1632cm^{-1}、1452cm^{-1}、1251cm^{-1} 和 1105cm^{-1} 处出现明显的伸缩振动峰，表明 SWCNTs-COOH 表面含有大量的—COOH，水溶性良好[19,20]。

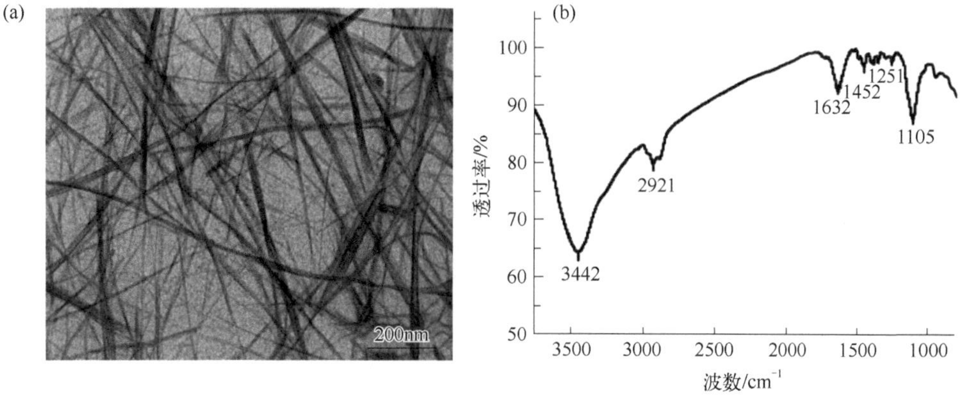

图 8-1 羧基化单壁碳纳米管的表征图像

(a) 透射电镜图；(b) 红外光谱图

8.3 小麦培养及指标测定

8.3.1 实验设计

(1) 实验材料与仪器

供试小麦品种为“品育 8012”；小麦培养液为霍格兰营养液、低钾营养液（含 0.01mmol/L KCl）。实验所用化学试剂均为分析纯。主要仪器：JEM-1200EX 透射电子显微镜)，Multiskan SkyHigh 全波长酶标仪，YMJ-B 全自动叶面积扫描仪，GXY-A 全自动根系扫描仪，Yaxin-1161G 叶绿素荧光仪，万分之一电子天平。

(2) 小麦培养

选取籽粒饱满、大小均匀且无病虫害的小麦种子，用 10%的次氯酸钠溶液消毒 10min，冲洗 3 次，黑暗处理 24h，当小麦种子出现子叶后调节培养箱光照和黑暗循环周期（16h 光照且恒温 28℃和 8h 黑暗温度 18℃），用霍格兰完全培养液培养小麦幼苗至 2.0cm，将长势良好、大小均匀的幼苗移入含不同浓度 SWCNTs-COOH（0、5、10、30、50、70 和 90mg/L）的低钾营养液中继续培养（16h 光照且恒温 28℃和 8h 黑暗温度 18℃），培养一周后，选取长势一致的小麦幼苗进行后续实验。每个浓度设置 3 个重复。

8.3.2 指标测定方法

（1）生长指标测定

每个浓度梯度随机选取 3 株小麦幼苗，清洗并擦拭干净，用直尺测量主茎基部到顶芽的距离作为株高（精确到 0.01cm）；用全自动叶面积扫描仪测量倒二叶的长宽及叶面积；全自动根系扫描仪测量根长、表面积和体积；用万分之一电子天平称量鲜重，幼苗置于 130℃杀青 30min，80℃烘干到恒重，称其干重（精确到 0.001g），每个浓度设置 3 个重复。

（2）光合作用指标测定

新鲜小麦旗叶剪碎，称取 0.5g，加 95%的乙醇和少许碳酸钙研磨提取叶绿素，采用紫外分光光度法测定 665nm、649nm 和 470nm 处的光吸收值并计算叶绿素 a、叶绿素 b 含量和类胡萝卜素含量[21]。

计算公式如下：

$$\text{叶绿素 a} \qquad C_a = 13.95\times A_{665}-6.88\times A_{649} \tag{8-1}$$

$$\text{叶绿素 b} \qquad C_b = 24.96\times A_{649}-7.32\times A_{665}C_a \tag{8-2}$$

$$\text{类胡萝卜素} \quad C_{\text{类胡萝卜素}} = 1000\times A_{470}-2.05\times C_a-\frac{114.8\times C_b}{245} \tag{8-3}$$

SWCNTs-COOH 处理小麦幼苗的第 9、11、13 天，每天晚上 8 点（黑暗处理 30min 后），用叶绿素荧光仪对小麦旗叶相同位置进行脉冲瞬态荧光动力学测定，参数包括初始荧光（F_0）、最大荧光（F_{max}）、最大可变荧光（F_v）、稳态荧光产量（F_s）、光下最大荧光（F'_{max}）、光下最小荧光（F_0'）、光化猝灭系数（q_P）、通过 PSⅡ的相对电子传递速率（ETR）、PSⅡ最大光化学量子产量（F_v/F_{max}）、PSⅡ的实际光化学量子产量 Y(Ⅱ)、PSⅡ的潜在光化学效率（F_v/F_0），以及非光化学猝灭系数（NPQ），每个处理做 3 次重复实验。

（3）抗逆性生理指标测定

每个处理浓度随机选取 3 株小麦幼苗，采集旗叶测定抗逆性生理指标。采用硫代巴比妥酸法测定丙二醛（MDA）的含量和可溶性糖含量；愈创木酚法测定过氧化物酶（POD）活力；氮蓝四唑法测定超氧化物歧化酶（SOD）活性[21]。每个处理过程进行 3 次重复。

（4）**数据分析方法**

本实验设置了 7 个浓度组（0mg/L、5mg/L、10mg/L、30mg/L、50mg/L、70mg/L 和 90mg/L），每组实验指标设置 3 次重复，使用 SPSS 25.0 软件进行数据分析，检验水准为 $\alpha=0.05$，$P<0.05$ 认为差异有统计学意义，用“标准误差±显著性差异”表示实验结果。

8.4 抗逆性指标测定结果分析与讨论

钾在调节植物生长发育过程中起关键作用，但其在土壤中以离子形态存在，极易通过淋溶而损失[22]。据调查，我国农田生态系统钾元素一直处于负平衡状况，且利用效率呈现逐年下降的趋势[23]。杜琪等[24]研究发现，低钾胁迫会导致玉米根系干重、根长等显著下降。李海云等[25]研究发现低钾胁迫易减少白菜干物质积累、抑制根系生长。李艳芬等[26]研究发现低钾处理下，谷子幼苗叶片色素含量降低，严重制约植物的正常生长发育和生理代谢。研究外施剂 SWCNTs 对低钾胁迫下小麦的生物效应，对提高小麦的钾元素耐受能力，增加产量，为低钾地区作物的合理培育与栽种提供理论参考具有重要意义。本实验参照之前的研究[26,27]，以 5mmol/L KCl 作为 CK，分别用含 0mmol/L、0.01mmol/L、0.1mmol/L、1mmol/L 和 5mmol/L KCl 处理小麦幼苗一周，发现与 CK 相比，0.1mmol/L 和 1mmol/L KCl 处理对小麦幼苗的生长没有明显抑制作用，而无钾处理对小麦幼苗损伤太严重，不适合后续试验。最后选择 0.01mmol/L KCl 作为低钾胁迫。

Li 等[28]研究发现土壤浇灌 50mg/L、100mg/L SWCNTs 可以显著促进杨树茎的生长。吴康等[14]发现叶面喷施 10mg/L、20mg/L SWCNTs 可以促进平邑甜茶幼苗地上部分的生长。Zhang 等[29]发现，20mg/L SWCNTs 可以促进水稻幼苗叶片的光合作用及生长发育。然而，袁刚强等[16]发现 10mg/L、20mg/L 和 40mg/L 的 SWCNTs 会导致水稻幼苗叶绿素含量降低，影响生长发育。根据现有文献报道的可能影响植物生长的 SWCNTs 浓度及预实验结果，本研究选用 5～90mg/L SWCNTs-COOH 处理低钾胁迫下的小麦幼苗，观察小麦生长指标、光合作用指标、抗逆生理指标的变化。

8.4.1 SWCNTs-COOH 对小麦生长指标的影响

（1）SWCNTs-COOH 对小麦幼苗株高的影响

如图 8-2 所示，SWCNTs-COOH 对小麦幼苗株高产生了低浓度促进、高浓度抑制的现象，其中浓度为 50mg/L 时，促进作用最明显，相比对照组株高增加了 16%，随着 SWCNTs-COOH 浓度继续升高（≥70mg/L），各处理组的株高呈现逐渐降低的趋势，浓度 90mg/L 时对株高的抑制程度达到了 8%。说明适宜浓度（≤50mg/L）的单壁碳纳米管溶液可以缓解低钾胁迫对小麦幼苗的伸长生长的影响（$P<0.05$）。

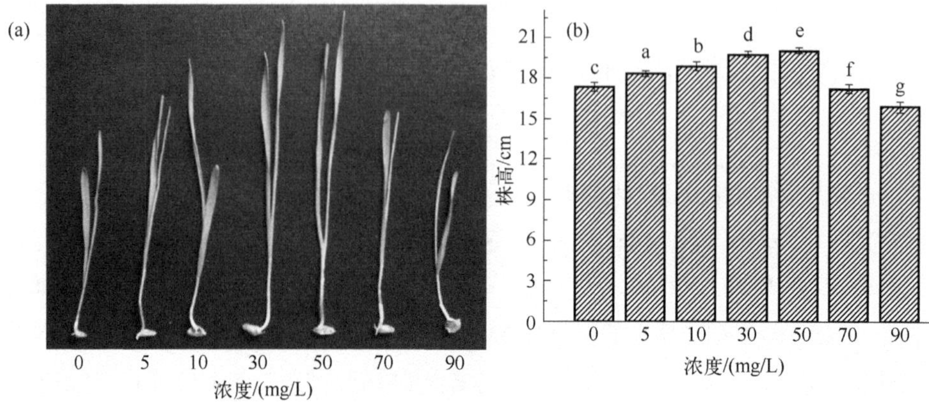

图 8-2　不同浓度羧基化单壁碳纳米管对低钾胁迫下小麦幼苗生长形态（a）和株高（b）的影响

(2) SWCNTs-COOH 对小麦幼苗根系的影响

从表 8-1 可看出，与对照组相比，SWCNTs-COOH 浓度为 5～70mg/L 时，小麦幼苗根长、平均直径、体积、表面积均高于对照组，表现出促进根部生长的趋势，其中浓度为 50mg/L 时对根长、根直径、体积和表面积促进作用最明显分别达到了 24%、48%、87%和 21%。浓度为 30mg/L 时对根尖数促进效果最明显（33%）。当浓度大于 70mg/L 时对根长、表面积、根尖数表现出抑制的现象，对平均直径和体积影响不大。

表 8-1　不同浓度羧基化单壁碳纳米管（0～90mg/L）对钾胁迫下小麦幼苗根系的影响

SWCNTs-COOH 浓度 /(mg/mL)	根长/mm	平均直径/mm	体积/mm^3	表面积/mm^2	根尖数
0	159.46±2.1c	0.45±0.01c	51.91±0.61c	323.81±4.35c	14.33±0.57c
0.005	169.78±2.6b	0.48±0.01a	58.89±0.65a	303.87±4.47a	11±1a
0.01	172.77±2.8a	0.56±0.01b	88.91±0.74d	351.55±6.20b	11.333±0.57e
0.03	181.14±3.1bc	0.59±0.002d	92.04±0.92b	363.67±7.85d	19±1d
0.05	197.96±5.3d	0.66±0.01e	97.38±1.03e	390.34±5.42f	16±1b
0.07	169.23±1.9e	0.65±0.05g	83.46±0.703f	344.35±3.96e	14.33±1f
0.09	131.07±2.3d	0.62±0.01f	63.14±0.63g	271.46±4.28g	12.66±0.57f

注：表内数据为“平均值±标准误差”，数值后的字母 a、b、c、d、e、f、g 表示显著性差异，同列数据中不同的字母表示各处理在 0.05 水平差异显著，相同的字母表示均值之间没有显著性差异。

(3) SWCNTs-COOH 对小麦幼苗叶面积的影响

随着 SWCNTs-COOH 浓度的升高(5～50mg/L),小麦叶面积呈现递增的趋势(图 8-3),浓度为 50mg/L 时增长最明显(26%);在 SWCNTs-COOH 浓度为 70mg/L 及以上时,随着 SWCNTs-COOH 浓度的增加,各处理组的叶面积呈现逐渐降低的趋势,其中 90mg/L SWCNTs-COOH 处理组最低,仅为 215.58mm^2。

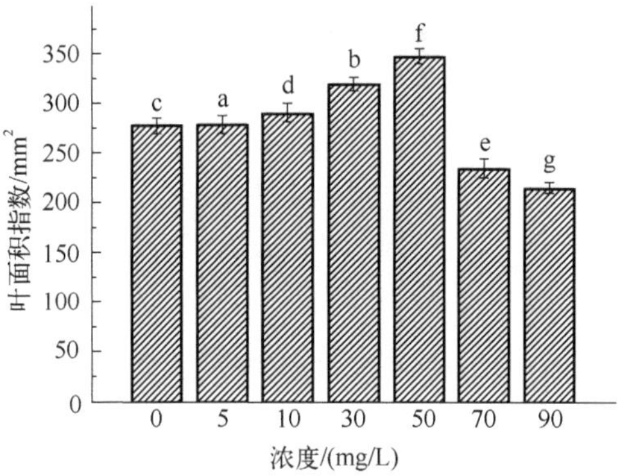

图 8-3 不同浓度羧基化单壁碳纳米管(0～90mg/L)对低钾胁迫下小麦幼苗叶面积的影响

(4) SWCNTs-COOH 对小麦幼苗鲜质量、干质量的影响

从图 8-4 可看出不同浓度 SWCNTs-COOH 对小麦幼苗鲜质量、干质量的影响呈现出大体相同的变化趋势,在浓度为 5～70mg/L 时,鲜质量、干质量均高于对照组,其中浓度为 50mg/L 时促进作用最明显,分别达到了 65%和 57%($P<0.05$)。当 SWCNTs-COOH 浓度为 70mg/L 及以上时,随着 SWCNTs-COOH 浓度的增加,各处理组的鲜质量和干质量干重均呈现降低的趋势,其中 90mg/L SWCNTs-COOH 处理组鲜质量、干质量最低,表现出抑制的现象。

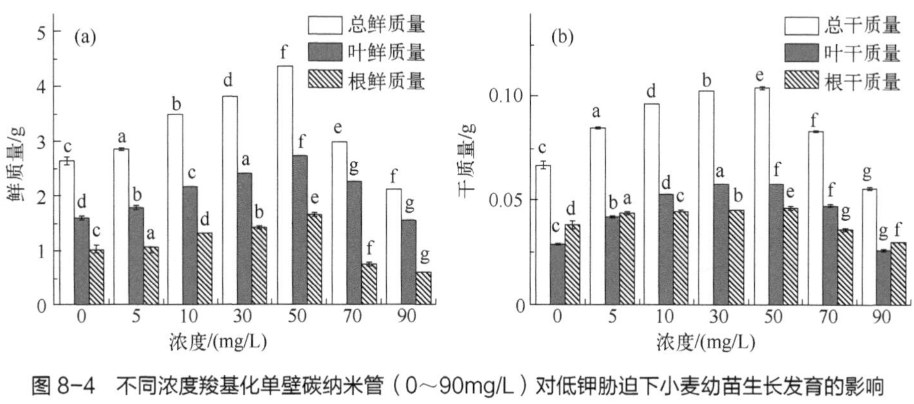

图 8-4 不同浓度羧基化单壁碳纳米管(0～90mg/L)对低钾胁迫下小麦幼苗生长发育的影响

(a)鲜质量;(b)干质量

综上，SWCNTs-COOH 浓度低于 50mg/L 时小麦幼苗株高、叶面积、鲜重、干重均大于对照组，其中 50mg/L 处理组小麦幼苗长势最好，说明该浓度的 SWCNTs-COOH 能够促进低钾胁迫下小麦幼苗的生长。随着浓度的升高，小麦幼苗的株高、根长、叶面积、鲜质量和干质量均呈现下降趋势。这与近期研究发现的较低浓度的碳纳米管可以促进植物根系生长和光合作用结果一致[30-32]。这可能是因为 SWCNTs-COOH 分散性较好，低浓度的 SWCNTs-COOH 可以作为元素的载体，与水溶液中 Mg、Mn、Cu、Fe、P 结合，促进小麦根系对矿质元素的吸收和运输，进而促进植物生长[33,34]。而过量的 SWCNTs-COOH 吸附在小麦根系表面或使部分根细胞团聚，降低了根毛细胞呼吸速率和渗透系数，阻碍了根系水分和营养物质的利用率，干扰根系正常的生理活动，导致小麦根系生长缓慢[35,36]。

8.4.2 SWCNTs-COOH 对小麦光合作用指标的影响

(1) 细胞色素含量

叶绿素 a、叶绿素 b 和类胡萝卜素能够促进光合作用的进行，进而调节植物生长和发育[37]。由图 8-5 可以看出，SWCNTs-COOH 浓度为 5～50mg/L 时其含量均高于对照组，并呈现递增的趋势。说明适宜浓度的 SWCNTs-COOH 能够在一定程度上提高小麦幼苗体内的叶绿素 a、叶绿素 b 和类胡萝卜素的含量，从而达到增强小麦幼苗光合作用的效果。在 SWCNTs-COOH 浓度为 70mg/L 及以上时，随着 SWCNTs-COOH 浓度的增加，各处理组的三种细胞色素含量均呈下降趋势，其中 90mg/L SWCNTs-COOH 处理组最低，与对照组相比叶绿素 a、叶绿素 b、类胡萝卜素含量分别减少了 24%、13%和 35% ($P<0.05$)。说明低浓度（≤50mg/L）的 SWCNTs-COOH 有利于激活小麦幼苗逆境胁迫下的叶绿体保护机制，而表现出更高的抗逆性[14,38]。

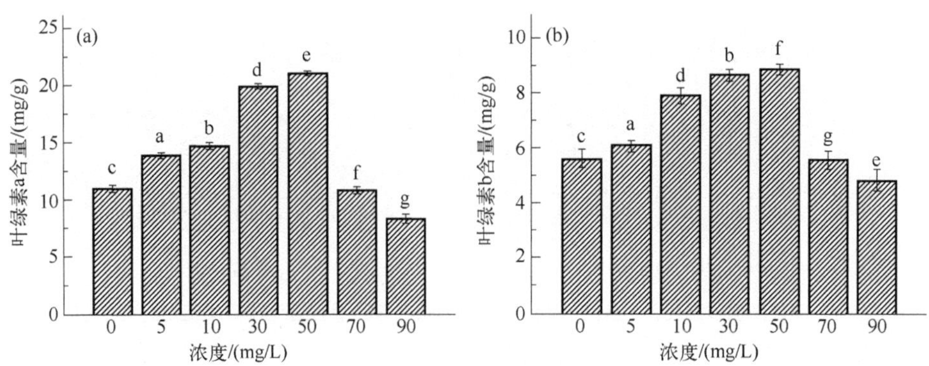

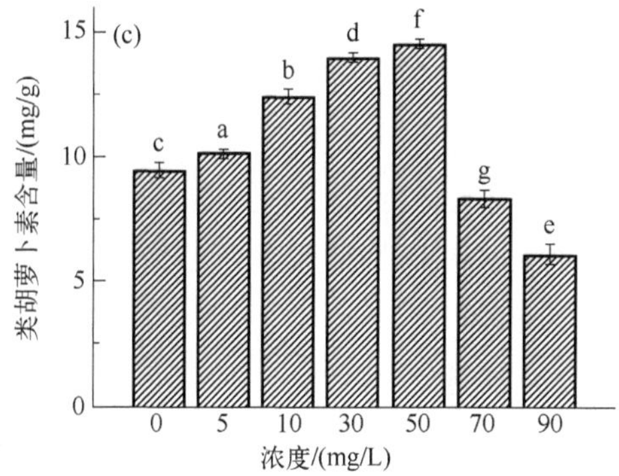

图 8-5 不同浓度羧基化单壁碳纳米管（0～90mg/L）对低钾胁迫下小麦幼苗细胞色素含量的影响

（a）叶绿素 a；（b）叶绿素 b；（c）类胡萝卜素

（2）叶绿素荧光参数

叶绿素荧光参数可以直接反映光合作用的原初反应过程和植物生长、病害及受胁迫的情况[39]。从图 8-6 可以看出，与对照相比在 SWCNTs-COOH 浓度为 50mg/L 时，低钾胁迫下小麦幼苗叶片的 PSⅡ最大光化学量子产量（F_v/F_{max}）、PSⅡ的实际光化学量子产量 Y(Ⅱ)、PSⅡ潜在光化学效率（F_v/F_0）和表观电子传递速率（ETR）最高，90mg/L SWCNTs-COOH 溶液处理后的最低。说明适宜浓度的 SWCNTs-COOH 能较好地增强小麦幼苗的光能利用效率；较高浓度的 SWCNTs-COOH 反而会抑制小麦幼苗叶片的光合效率。随着 SWCNTs-COOH 浓度增加，低钾胁迫下小麦幼苗叶片的非光化学猝灭系数（NPQ）呈下降趋势，50mg/L SWCNTs-COOH 处理下 NPQ 的值最低；而光化学猝灭系数（q_P）表现为先升高后降低的趋势，50mg/L SWCNTs-COOH 处理后的值较高。这是因为 50mg/L

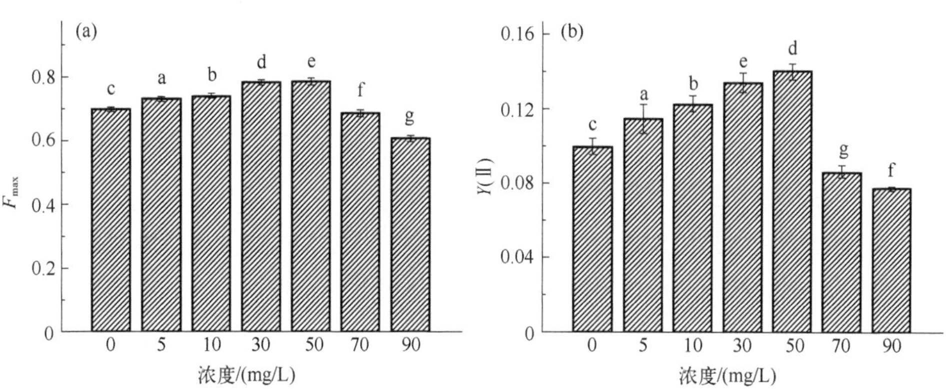

图 8-6

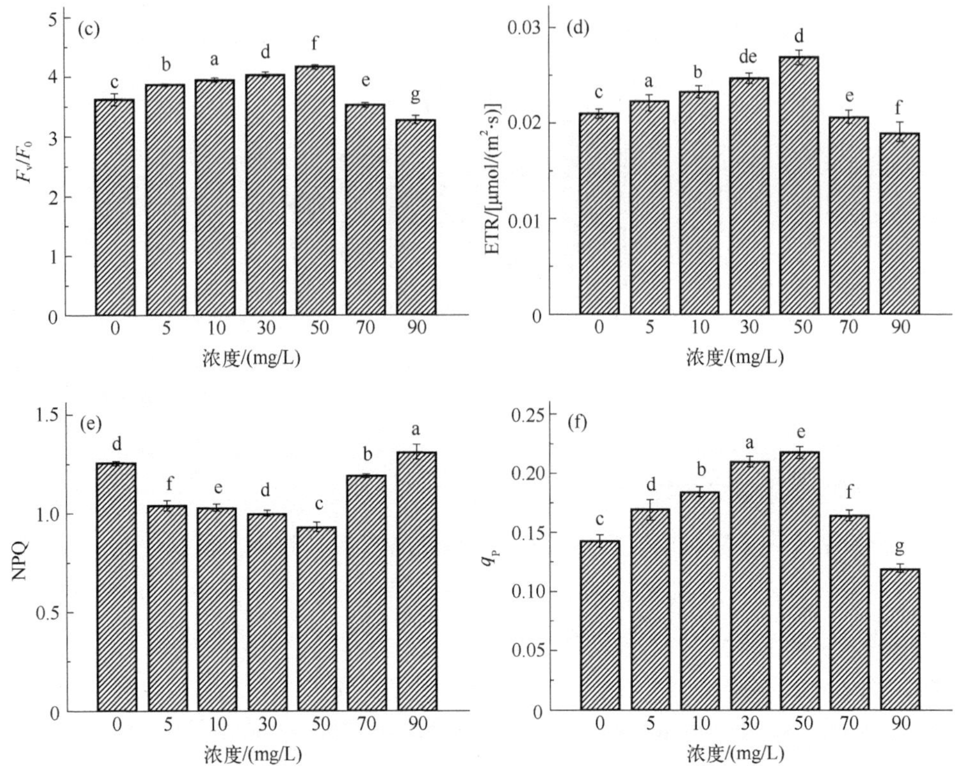

图 8-6 不同浓度羧基化单壁碳纳米管（0～90mg/L）对低钾胁迫下小麦幼苗叶绿素荧光参数的影响

（a）PSⅡ最大光化学量子产量；（b）PSⅡ的实际光化学量子产量；（c）PSⅡ潜在光化学效率；（d）表观电子传递速率；（e）非光化学猝灭系数；（f）光化学猝灭系数

SWCNTs-COOH 有利于缓解低钾胁迫下小麦幼苗叶片内过量的无法用于光化学反应的光能，最终以热的形式散失，有利于小麦幼苗光能转化效率的提高，促进了小麦幼苗体内光合色素的积累，增强了小麦幼苗的光合作用[40]。

8.4.3 SWCNTs-COOH 对小麦抗逆生理指标的影响

（1）可溶性糖测定结果分析

可溶性糖是植物生理代谢中重要的渗透调节物质，植物受到逆境胁迫时，可通过合成可溶性糖调节渗透平衡，抵御逆境胁迫[41]。从图 8-7（a）可溶性糖含量变化可看出，在 SWCNTs-COOH 浓度为 5～50mg/L 时其含量均高于对照组，说明在此浓度范围 SWCNTs-COOH 能够在一定程度上促进小麦幼苗体内可溶性糖的形成，从而增强小麦幼苗的抗逆性能。在 SWCNTs-COOH 浓度为 70mg/L 及以上时，随着 SWCNTs-COOH 浓度的增加，可溶性糖含量呈下降趋势，与对照组相比，70mg/L、90mg/L SWCNTs-COOH 处理组小麦幼苗体内可溶性糖含量分别降低了 14%、20%（$P<0.05$）。这是因为随着 SWCNTs-COOH 浓度的升高，小麦体内积累越来越多的可溶性糖平衡渗透压，保护细胞的结构和功能，高浓度的 SWCNTs-COOH（≥70mg/L）抑制了小麦的物质代谢导致可溶性糖含量降低，抵御逆境胁迫能力减弱[42]。

（2）SOD 和 POD 测定结果分析

POD 和 SOD 是植物为了保护自身不受氧化损伤而产生的一类氧化还原酶[43]。由图 8-7（b）和（c）可知，随着 SWCNTs-COOH 浓度的升高，SOD、POD 活性均呈现先升高后减低的趋势。50mg/L SWCNTs-COOH 处理组小麦体内 SOD 活性最高，相比对照组高出 31%（$P<0.05$）。SWCNTs-COOH 浓度为 5～50mg/L 的处理组中，小麦幼苗体内的 POD 含量均高于对照组，分别增加了 13%、73%、98% 和 113%，说明此浓度范围 SWCNTs-COOH 能够在一定程度上促进小麦幼苗体内的 POD 形成，增强了小麦对逆境胁迫的抗性。但 SWCNTs-COOH 浓度超过 70mg/L 时，随着浓度的增加，植物体内积累大量活性氧，损坏植物细胞，导致无法产生更多的氧化还原酶[44]，因此 POD 活性呈现逐渐下降的趋势。

（3）MDA 测定结果分析

由图 8-7（d）可知，SWCNTs-COOH 浓度为 10mg/L、30mg/L 和 50mg/L 时能够明显降低小麦幼苗体内的 MDA 含量（35%、48%和 57%），从而减少低钾胁迫对细胞及细胞膜的伤害。在 SWCNTs-COOH 浓度为 70mg/L 及以上时，随着浓度的增加，各处理组的 MDA 含量逐渐上升。由此可知，低钾胁迫下小麦幼苗体内的 MDA 含量对 SWCNTs-COOH 浓度具有较强的依赖性，低浓度的 SWCNTs-COOH 可以降低小麦幼苗体内 MDA 含量缓解低钾胁迫，高浓度的 SWCNTs-COOH 引起了细胞膜的脂质过氧化，破坏了细胞膜的结构，导致 MDA 的含量逐渐增加，小麦幼苗的抗逆能力及其对外部环境的适应能力逐渐减弱。这与前人研究发现的适量的 SWCNTs 可以作为外施剂进入植物细胞，调节植物生理和生化过程，促进抗氧化酶（SOD、POD）的产生，减少活性氧（ROS）引起的损伤，降低逆境胁迫下植物体内的 MDA 含量，提高逆境胁迫性能结果一致[45-48]。表明适宜浓度的 SWCNTs-COOH 在缓解逆境胁迫对植物的毒害方面有广泛的应用前景。

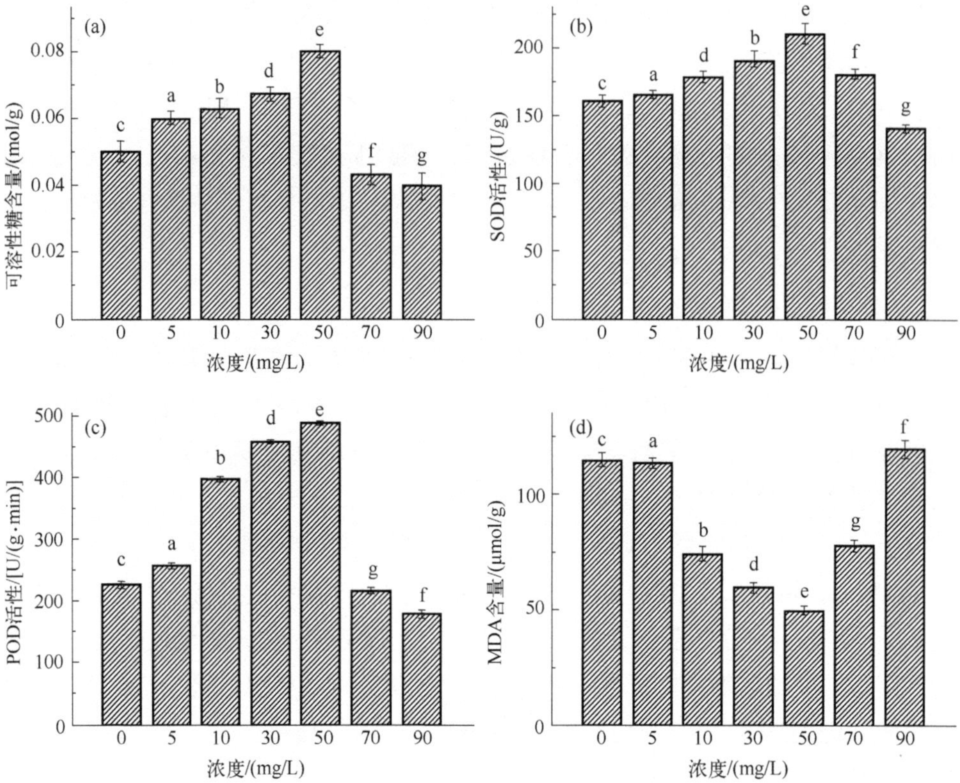

图 8-7 不同浓度羧基化单壁碳纳米管（0～90mg/L）对低钾胁迫下小麦幼苗抗逆生理指标的影响

（a）可溶性糖含量；（b）超氧化物歧化酶活性；（c）过氧化物酶活性；（d）丙二醛的影响

8.5 小结

采用不同浓度的 SWCNTs-COOH 培养低钾胁迫下的小麦幼苗，结果表明 SWCNTs-COOH 对低钾胁迫下小麦幼苗生长发育的影响具有明显的浓度效应。低浓度（5～50mg/L）时对小麦幼苗形态指标、细胞色素、叶绿素荧光参数、可溶性糖、氧化还原酶（POD、SOD）等指标都表现出明显的促进作用，提高了其光能利用率，可以缓解低钾胁迫对小麦造成的不利影响。而高浓度的 SWCNTs-COOH（≥70mg/L）导致小麦体内产生了大量的丙二醛（MDA），对小麦幼苗的生长发育表现出明显的抑制作用，使得小麦幼苗出现了生长缓慢、叶片枯黄等明显的低钾症状。本研究可以为采用纳米生物技术调节小麦及其他农作物的非生物胁迫提供理论依据和技术支持。

参考文献

[1] Zörb C, Senbayram M, Peiter E. Potassium in agriculture Status and perspectives［J］. Plant Physiol, 2013, 171(9): 656-669.

[2] Johnson R, Vishwakarma K, Hossen M S, et al. Potassium in plants: Growth regulation, signaling, and environmental stress tolerance［J］. Plant Physiol Bioch, 2022. 172(4): 56-69.

[3] Chen, B C, Wang P J, Ho P C, et al. Nonlinear biotic ligand model for assessing alleviation effects of Ca, Mg, and K on Cd toxicity to soybean roots[J]. Ecotoxicology, 2017, 26(7): 1-14.

[4] 王栋, 冯明伟, 李慧英. 中国钾盐资源发展现状及建议[J]. 中国矿业, 2017, 26(S2): 5-9.

[5] 熊明彪, 雷孝章, 田应兵, 等. 钾离子在土壤中吸附和解吸动力学研究进展[J]. 生态环境, 2003, 12(1): 115-118.

[6] 李晓云,赵勇,王杰,等.不同小麦品系耐低钾性的综合评价［J］. 麦类作物学报, 2014, 34(06): 842-846.

[7] 冯宇希, 徐明, 阚杰元, 等. 植物毒理学文献计量分析及其研究思路与方法评论[J]. 生态毒理学报, 2023, 18(3): 213-222.

[8] SRILATHA B. Nanotechnology in agriculture [J]. J Nanomed Nanotechnol, 2011, 2(7):1-5.

[9] Tripathi S, Sarkar S. Influence of water soluble carbon dots on the growth of wheat plant [J]. Appl Nanosci, 2015, 5(5): 609-616.

[10] Bhati A, Gunture G, Tripathi K M, et al. Exploration of nano carbons in relevance to plant systems [J]. New J chem, 2018, 42(20): 16411-16427.

[11] 郭敏, 龚继来, 曾光明. 多壁碳纳米管对水稻幼苗的植物毒性研究[J]. 生态毒理学报, 2016, 11(5) : 94-102.

[12] 章军, 杨军, 朱心强. 纳米材料的环境和生态毒理学研究进展[J]. 生态毒理学报, 2006, 1(4) : 350-356.

[13] Canas J E, Long M, Nations S, et al. Effects of functionalized and nonfunctionalized single-walled carbon nanotubes on root elongation of select crop species [J]. Environ Toxical Chem, 2008, 27(9): 1922-1931.

[14] 吴康, 苏安琪, 田雪娇, 等. 叶面喷施羧基化碳纳米管对平邑甜茶幼苗生长及抗氧化系统的影响[J]. 山东农业科学, 2023, 55(9): 121-127.

[15] Stampoulis D, Sinha S K, White J C. Assay-dependent phytotoxicity of nanoparticles to plants [J]. Environ Sci Technol, 2009, 43 (24): 9473-9479.

[16] 袁刚强, 龚继来, 曾光明. 单壁碳纳米管材料对水稻幼苗的毒性效应[J]. 环境科学学报, 2015, 35(12): 4143-4149.

[17] Begurn P, Ikhtiari R, Fugetsu B. Graphene phytotoxicity in the seedling stage of cabbage, tomato, red spinach, and lettuce [J]. Carbon, 2011, 49(12): 3907-3919.

[18] Shen C X, Zhang Q F, Li J, et al. Induction of programmed cell death in Arabidopsis and rice by single-wall carbon nanotubes [J]. Am J Bot, 2010, 97(10): 1602-1609.

[19] 刘晓红, 郭波红, 许丹翘, 等. 冬凌草甲素-单壁碳纳米管载药体系的制备及其吸附动力学[J]. 医药导报, 2017, 36(10): 1170-1174.

[20] 王慧敏, 陈莉荣, 任文杰, 等. 单壁碳纳米管对紫花苜蓿根际土壤中 PAHs 降解及微生物群落的影响[J]. 农业环境科学学报, 2021, 40(12): 2647-2659.

[21] 李小方，张志良. 植物生理学实验指导[M]. 北京：高等教育出版社, 2016: 50-213.
[22] 李鸽子，刘金，张丹丹，等. TaHIPP32 通过调控 TaHAK1 表达参与小麦缺钾胁迫耐性研究[J/OL]. 麦类作物学报, 2023, 43(2): 1-11.
[23] 张福锁，王激清，张卫峰. 中国主要粮食作物肥料利用率现状与提高途径[J].土壤学报, 2008, 45(5): 915-924.
[24] 杜琪，赵跃，周东英，等.低钾胁迫下不同耐低钾玉米品种(系)开花后根系生长和结构的变化[J]. 植物营养与肥料学报, 2021, 27(2): 301-311.
[25] 李海云，司东霞，吕福堂，等. 不同耐性大白菜苗期根系形态对低钾胁迫的响应[J]. 中国蔬菜, 2015 (7) : 49-53.
[26] 李艳芬，郑君岗，尹美强，等. 低钾胁迫对谷子幼苗叶片光合作用的影响[J]. 西北植物学报, 2022, 42(6): 1021-1024.
[27] 杨然，郭树勋，杨小慧，等. 硅对低钾胁迫下番茄幼苗生长及生理特性的影响[J]. 山东农业科学, 2022, 54(9): 55-63.
[28] Zhang H, Yue M X, Zheng X K, et al. Physiological effects of single- and multi-walled carbon nanotubes on rice seedlings [J]. IEEE Trans NanobioSci, 2017, 16(7): 563-570.
[29] Martínez-Ballesta, M. C, Zapata, L, Chalbi, N, et al. Multiwalled carbon nanotubes enter broccoli cells enhancing growth and water uptake of plants exposed to salinity [J]. J Nanobiotechnol, 2016, 14: 42-55.
[30] Fan X, Xu J, Lavoie M, et al. Multiwall carbon nanotubes modulate paraquat toxicity in Arabidopsis thaliana [J]. Environ Pollut, 2018, 233(FEB.): 633-641.
[31] Nair R, Varghese S H, Nair B G, et al. Nanoparticulate material delivery to plants [J]. Plant Sci, 2010, 179(3): 154-163
[32] Wang C R, Liu H T, Chen JY, et al. Carboxylated multiwalled carbon nanotubes aggravated biochemical and subcellular damages in leaves of broad bean (*Vicia faba* L.) seedlings under combined stress of lead and cadmium [J]. J Hazard Mater, 2014, 274: 404-412.
[33] 刘玲，戴慧芳，唐凤雪，等. 水稻幼苗根对羧基化多壁碳纳米管复合镉胁迫的生长生理响应[J]. 生态学杂志, 2020, 39(1): 252-259.
[34] Asli S, Neumann P M. Colloidal suspension of clay or titanium dioxide nanoparticles can inhibit leaf growth and transpiration via physical effects on root water transport [J]. Plant. Cell. Environ, 2009, 32: 577-584.
[35] Yan S, Zhao L, Li H, et al. Single-walled carbon nanotubes selectively influence maize root tissue development accompanied by the change in the related gene expression [J]. J Hazard Mater, 2013, 246-247: 110-118.
[36] 汪雨茜，李大婧，何伟伟，等. 高等植物叶黄素合成代谢与调控机制[J]. 食品工业科技, 2018, 39(15): 322-328.
[37] 王运强，肖炼，邹正康，等. 碳量子点对甜瓜幼苗镉胁迫的缓解作用[J]. 中国瓜菜, 2019, 32(6): 19-26.
[38] Molaei, M.J, A review on nanostructured carbon quantum dots and their applications in biotechnology, sensors, and chemiluminescence [J]. Talanta, 2019, 196: 456-478.
[39] 张健龙，易科，张一岚，等. 干旱胁迫对不同彩粒小麦苗期生长发育的影响[J].西北农业学报, 2020, 29(6): 842-850.
[40] 于婵，张依琳，李秋莹，等. 盐碱胁迫对牛至种子萌发和幼苗生理生化特性的影响[J/OL].

草地学报, 2024, 32(6): 1882-1892.

[41] Wang P, Xu Z, Zhang Y, et al. Over-expression of spermidine synthase 2 (SlSPDS2) in tomato plants improves saline-alkali stress tolerance by increasing endogenous polyamines content to regulate antioxidant enzyme system and ionic homeostasis [J]. Plant Physiol Bioch,, 2022, (192): 172-185.

[42] 陈珏, 殷志敏, 裴晓丽, 等. 天然低共熔溶剂对植物种子萌发及幼苗抗氧化特性的影响[J]. 生态毒理学报, 2024, 19(4): 416-428.

[43] 贾若凌.铜胁迫对菊芋幼叶生理生化指标的影响[J].河南农业科学, 2012, 41(08): 154-156.

[44] 王娟, 李德全, 谷令坤. 不同抗旱性玉米幼苗根系抗氧化系统对水分胁迫的反应[J]. 西北植物学报, 2002, 22(2): 77-82.

[45] Hong J, Wang C, Wagner D C, et al. Foliar application of nanoparticles: mechanisms of absorption, transfer, and multiple impacts [J]. Environ Sci-Nano, 2021, 8(5): 1196-1210.

[46] Imtiaz H, Shiraz M, Mir A R, et al. Nano-priming techniques for plant physio-biochemistry and stress tolerance [J]. J Plant Growth Regul, 2023, 42: 6870-6890.

[47] Zhong M, Yue L, Chen Q, et al. Spermidine carbon dots enhance thermotolerance by modulating photosynthesis and cellular redox homeostasis in tomato [J]. Environ Sci-Nano, 2023, 10(2): 595-610.

[48] 鞠晓影, 赵勇, 陈桂顺, 等. 小麦苗期抗氧化酶活性及丙二醛含量 QTL 定位[J]. 河北农业大学学报, 2017, 40(03): 1-7.

CHAPTER 9

第9章 羧基化单壁碳纳米管对盐碱胁迫下盐地碱蓬生长发育的影响

9.1 概述

土壤盐碱化对全球生态环境可持续发展构成严重威胁[1, 2]，也是影响农林生产力的主要因素之一[3]。盐地碱蓬是一种一年生盐生草本植物，是改良盐碱地的先锋植物，也是黄河流域盐碱土地生长的优势植物[4]。该物种不仅能调节土壤的盐碱度，还能通过与微生物群落的相互作用改善微生态环境[5]。其肉质化的茎和叶子是稀释植物体内 Na^+和 Cl^-浓度、维持细胞内渗透平衡的重要结构，也是植物盐分积累的主要器官[6]。

调控盐地碱蓬的耐盐碱胁迫能力，对于持续扩大该物种在盐碱土壤定植和分布范围，提高此类土壤的生态修复效率具有重要意义。据报道。科研人员已开发了多种策略以缓解盐碱胁迫对植物生长发育的影响，包括施用外源植物激素[7]、添加植物必需化学元素[8]、转基因技术[9]、用淡水冲洗盐碱土壤以及使用化学试剂改良盐碱土壤[10]。然而，这些方法均存在一定的局限性亟待解决。近年来，以纳米材料作为外源调控剂的生物调节技术因其具有操作简单、成本低廉且效率高等优势引起了相关科研工作者的广泛关注。

在各类纳米材料中，碳纳米管（CNTs）包括单壁碳纳米管（SWCNTs）和多壁碳纳米管（MWCNTs）[11]，因其能够通过根、茎、叶等器官穿透植物组织，促进植物对养分的吸收，调节植物生长，调控植物生物与非生物胁迫而备受关注[12-14]。例如，研究表明 MWCNTs 可促进盐胁迫下西兰花的生长[15]、加速番茄幼苗生长发育[16]，并减轻重金属（如镉、砷）胁迫对玉米的不利影响[17]。SWCNTs

能增强苹果叶片的光合活性、加快糖代谢[12]，还能促进卷心菜、胡萝卜、黄瓜、生菜、洋葱和番茄等多种作物根系的伸长生长[18]。然而，也有研究发现碳纳米管对植物的生长存在抑制作用，这可能与碳纳米管表面的化学基团和浓度密切相关[19, 20]。然而，关于碳纳米管影响植物生长发育及胁迫耐受性分子机制的研究有待进一步深入。

近年来，先进的组学技术（基因组学、转录组学、蛋白质组学和代谢组学）已被单独或联合应用于阐明胁迫环境下植物与纳米材料相互作用的分子机制[21, 22]。转录组学是基于DNA的微阵列技术、在mRNA表达水平上开展的高通量测序技术，有助于鉴定不同条件下生物组织中的差异表达基因（DEGs）[23-25]。代谢组学能够在特定时空水平上对特定植物组织或细胞内的代谢物进行定性和定量分析，从而有助于识别纳米材料对植物非生物胁迫影响的关键代谢产物和代谢通路[26-28]。转录组学和代谢组学联合分析可以将转录本映射到相关代谢通路上，全面分析纳米材料对植物生物学过程的影响，有助于更清晰地理解纳米材料影响植物非生物胁迫耐受性的分子机制[29, 30]。

本研究设置了五种不同浓度的羧基化单壁碳纳米管（SWCNTs-COOH），以研究其对盐碱土壤中生长的盐地碱蓬生长发育的影响。通过透射电子显微镜（TEM）观察SWCNTs-COOH在盐地碱蓬叶片和根系中的吸收与积累情况；对经SWCNTs-COOH处理的盐地碱蓬中的差异表达基因（DEGs）和差异表达代谢物（DEMs）进行分析，以阐明SWCNTs-COOH调节盐碱胁迫下盐地碱蓬生长发育的关键代谢通路。这些结果有助于加深我们对不同浓度COOH-SWCNTs影响盐碱环境中盐地碱蓬生长发育途径及其分子机制的理解，有望为通过纳米生物技术促进盐碱环境植物生长发育及生态修复提供基础数据和理论依据。

9.2 SWCNTs-COOH 处理盐地碱蓬的培养

9.2.1 SWCNTs-COOH 的表征

（1）SWCNTs-COOH 准备

SWCNTs-COOH纯度≥95%。采用透射电子显微镜（TEM）对羧基化单壁碳纳米管的形态特征进行分析；使用傅里叶变换红外光谱仪（FT-IR）在4000～

400cm^{-1} 波长范围内记录其红外光谱。

(2) SWCNTs-COOH 特征分析

对 SWCNTs-COOH 的傅里叶变换红外光谱分析显示，其表面存在多个官能团，包括 O—H、C—H、C═O 和 C—O [图 9-1 (a)]。表明该 SWCNTs-COOH 具有良好的水溶性[31]。从图 9-1 (b) 可以看出，SWCNTs-COOH 呈细长的管状结构，管壁较薄，平均外径为 (13.2±2.9) nm。这一结构特点为 SWCNTs-COOH 穿透植物细胞壁进入植物细胞提供了前提[32]。

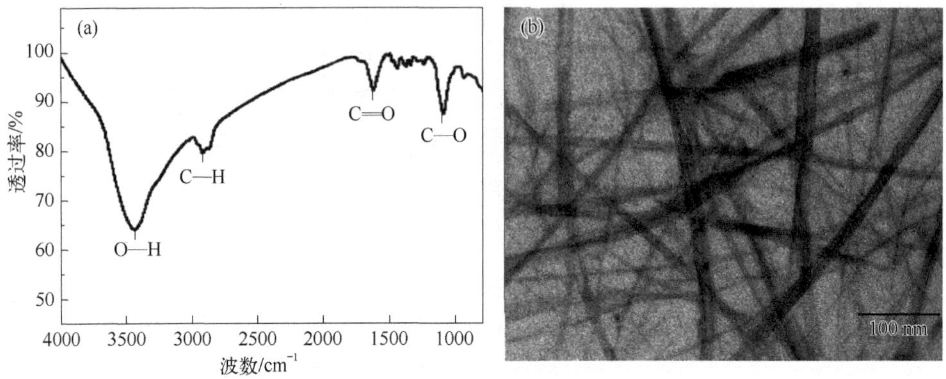

图 9-1 SWCNTs-COOH 的结构与形态特征

(a) FT-IR 光谱；(b) TEM 图像

9.2.2 盐地碱蓬种子与实验土壤采集

盐地碱蓬种子采自山西省运城市盐湖区盐碱土壤集中分布区域（北纬 35.013247°，东经 111.056775°），充分干燥后保存于 4℃冰箱中备用。采集深度 0～20cm 表层土壤，自然风干后，用 2mm 的筛去除非塑性物质和砾石，作为后续实验的栽培基质。土壤性质详见表 9-1。

表 9-1 土壤理化性质分析

性质	指标
pH	8.07±0.01
有机质(g/kg)	10.8±0.17
全氮/%	0.067±0.01

续表

性质	指标
全磷/%	0.044±0.01
全钾/%	1.34±0.09
碳酸氢根/(g/kg)	0.0192±0.01
铵态氮/(mg/kg)	6.13±0.13
有效磷/(mg/kg)	4.8±0.11
速效钾/(mg/kg)	304±12.58
硝态氮/(mg/kg)	8.25±0.15
水溶性盐/(g/kg)	12.4±0.56

9.2.3 SWCNTs-COOH 处理盐地碱蓬的培养

选择大小均匀的盐地碱蓬种子，用 10%次氯酸钠溶液灭菌处理，超纯水充分清洗。将种子平铺在培养皿中，黑暗环境中催芽，两天后，将发芽的种子转移到温室中，温度 23～27℃；光照强度（150±5）μmol/(m^2·s)；光周期：12h 光照，12h 黑暗；空气湿度：45%。一周后，将生长潜力相近的幼苗移植到直径和高度均为 18cm 的圆形塑料盆中，每盆五株幼苗。一周后，生长状态稳定时将含有不同浓度 SWCNTs-COOH（0mg/L、20mg/L、40mg/L、60mg/L、80mg/L 和 100mg/L）的溶液喷洒到幼苗叶片上，每三天喷洒一次，持续三个月，收获植株并进行生长指标、转录组学和代谢组学分析。本实验共培养盐地碱蓬 18 盆，分为 6 组，每组设 3 次重复。

9.2.4 植物组织中 SWCNTs-COOH 的检测

（1）植物组织中 SWCNTs-COOH 检测方法

盐地碱蓬的叶片和根充分清洗，除去杂质，迅速切取 1mm×1mm 的片段用于生物透射电子显微镜（Bio-TEM）分析。样品首先用 2.5%（体积分数）的戊二醛溶液（用 pH 7.3～7.4 的磷酸盐缓冲液配制）固定 24h，将植物材料包埋于 Embed 812 中，使用徕卡 EM FC7 冷冻切片机切成约 70nm 厚的超薄切片。切片用染色装置经 2%醋酸铀和柠檬酸铅染色后，使用 JEM-1200EX 透射电子显微镜观察和记录。

（2）植物组织中 SWCNTs-COOH 检测结果分析

从图 9-2 可以看出，经 60mg/L SWCNTs-COOH 处理的盐地碱蓬叶片和根系中，均观察到黑色的 COOH-SWCNTs 聚集体；而蒸馏水处理的对照组叶片和根系中，没有观察到黑色颗粒或聚集体。表明施加的 SWCNTs-COOH 可被盐地碱蓬的叶片吸收，并转运至其根细胞内部[33]。

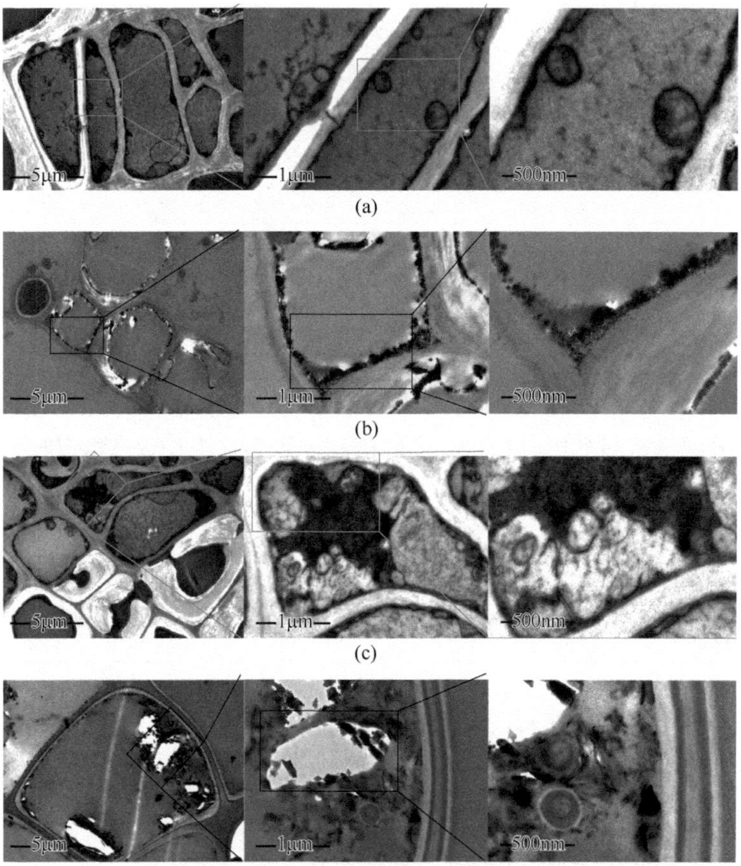

图 9-2　盐地碱蓬的透射电子显微镜图像

（a）蒸馏水处理的叶片组织（对照组）；（b）SWCNTs-COOH（60mg/L）处理的叶片组织；（c）蒸馏水处理的根部组织（对照组）；（d）SWCNTs-COOH 处理的根部组织（注：灰色框内为细胞结构，黑色框内为 SWCNTs-COOH 聚集体）

9.2.5 数据分析方法

所有样品的测定均包含 3 个生物学重复。使用 IBM SPSS Statistics 软件（25.0 版本）完成统计分析，通过方差分析（ANOVA）确定统计显著性，随后采用 Tukey 诚实显著差异（HSD）或 Fisher 最小显著差异（LSD）多重比较检验，显著性水平设定为 95%（$p<0.05$）[34]。利用 Omic Share 工具进行生物信息学分析，并使用 GraphPad Prism 9、Origin 2022、Adobe Illustrator 2020 和 R Studio 软件绘制相关图表[35]。

9.3 盐地碱蓬对羧基化单壁碳纳米管的响应

土壤盐渍化是一种严重的非生物胁迫，会对植物生长产生不利影响、破坏土壤结构甚至影响生态系统多样性[36]。扩大耐盐碱植物的种植范围，对于应对土壤盐渍化挑战、提高盐碱土地利用率以及改善盐碱土壤肥力至关重要[37]。Fan 等[38]提出，适宜浓度的碳纳米管（CNTs）可调节植物的非生物胁迫耐受性、促进植物生长并扩大其分布范围。然而，植物与纳米颗粒之间的相互作用十分复杂，植物种类、胁迫类型及纳米颗粒浓度等因素均会影响其作用效果。而且纳米材料的潜在健康风险与其剂量密切相关。

本研究以盐地碱蓬为研究对象，根据现有的报道[15,39]，设置了 0mg/L、20mg/L、40mg/L、60mg/L、80mg/L 和 100mg/L 共 6 个浓度梯度的 SWCNTs-COOH，探究了不同浓度 SWCNTs-COOH 对盐碱土壤生长的盐地碱蓬的生长指标、转录组和代谢组的影响。

9.3.1 盐地碱蓬对羧基化单壁碳纳米管的表型响应

从图 9-3 可以看出，不同浓度的羧基化单壁碳纳米管（SWCNTs-COOH）对盐地碱蓬表型生长（株高、鲜质量和干质量）的影响呈现大体一致的趋势。在 20～60mg/L 浓度范围内，盐地碱蓬的株高、鲜质量和干质量均显著高于对照组（CK）。其中，60mg/L 浓度处理的促进效果最为显著，株高、鲜质量和干质量分别增加了 52%、65%和 63.3%（$p<0.05$）。相反，当 SWCNTs-COOH 浓度达到 80mg/L 及以

上时，所有处理组的生长指标均随浓度升高而下降。100mg/L SWCNTs-COOH 处理组的抑制作用最为明显，株高、鲜质量和干质量分别降低了 23.5%、33.3%和

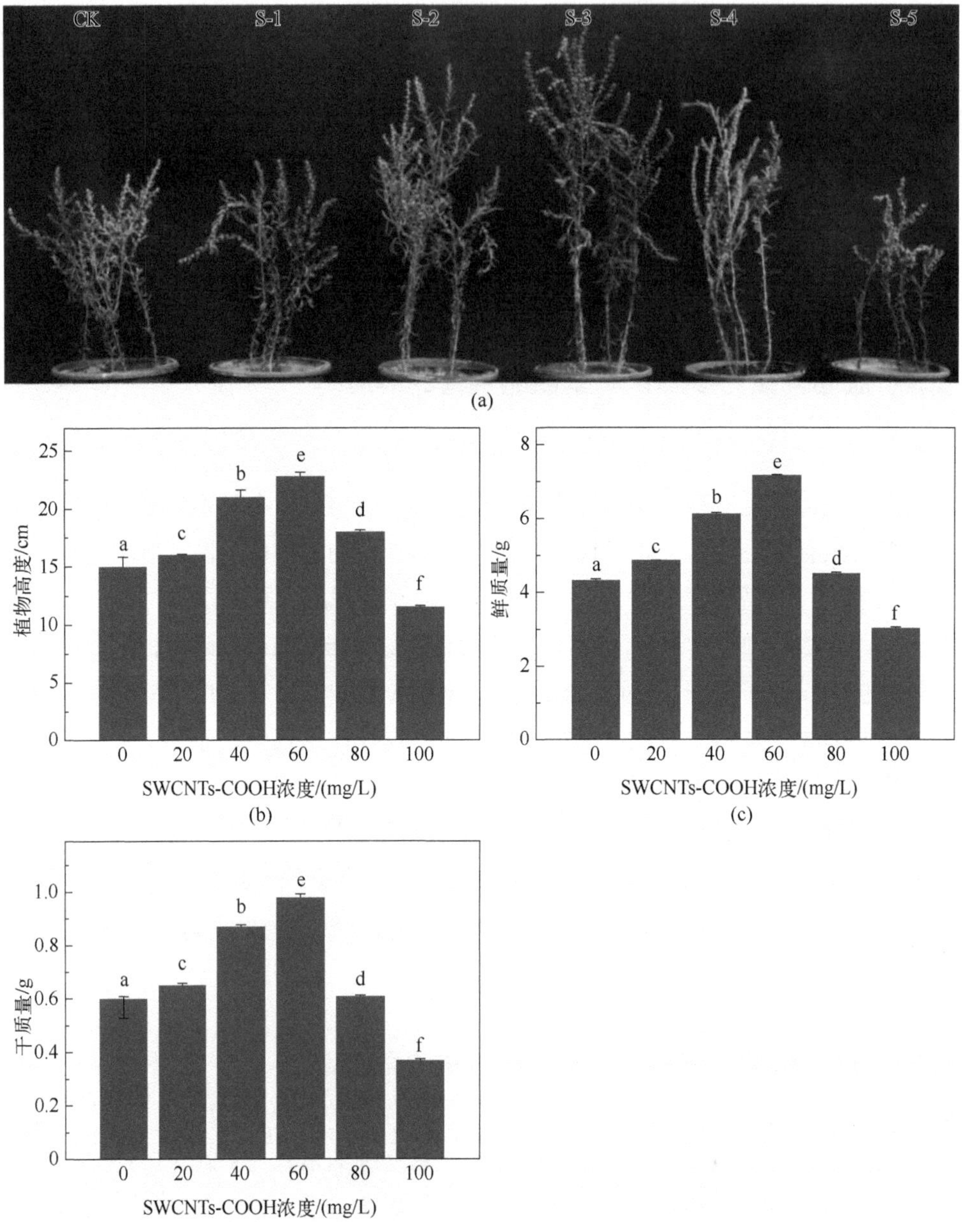

图 9-3　不同浓度 SWCNTs-COOH（0～100mg/L）对盐地碱蓬表型生长的影响

（a）植物生长表象；（b）植物高度；（c）鲜质量；（d）干质量（注：误差棒表示柱状图上的线段重复三次实验的标准差）

38.4%。这是因为低浓度的 SWCNTs-COOH（≤60mg/L）可作为必需元素的载体，与土壤中存在的镁（Mg）、铁（Fe）、磷（P）等矿物质结合，增强了植物根系对这些矿质元素的吸收和运输，进而促进植物生长[40]。高浓度的 SWCNTs-COOH（80mg/L 和 100mg/L）容易吸附在植物组织表面或诱导植物细胞发生聚集，降低细胞的呼吸速率，阻碍植物对水分和养分的有效利用，最终导致盐地碱蓬生长受阻[41,42]。

9.3.2 盐地碱蓬对羧基化单壁碳纳米管的转录组响应

（1）SWCNTs-COOH 对盐地碱蓬转录组影响的分析方法

采用 Trizol 试剂分别从不同浓度 COOH-SWCNTs 处理的盐地碱蓬叶片样品中提取总 RNA，每个处理设三个生物学重复。测序文库制备和 Illumina 测序在上海生工技术有限公司进行。首先使用 FastQC 对测序原始数据进行质量评估，随后用 Trimmomatic 进行质量修剪，以获得准确且经过验证的数据。验证后的数据分析流程如下：使用 Trinity 进行组装拼接，再用 Bowtie2 与拼接的转录本进行比对。测序在 Illumina Xten 平台（HiSeq 2500）上进行。使用 R 软件中的 DESeq2 进行差异基因表达分析，利用 topGO 进行基因本体论（GO）富集分析，使用 clusterProfiler 对京都基因与基因组百科全书（KEGG）进行通路富集分析。在富集分析中，采用超几何分布算法（Phyper）计算 p 值，随后进行错误发现率（FDR）校正。以 $p \leq 0.05$ 为阈值筛选显著富集的通路[43]。

（2）SWCNTs-COOH 对盐地碱蓬转录组影响的结果分析

采用 RNA-Seq 技术并结合 8 个数据库，对不同浓度 SWCNTs-COOH 处理的 18 个盐地碱蓬叶片样品进行了差异基因分析（表 9-1）。通过统计方法对测序获得的原始数据和质控数据进行评估（表 9-2），最终过滤得到 137.59Gb 的数据集，其中 Q20 水平的测序数据比例＞97.63%，Q30 水平的测序数据比例＞94.74%，GC 含量约为 43%，比对分布在 81.09%～83.03% 之间（表 9-3），确保了本研究数据分析的可靠性。

表 9-2 盐地碱蓬基因注释比率统计

数据库	基因数量	比率/%
CDD	60155	11.31
PFAM	72837	13.7
KEGG	65885	12.39

续表

数据库	基因数量	比率/%
KOG	83438	15.69
Swissprot	161337	30.35
GO	119344	22.45
NR	148003	27.84
NT	58212	10.95
至少一个数据库中注释成功	216120	40.65
所有数据库中注释成功	4485	0.84
总基因	531655	100

表 9-3 不同浓度 SWCNTs-COOH 处理下盐地碱蓬 RNA 测序质量统计分析

样品编号	过滤后读段	Q20/%	Q30/%	GC 含量/%	总映射率/%	多重映射率/%	唯一映射率/%
CK-1	40458986	97.68	94.74	42.66	81.96	59.61	22.34
CK-2	43207908	97.72	94.82	42.63	81.96	59.55	22.41
CK-3	46125312	97.68	94.81	42.53	81.56	59.63	21.93
S-1-1	46625982	97.89	95.21	42.89	82.33	60.36	21.97
S-1-2	51880860	97.93	95.27	43	82.93	61.11	21.82
S-1-3	48627872	97.63	94.58	42.95	83.03	60.90	22.13
S-2-1	49851278	97.74	94.89	43.88	81.55	60.30	21.25
S-2-2	46554954	97.87	95.17	43.61	82.04	60.81	21.23
S-2-3	48839262	97.65	94.76	43.8	81.30	61.39	19.91
S-3-1	51895550	97.75	94.93	43.92	82.66	60.77	21.89
S-3-2	49009892	97.76	94.95	43.85	82.71	61.42	21.29
S-3-3	55053114	97.84	95.1	43.99	82.96	61.04	27.93
S-4-1	49042750	97.71	94.84	43.44	82.43	61.37	21.06
S-4-2	56204824	97.94	95.33	43.54	81.80	61.18	20.62
S-4-3	94305118	98.01	95.47	43.65	82.44	61.79	20.65
S-5-1	54847920	97.93	95.31	43.17	81.25	59.33	21.92
S-5-2	53073360	97.72	94.84	42.9	81.15	59.37	21.78
S-5-3	49395030	97.86	94.84	42.9	81.09	58.89	22.2

主成分分析（PCA）结果［图 9-4（a）］和对照组与各处理组所有重复样本的差异表达基因（DEGs）相关性热图［图 9-4（b）］显示，同一浓度组内的重复样本间相关性较强，而不同浓度 SWCNTs-COOH 对盐地碱蓬转录组的影响存在显著差异。

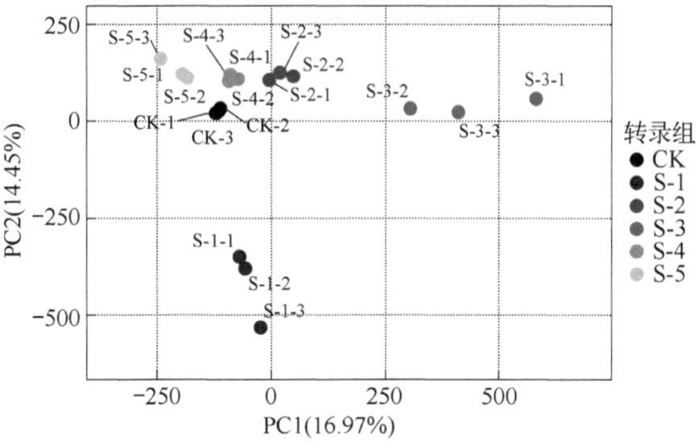

(a)

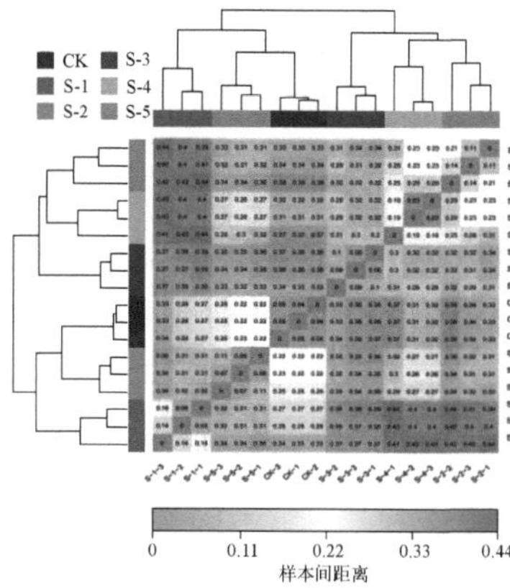

(b)

图 9-4 不同 SWCNTs-COOH 浓度下盐地碱蓬叶片的转录组分析

（a）转录组样本的主成分分析；（b）对照组与实验组所有重复样本间差异表达基因的相关性热图

转录组分析共鉴定出 57470 个差异表达基因。其中，对照组（CK）与实验组 S-1、S-2、S-3、S-4、S-5 相比，分别筛选出 7136、3142、12295、3465 和 5365 个特异性差异表达基因［图 9-5（a）］。这些差异表达基因的筛选标准为$|\log_2 FC| \geqslant 1$且$q < 0.05$（q 为校正后的 p 值）。在所有鉴定出的差异表达基因中，有 1796 个为

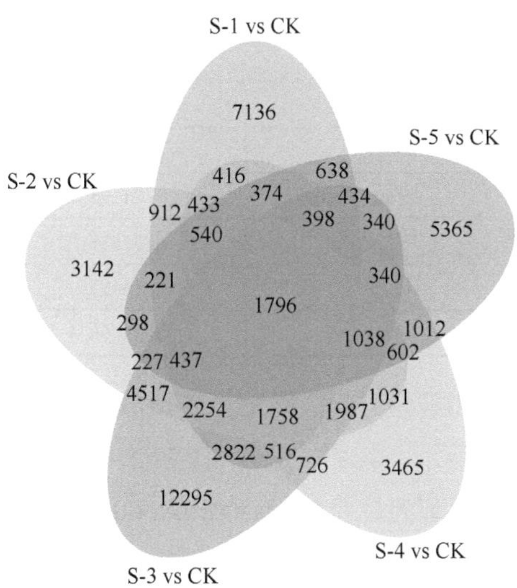

(a)

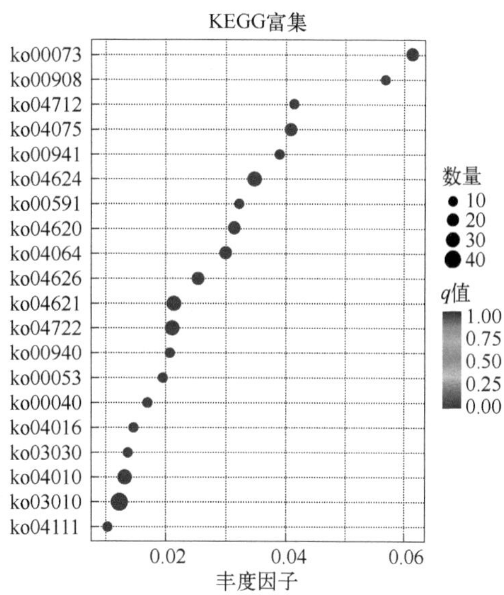

(b)

图 9-5 不同 SWCNTs-COOH 浓度下盐地碱蓬叶片的转录组分析

（a）韦恩图；（b）所有组间共有的差异表达基因 KEGG 通路富集分析

注：圆点的大小表示每个通路中富集的基因数量，颜色渐变反映了富集的统计显著性（p 值），q=0.00 代表显著性最高

五个浓度实验组与对照组共有的差异表达基因，它们主要富集在核糖体通路（ko03010）、丝裂原活化蛋白激酶（MAPK）信号通路（ko04010）和神经营养因子信号通路（ko04722）中［图9-5（b）］。

从图 9-6 和表 9-4 的转录组比较分析可看出，外施不同浓度的 SWCNTs-COOH 导致盐地碱蓬大量基因表现出显著差异。具体表现为：S-1 vs CK 组，共检测到 21085 个差异表达基因（14757 个上调，6382 个下调）；S-2 vs CK 组，检测到 21193 个差异表达基因（11431 个上调，9762 个下调）；S-3 vs CK 组中，检测到 31885 个差异表达基因（22383 个上调，9502 个下调）；S-4 vs CK 组，检测到 16432 个差异表达基因（6219 个上调，10213 个下调）；S-5 vs CK 组，检测到 14060 个差异表达基因（8499 个上调，5561 个下调）。表明 COOH-SWCNTs 处理对盐地碱蓬的转录组图谱产生了显著影响。

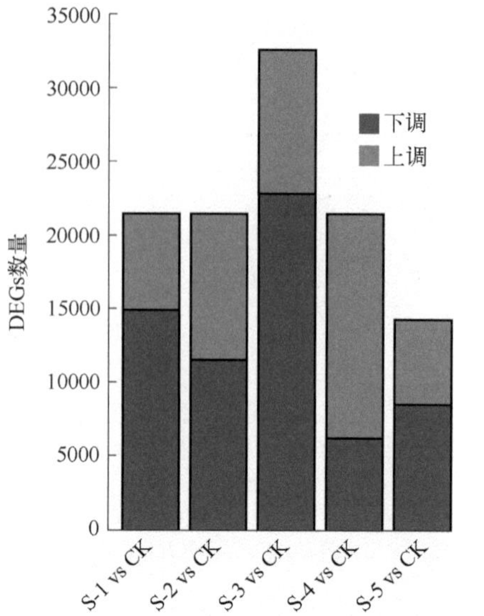

图 9-6　差异表达基因（DEGs）的上调与下调分析

表 9-4　差异表达基因的统计分析

比较组	上调基因数量	下调基因数量	基因总数量
S-1 vs CK	14757	6328	21085
S-2 vs CK	11431	9762	21193
S-3 vs CK	22383	9502	31885
S-4 vs CK	6219	10213	16432
S-5 vs CK	8499	5561	14060

通过对差异表达基因的 KEGG 功能注释和富集分析，确定了各比较组中富集程度排名前 20 基因的代谢通路，如图 9-7 所示。其中，Toll 和 Imd 信号通路（ko04624）、Toll 样受体信号通路（ko04620）、苯丙烷类生物合成（ko00940）、核糖体（ko03010）、神经营养因子信号通路（ko04722）以及植物激素信号转导（ko04075）通路在所有比较组中均显著富集。此外，亚油酸代谢（ko00591）、抗坏血酸和醛糖酸代谢（ko00053）以及角质、木栓质和蜡的生物合成（ko00073）在 S-4 vs CK 和 S-5 vs CK 组中显著富集。

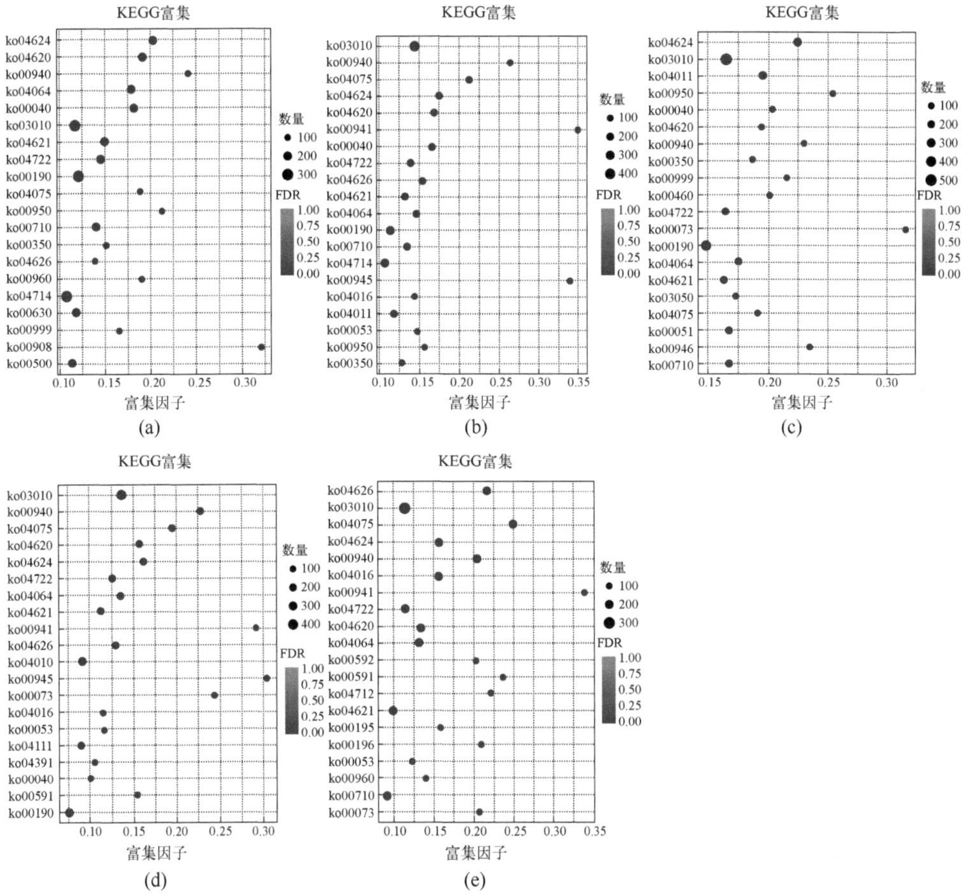

图 9-7 不同浓度 SWCNTs-COOH 处理下差异表达基因的 KEGG 通路富集分析

（a）S-1 vs CK；（b）S-2 vs CK；（c）S-3 vs CK；（d）S-4 vs CK；（e）S-5 vs CK

注：圆点大小表示与每个通路相关的基因数量，颜色从由浅到深表示通路富集的统计显著性

GO 富集分析显示，S-1 vs CK、S-2 vs CK 和 S-3 vs CK 组中的 DEGs 与核糖核蛋白复合物（GO:1990904）、线粒体（GO:0005739）和核糖体（GO:0005840）的合成有关；而 S-4 vs CK 和 S-5 vs CK 组中的差异表达基因则与质体（GO:0009536）、叶绿体（GO:0009507）、胞质部分（GO:0044445）、核糖体（GO:0005840）及胞质翻译（GO:0002181）相关（图 9-8）。

除此之外，采用火山图分析了 S-1 vs CK［图 9-9（a）］、S-2 vs CK［图 9-9（b）］、S-3 vs CK［图 9-9（c）］、S-4 vs CK［图 9-9（d）］和 S-5 vs CK［图 9-9（e）］组中所有转录本的表达谱。结果表明，不同浓度 SWCNTs-COOH 显著诱导了盐地碱蓬中与盐碱胁迫相关的转录本的变化。

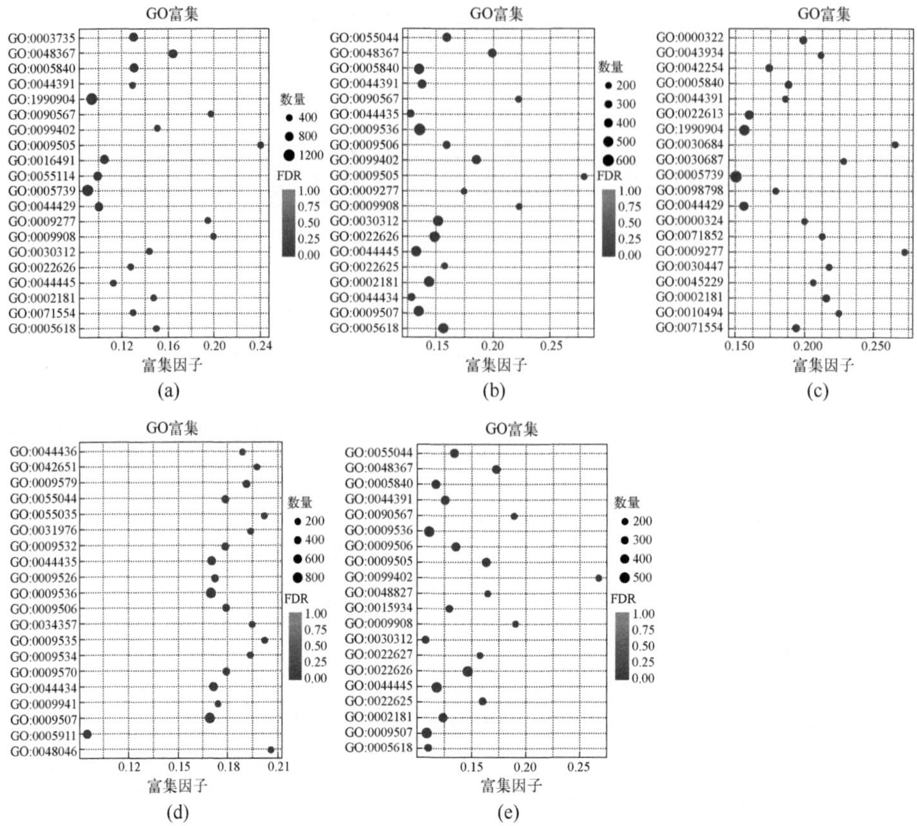

图 9-8 不同 SWCNTs-COOH 浓度处理下盐地碱蓬叶片差异表达基因的 GO 分析

（a）S-1 vs CK；（b）S-2 vs CK；（c）S-3 vs CK；（d）S-4 vs CK；(e) S-5 vs CK

注：圆点大小表示与每个通路相关的基因数量，颜色从浅到深表示通路富集的统计显著性

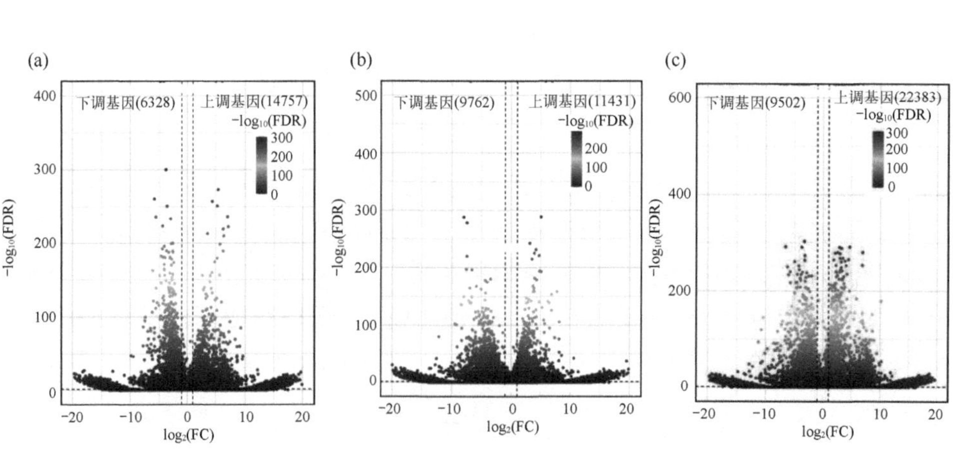

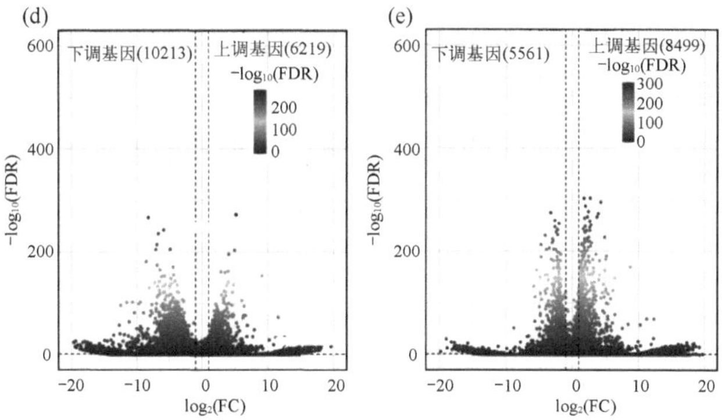

图 9-9　不同 SWCNTs-COOH 浓度下盐地碱蓬叶片差异表达基因的火山图

（a）S-1 vs CK；（b）S-2 vs CK；（c）S-3 vs CK；（d）S-4 vs CK；(e) S-5 vs CK

GO 分析和 KEGG 通路富集分析均表明受低浓度 SWCNTs-COOH 影响的 DEGs 主要富集在 Toll 和免疫缺陷（Imd）信号通路以及苯丙烷生物合成途径，这与近期研究发现的苯丙烷生物合成途径对植物的生长发育和抗逆性至关重要，对增强植物的非生物胁迫耐受性和再生能力有一定效果的结果相似[44]。此外，与高浓度 SWCNTs-COOH 作用下抗性相关的 DEGs 则主要集中在角质、木栓质和蜡的生物合成相关通路中。这可能是因为细胞壁（CW）对非生物胁迫高度敏感[45]，角质、木栓质和蜡是细胞壁合成的关键组成成分，在维持植物组织功能和抵御不良环境条件方面发挥着不可或缺的作用[46]，特别是木栓质，能有效阻止有害物质渗透到细胞质中，并减轻非生物胁迫的危害[47]。

9.3.3 盐地碱蓬对羧基化单壁碳纳米管的代谢组响应

（1）SWCNTs-COOH 对盐地碱蓬代谢组影响的分析方法

采用 Scientz-100F 冷冻干燥机通过真空冷冻干燥技术对植物样品进行冻干处理，随后使用 Retsch MM 400 研磨机将其研磨成细粉。称取 50mg 粉末样品，用 1200μL 预冷（−20℃）的 70%甲醇水溶液提取。离心后取上清液，经 0.22μm 微孔滤膜过滤，滤液存入进样瓶并于−80℃保存，待后续分析。

代谢物特征分析采用超高效液相色谱（UHPLC）系统联用 Orbitrap 120 高分辨串联质谱（MS）检测器完成。通过 Analyst TF 1.7.1 软件，以信息依赖采集（IDA）模式获取数据。采用正交偏最小二乘判别分析（OPLS-DA）和主成分分析（PCA）进行样品聚类和组间分离情况统计分析。差异累积代谢物（DAMs）的筛选标准为:

绝对 $\log_2$倍变化（$|\log_2 FC|$）≥1 且变量重要性投影（VIP）＞1。利用 KEGG 通路富集分析对这些差异累积代谢物进行进一步研究，以探究其所涉及的代谢通路[48, 49]。

(2) SWCNTs-COOH 对盐地碱蓬代谢组影响的结果分析与讨论

当植物遭遇外界胁迫时，其体内代谢物的组成和浓度会发生显著变化。这些变化通过多种代谢途径及代谢物间的相互作用减轻胁迫对植物造成的损伤[50,51]。本研究采用非靶向代谢组学方法分析盐地碱蓬叶片中的差异表达代谢物（DEMs），筛选标准为$|\log_2 FC| \geq 1$、$p < 0.05$ 且 VIP＞1。皮尔逊相关系数分析显示，同一组内的重复样本聚类明显［图 9-10（a）］，而在不同组之间的主成分分析中观察到了明显的分离。表明代谢组重复样本之间具有高度的相关性，其中主成分 PC1 和 PC2 分别解释了 48.35%和 12.96%的变化［图 9-10（b）和表 9-5］。

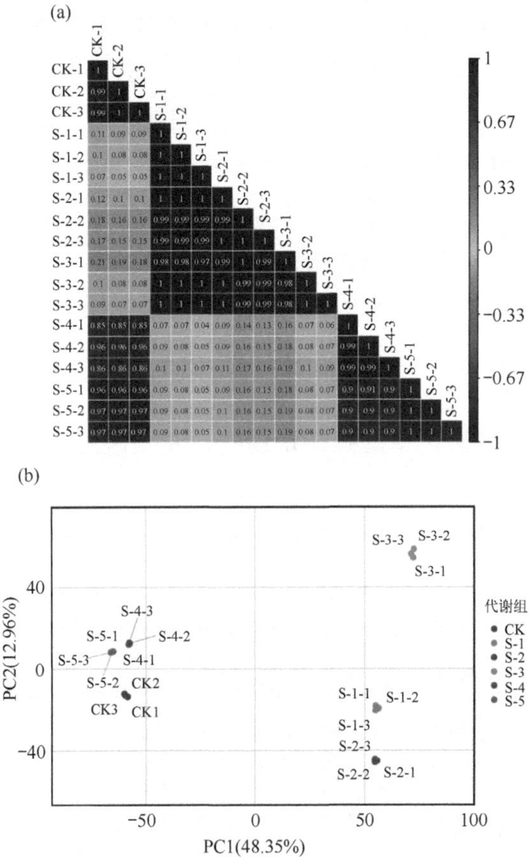

图 9-10　不同浓度 SWCNTs-COOH 对盐地碱蓬代谢组学影响的分析

（a）代谢组样本的皮尔逊相关系数分析；（b）主成分分析（PCA）结果

表 9-5　代谢组的 PCA 分析

样品	PC1	PC2	PC3	PC4	PC5	PC6	PC7	PC8	PC9	PC10	PC11	PC12	PC13	PC14	PC15	PC16	PC17	PC18
CK1	−58.32	−13.71	2.43	−41.03	24.88	4.43	−2.27	32.43	−9.11	3.53	−5.60	0.73	−2.37	5.62	2.94	−1.54	0.69	0.00
CK2	−59.83	−12.28	2.09	−38.89	23.94	−2.72	−1.25	−8.08	8.75	−11.02	26.38	−1.82	6.07	−9.10	4.36	2.43	0.94	0.00
CK3	−59.48	−13.00	2.50	−40.24	23.65	−1.35	3.06	−25.03	0.96	7.41	−20.40	1.31	−3.44	3.22	−7.26	−0.73	−1.63	0.00
S-1-1	54.94	−18.35	−53.35	−4.06	−8.14	−1.93	7.30	−5.66	−30.72	−9.23	3.13	−1.04	0.95	−4.93	−4.65	−1.42	0.71	0.00
S-1-2	56.28	−19.54	−52.90	−3.69	−9.00	−0.55	−0.18	1.56	14.67	3.78	0.44	−2.54	19.24	21.45	−0.49	1.05	−0.28	0.00
S-1-3	54.86	−20.49	−52.33	−3.40	−9.48	1.95	−7.19	4.00	16.02	5.23	−3.72	3.37	−20.29	−16.63	5.48	0.36	−0.54	0.00
S-2-1	55.63	−45.00	38.09	12.94	0.35	1.67	3.09	7.27	4.76	0.02	−7.88	1.36	18.26	−19.57	−13.70	−0.35	−1.18	0.00
S-2-2	54.63	−45.59	37.65	13.51	1.19	0.00	−2.26	−0.78	1.02	−3.77	11.68	5.05	−18.61	16.43	−15.38	−2.62	−1.05	0.00
S-2-3	54.64	−44.36	38.44	13.22	0.99	−1.25	0.85	−6.78	−6.18	3.64	−3.43	−6.37	0.48	3.14	29.17	2.76	2.21	0.00
S-3-1	72.03	54.40	14.76	−8.39	4.90	−23.85	−28.95	−0.06	−4.39	0.94	−1.85	−2.45	2.36	−0.49	−2.53	2.29	0.51	0.00
S-3-2	72.35	58.64	13.06	−9.54	5.87	−13.77	33.10	4.75	6.03	0.68	0.57	1.79	−4.26	0.01	1.65	−1.32	0.34	0.00
S-3-3	71.16	56.26	13.12	−8.83	3.66	37.90	−5.65	−4.73	−1.35	−1.66	1.19	0.86	1.58	0.48	0.63	−0.79	−0.64	0.00
S-4-1	−57.79	12.08	−11.12	42.17	20.03	1.29	0.38	−0.62	−0.23	3.40	−0.15	6.94	0.26	0.08	−2.44	8.10	27.35	0.00
S-4-2	−57.33	12.63	−10.81	42.36	20.78	0.73	1.74	1.99	−0.82	−3.90	−1.71	−2.95	−1.73	0.89	−0.64	20.21	−20.79	0.00
S-4-3	−57.55	12.92	−10.77	41.78	20.30	−1.73	−2.40	−1.03	1.00	1.16	1.27	−3.26	1.77	−1.00	3.06	−28.55	−6.63	0.00
S-5-1	−64.87	8.63	9.38	−2.49	−40.50	2.00	2.67	0.35	−2.41	18.79	7.42	−24.87	−2.83	−2.30	−6.74	1.87	2.00	0.00
S-5-2	−65.34	8.46	9.79	−3.21	−42.57	−2.07	−1.03	−1.74	−4.45	10.41	5.15	28.47	4.84	−0.10	4.55	−0.14	−6.21	0.00
S-5-3	−65.98	8.25	9.96	−2.19	−40.84	−0.75	−1.01	2.17	6.44	−29.41	−12.50	−4.56	−2.27	2.82	1.98	−1.60	4.18	0.00

共鉴定出 8156 种差异表达代谢物（DEMs），分属 21 个类别（图 9-11）。其中含量最丰富的三类代谢物分别为有机酸（2276 种，27.91%）、氨基酸及其衍生物（1311 种，16.08%）和苯及取代苯衍生物（1010 种，12.38%）。

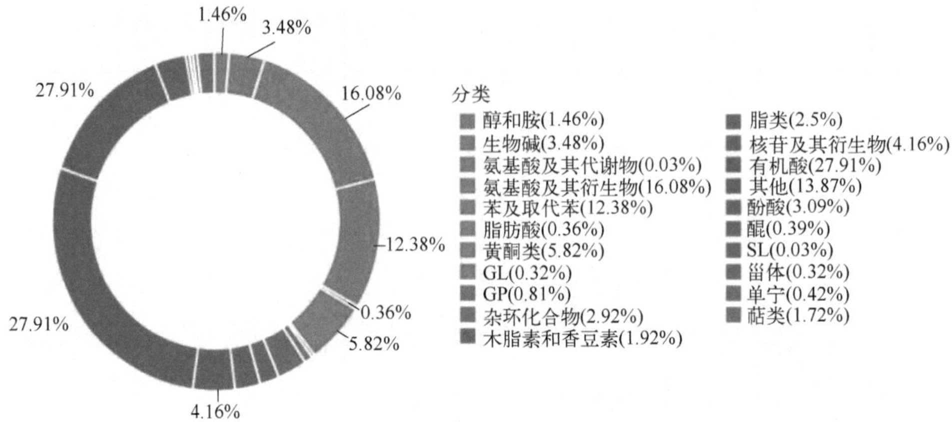

图 9-11 代谢物类别组成饼状图

韦恩图［图 9-12（a）］显示，CK 与 S-1、S-2、S-3、S-4、S-5 组比较中，分别鉴定出 217、230、271、282 和 204 种特异性 DAMs；此外，有 396 种差异累积代谢物是所有对照组共有的。将 S-1、S-2、S-3、S-4、S-5 组样品与对照组（CK）的代谢物进行比较，发现上调的代谢物数量分别为 3263、3240、3485、921 和 1027 种，下调的代谢物数量分别为 1494、1469、1471、1252 和 778 种［图 9-12（b）］。

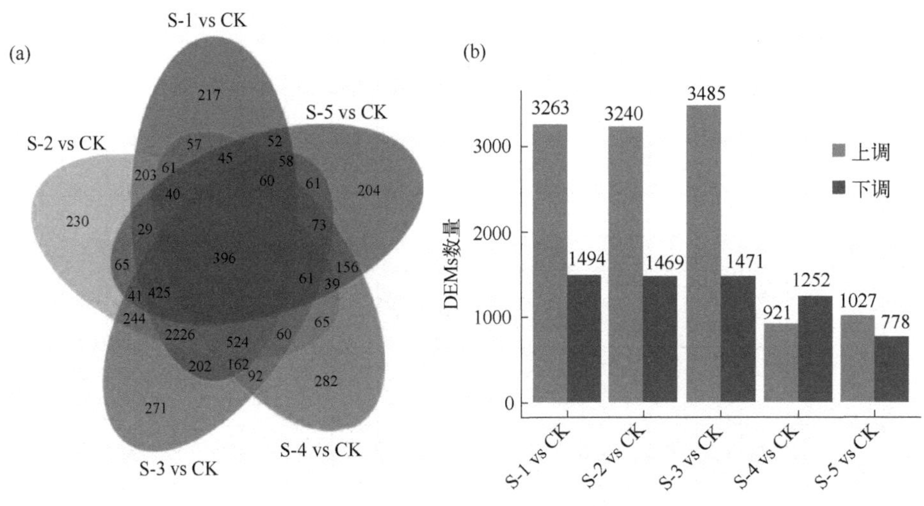

图 9-12 不同浓度 SWCNTs-COOH 对盐地碱蓬代谢组影响的分析

（a）韦恩图；（b）上调和下调代谢物的比较分析

从图 9-13 可看出，S-1 vs CK、S-2 vs CK 和 S-3 vs CK 组差异倍数最大的前 20 种代谢物的变化趋势大体一致。其中上调的代谢物包括：MW0137651、MW0050206、MW0110194、MW0053418 和 MW0168281；下调的代谢物包括：假黄皮酰胺 B、*R*-茚雌酚 A、MW0049253、MW0127906 以及 MW0007578。

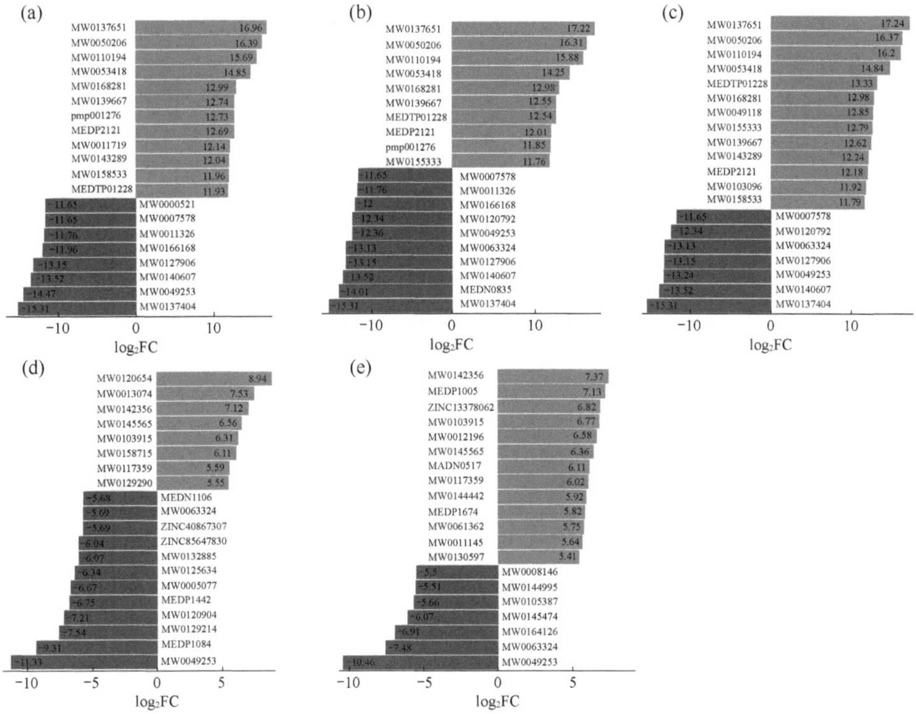

图 9-13　不同浓度 SWCNTs-COOH 对盐地碱蓬代谢组学影响的前 20 种差异代谢物的条形图分析

（a）S-1 vs CK；（b）S-2 vs CK；（c）S-3 vs CK；（d）S-4 vs CK；（e）S-5 vs CK

S-4vs CK 和 S-5vs CK 组的对比结果与上述三组的共有代谢物存在差异，上调的代谢物有 MW0117359、MW142356、MW0145565 以及 MW0103915；下调的代谢物有 MW0049253 和 MW0063324。表明盐地碱蓬的代谢物变化可能与其对不同浓度 COOH-SWCNTs 的适应性有关。

KEGG 富集通路分析表明，经不同浓度 SWCNTs-COOH 处理，盐地碱蓬表现出不同的代谢通路变化（图 9-14）。低浓度 SWCNTs-COOH（S-1 vs CK、S-2 vs CK、S-3 vs CK）处理对盐地碱蓬代谢通路的影响相似，主要富集的通路包括：精氨酸和脯氨酸代谢（ko00330）、精氨酸生物合成（ko00220）、卟啉代谢（ko00860）、硫代葡萄糖苷生物合成（ko00966）以及生物素代谢（ko00780）。这是因为，氨基酸在植物次生代谢物和信号分子的生物合成中起关键作用，同时参与渗透压调节，对植物应对非生物胁迫的响应具有重要意义[52, 53]。例如，精氨酸通过合成脯氨酸、

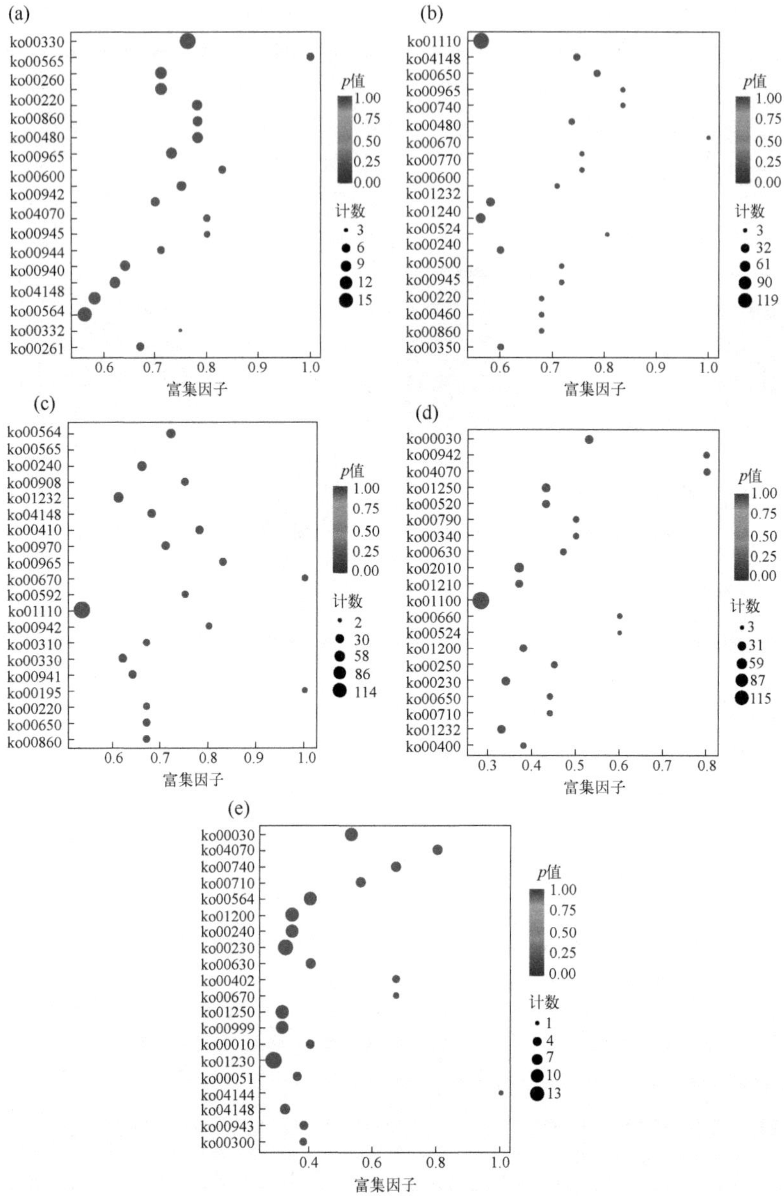

图 9-14　不同浓度 SWCNTs-COOH 对盐地碱蓬代谢组学影响的 KEGG 通路富集分析

（a）S-1 vs CK；（b）S-2 vs CK；（c）S-3 vs CK；（d）S-4 vs CK；（e）S-5 vs CK

注：点的大小表示每个通路中富集的差异表达分子的数量，颜色变化反映了统计显著性（p 值），p=0.00 显著性最高

多胺（PAs）和一氧化氮等途径增强植物的抗氧化能力[54]；而脯氨酸能通过减少脂质过氧化、抑制蛋白质氧化以及保护细胞膜和细胞结构增强植物抵御环境胁迫的能力[55]。表明，低浓度 COOH-SWCNTs 可通过促进氨基酸代谢途径提高盐地碱蓬对盐碱胁迫的耐受性，进而增强其抗氧化能力。

随着 SWCNTs-COOH 浓度升高，盐地碱蓬遭受的非生物胁迫加剧。在 S-4vs CK、S-5vs CK 组中显著富集的通路有：戊糖磷酸途径（ko00030）、磷脂酰肌醇信号系统（ko04070）、核苷酸糖生物合成（ko01250）、乙醛酸和二羧酸代谢（ko00630）、碳代谢（ko01200）以及光合生物的碳固定过程（ko00710）。表明高浓度的 SWCNTs-COOH 作用下盐地碱蓬通过卡尔文循环增强二氧化碳的固定，将二氧化碳转化为有机化合物[56]。此外，植物还通过强化戊糖磷酸途径、乙醛酸和二羧酸代谢途径及碳代谢途径，将一部分碳分配至碳基次生代谢物的合成中，从而提高自身的生存能力[57]。

9.3.4 SWCNTs-COOH 对盐地碱蓬影响的转录组与代谢组联合分析

（1）转录组与代谢组联合分析方法

利用 R 语言环境中的 cor 函数计算代谢物与基因之间的皮尔逊相关系数，筛选出转录组和代谢组数据集中相关系数绝对值＞0.8 且 $p \leqslant 0.05$ 的物质，用于后续关联分析。基于代谢组和转录组的分析结果，选取差异具有统计学意义的前 20 种差异累积代谢物（DAMs）进行加权基因共表达网络分析（WGCNA），以明确各处理组中 DEGs 与 DAMs 的相关性，从而进一步识别参与多种代谢物合成的基因。使用 R 软件（1.69 版本）构建差异表达基因的共表达网络[58]。通过 clusterProfiler 包（4.0 版本）对这些关键模块中的基因进行 KEGG 通路富集分析[59]，利用 Cytoscape 软件（3.10.0 版本）将得到的网络图可视化[60]。

（2）转录组与代谢组联合的结果分析与讨论

当植物遭受非生物胁迫时，会通过一系列差异基因表达和代谢响应适应环境[61,62]。采用九象限相关性图（图 9-15）评估了盐碱胁迫及不同浓度 COOH-SWCNTs 处理下盐地碱蓬叶片中 DEGs 与 DEMs 的关系。该图显示了每组中大量差异表达代谢物的分布情况，这些代谢物的相关系数均大于 0.8，且相关性检验的 p 值小于 0.05。相关性分析表明，与 CK 相比，在不同浓度 COOH-SWCNTs 处理下（S-1 vs

CK、S-2 vs CK、S-3 vs CK、S-4 vs CK、S-5 vs CK），大量基因和代谢物分布在第1、3、7、9象限，表现出明显的相关性。

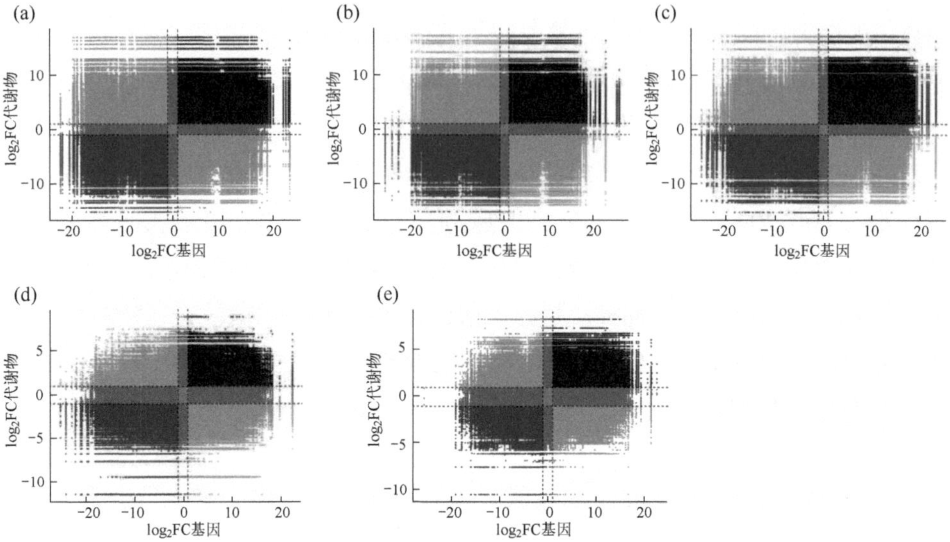

图 9-15　不同浓度 COOH-SWCNT 对盐地碱蓬叶片的转录组与代谢组联合分析的九象限图

（a）S-1vs CK；（b）S-2vs CK；（c）S-3vs CK；（d）S-4vs CK；（e）S-5vs CK

注：*x* 轴表示代谢物的 log_2倍变化，*y* 轴表示基因表达的 log_2倍变化。九象限图展示基因与代谢物的差异倍数情况，并用黑色虚线从左至右、从上至下依次分割为9个象限，其中：第1、9象限（转录组和代谢组趋势一致）、第2、4、6、8象限（仅转录组存在差异）、第3、7象限（基因与代谢物差异表达一致）、第5象限（基因组和代谢组均非差异表达）

此外，本研究通过加权基因共表达网络分析（WGCNA）鉴定了盐地碱蓬中DEGs和差异累积代谢物DAMs的共表达模块（图9-16）。图中基因被划分成不同的模块，这些模块是基于相关系数值形成的紧密关联聚类。网络树的每个分支对应一个模块，每个叶节点代表一个独立基因。WGCNA软件共识别出24个模块，其中ME turquoise模块包含的基因数量最多（7091个），ME dark turquoise模块包含的基因数量最少（95个）。

从图 9-16（b）可看出，绿色模块与[(2*R*)-3-癸酰氧基-2-羟丙基]十五烷酸酯（MW0049253）呈正相关，与网织氨酚（MW0103096）、精氨酸-缬氨酸-异亮氨酸-色氨酸-甘氨酸（MW0145565）以及1-亚油酰-3-二十二碳六烯酰-sn-甘油（MW0050206）呈负相关。黄色模块与MW0050206呈正相关，与（2*E*)-2-氰基-3-(4-乙氧基-3-甲氧基苯基)-*N*-(呋喃-2-基甲基)丙烯酰胺（MW0127906）、(*R*)-茚地酮 A（MW0140607）以及三聚氰胺（MW0007578）呈负相关。棕褐色模块与

（MW0140607）和 MW0007578 呈正相关，与 MW0127906、MW0050206、灵芝酸 F（MW0053418）、1,2-二油酰基-sn-甘油-3-磷脂酸（MW0168281）、酪氨酸-谷氨酰胺-精氨酸（MW0110194）以及黄酮母核 +3 位氧取代，1 个甲氧基、*O*-己糖醛酸-阿魏酰己糖醛酸（MW0137651）呈负相关。

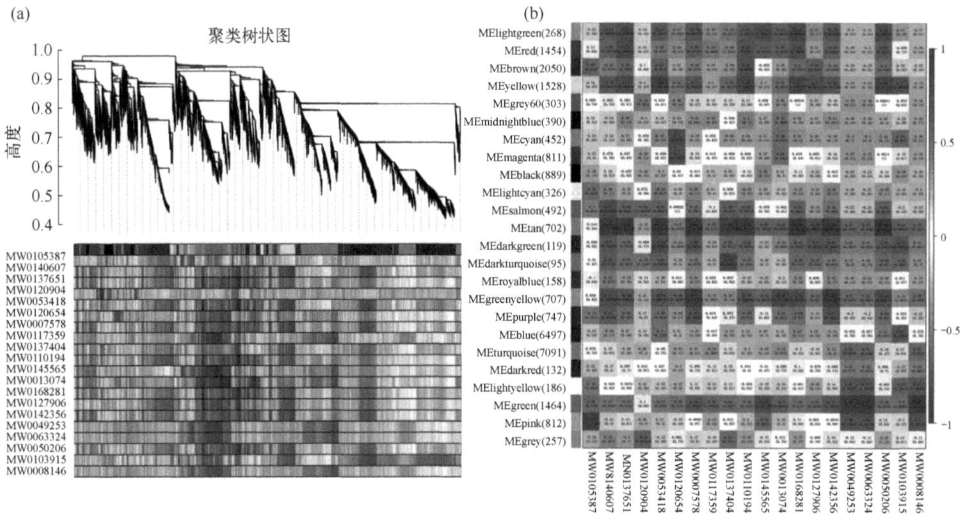

图 9-16　不同浓度 SWCNTs-COOH 处理下盐地碱蓬叶片转录组数据的共表达网络分析

（a）通过 WGCNA 鉴定的基因模块层次聚类树状图（注：每个分支代表一个基因，模块以不同颜色标记，共鉴定出 24 个共表达模块）；（b）模块特征基因与 20 种关键代谢物丰度的相关性热图

注：行代表基因模块，列代表代谢物，颜色深浅反映相关性的强弱和方向，每个交叉点显示相关系数和 p 值。

绿黄色模块与 WM0127906 和 MW0007578 呈正相关，与 MW0140607、MW0050206、MW016828 以及 MW0110194 呈负相关。浅绿色模块与 MW0145565、MW0050206、MW0168281 以及 MW0137651 呈正相关，与 MW0127906、MW0007578 以及 MW0140607 呈负相关。

本研究分析了这些模块之间的关系，以及它们在盐地碱蓬（*S. salsa*）响应羧基化单壁碳纳米管（SWCNTs-COOH）处理过程中的调控作用。相关性分析（图 9-17）显示，绿色模块与 CK、浅绿色模块与 S-2、黄色模块与 S-3、棕褐色模块与 S-4，黄绿色模块与 S-5 之间均存在显著的正相关关系。对这 5 个关键模块的 KEGG 通路富集分析表明，这些模块的通路主要富集于植物激素信号转导（ko04075）以及淀粉和蔗糖代谢（ko00500）（图 9-18）。表明盐碱胁迫下，这些通路在调节盐地碱蓬对 SWCNTs-COOH 的响应中发挥着重要作用。

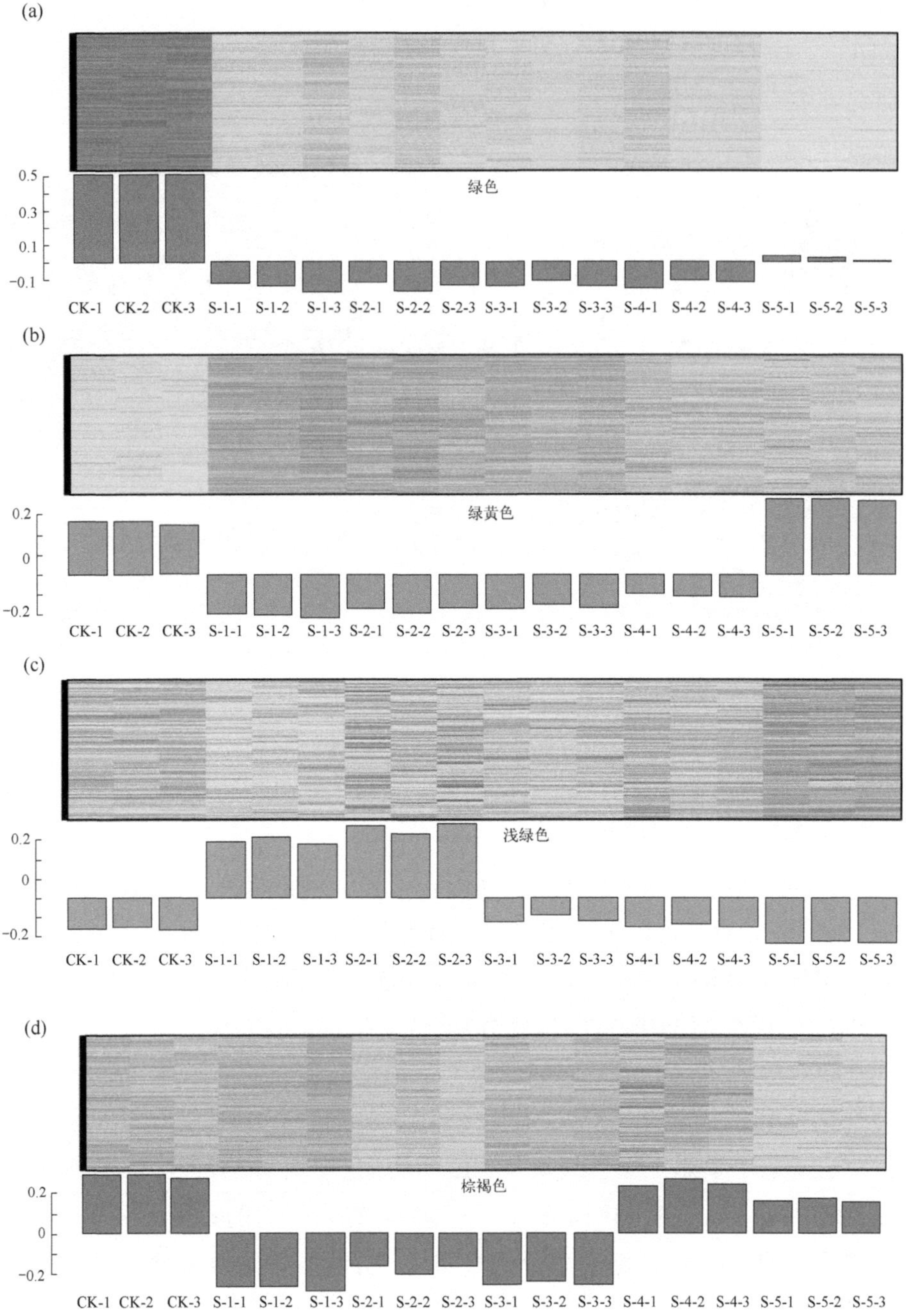

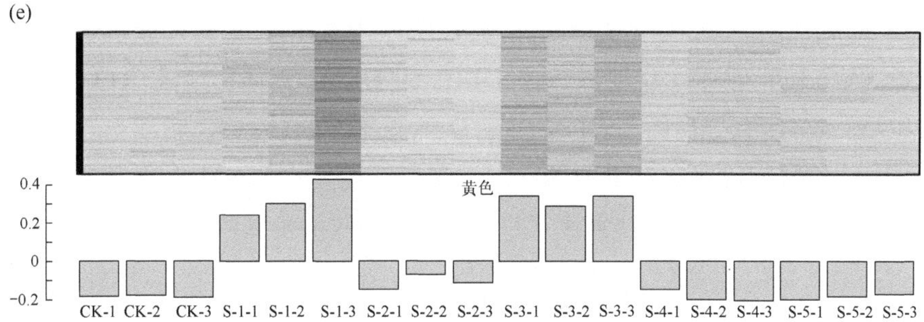

图 9-17　各模块特征基因表达谱及基因表达趋势

（a）绿色模块；（b）黄绿色模块；（c）浅绿色模块；（d）棕色模块；（e）黄色模块

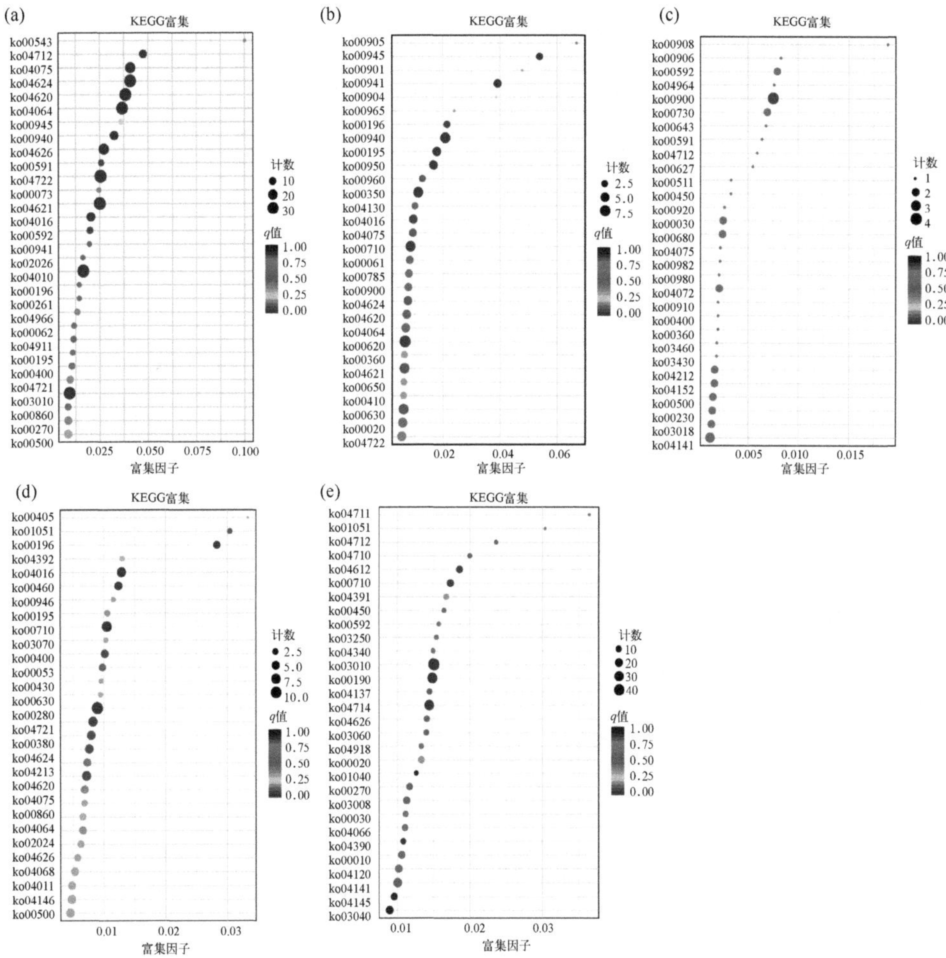

图 9-18　基因 KEGG 通路富集分析

（a）绿色模块；（b）黄色模块；（c）棕褐色模块；（d）绿黄色模块；（e）浅绿色模块

基于加权基因共表达网络分析（WGCNA）的结果，本研究探讨了不同浓度COOH-SWCNTs处理下盐地碱蓬中DEGs和DEMs共同影响的KEGG通路。图9-19显示，所有处理组（S-1 vs CK、S-2 vs CK、S-3 vs CK、S-4 vs CK、S-5 vs CK）中，淀粉和蔗糖代谢（ko00500）、半乳糖代谢（ko00052）以及植物激素信号转导（ko04075）通路均显著富集。这是因为蔗糖和淀粉是植物体内能量储存的两种关键形式，其代谢过程在植物生理活动中具有重要生物学意义，对植物生长发育和环境适应能力影响显著[63]。高浓度的羧基化单壁碳纳米管（SWCNTs-COOH）通过调节甘油酯代谢（ko00561）和异喹啉生物碱生物合成（ko00950）缓解盐地碱蓬盐碱胁迫［图9-19（d）和9-19（e）］。

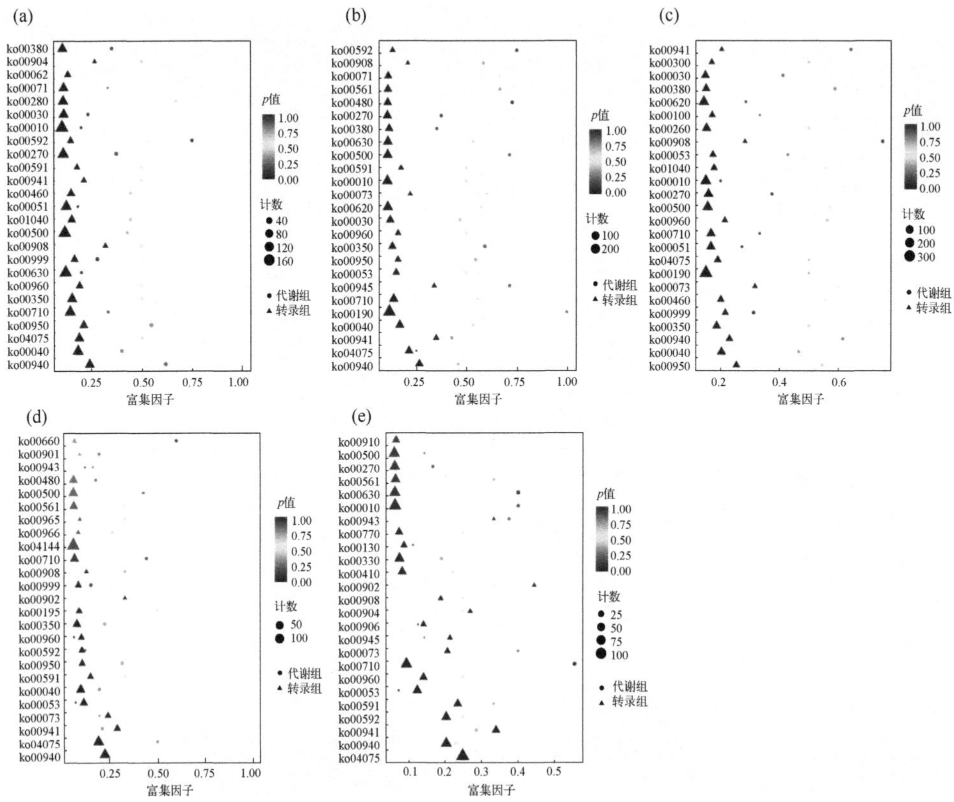

图9-19　SWCNTs-COOH处理下盐地碱蓬中DEGs与DEMs KEGG通路富集联合分析

（a）S-1 vs CK；（b）S-2 vs CK；（c）S-3 vs CK；（d）S-4 vs CK；（e）S-5 vs CK

图9-20显示，盐碱胁迫下，SWCNTs-COOH诱导盐地碱蓬中的淀粉分解为D-果糖-6-磷酸、异麦芽糖等可溶性糖，提高细胞液的浓度，降低渗透势，调节植物体内水分平衡[1]。此外，研究结果还显示海藻糖的表达呈下调趋势，半乳糖代

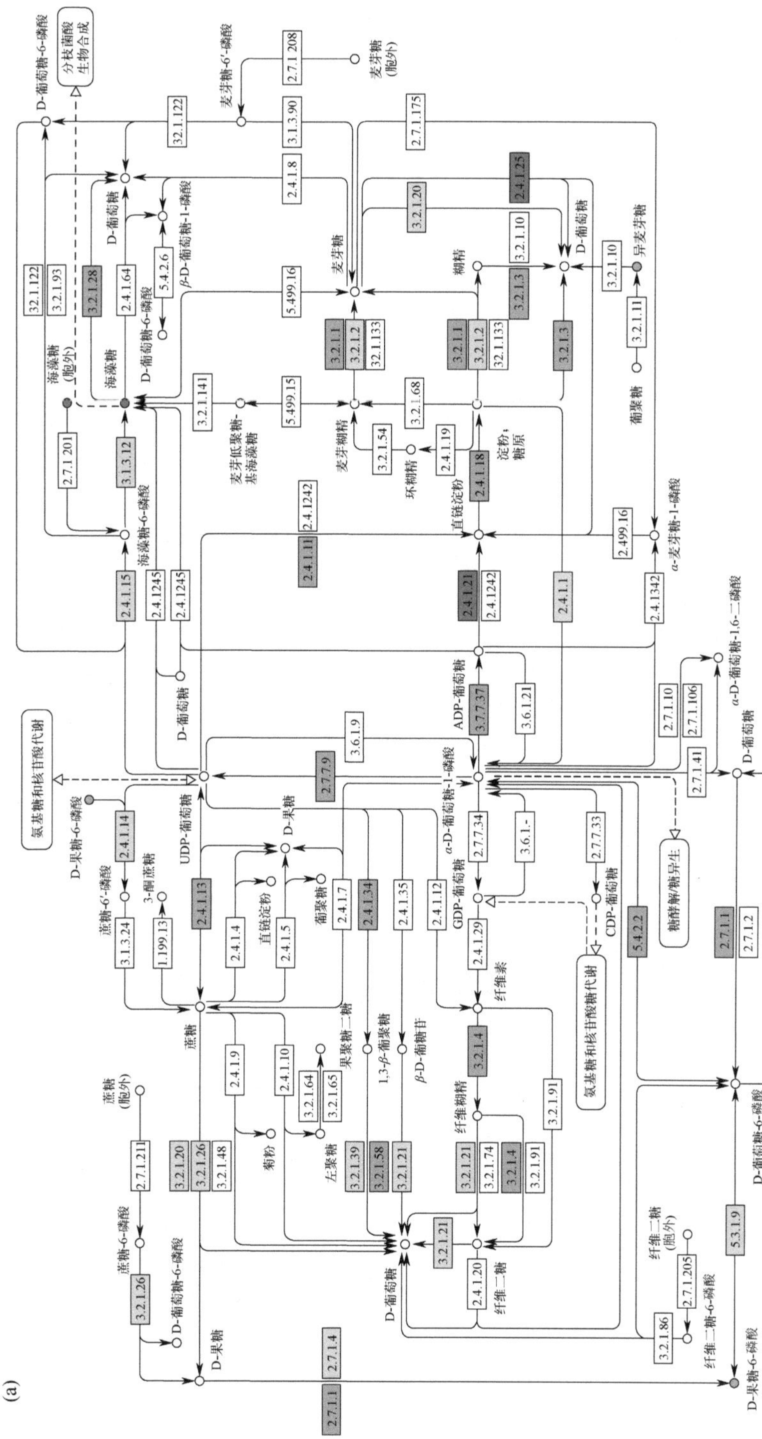
(a)
D-葡萄糖-6-磷酸
分枝菌酸生物合成
麦芽糖-6'-磷酸
麦芽糖(胞外)
海藻糖(胞外)
海藻糖
海藻糖-6-磷酸
D-葡萄糖
β-D-葡萄糖-1-磷酸
D-葡萄糖-6-磷酸
麦芽低聚糖-基海藻糖
麦芽糖
麦芽糊精
环糊精
直链淀粉
淀粉，糖原
糊精
异麦芽糖
葡聚糖
α-麦芽糖-1-磷酸
α-D-葡萄糖-1,6-二磷酸
ADP-葡萄糖
α-D-葡萄糖-1-磷酸
α-D-葡萄糖
UDP-葡萄糖
氨基糖和核苷酸代谢
D-果糖-6-磷酸
蔗糖-6'-磷酸
3-酮蔗糖
D-果糖
直链淀粉
葡聚糖
GDP-葡萄糖
CDP-葡萄糖
糖酵解/糖异生
纤维素
蔗糖
果聚糖二糖
1,3-β-葡聚糖
β-D-葡糖苷
纤维糊精
菊粉
左聚糖
蔗糖(胞外)
蔗糖-6-磷酸
D-葡萄糖-6-磷酸
D-果糖
D-葡萄糖
纤维二糖
纤维二糖(胞外)
纤维二糖-6-磷酸
D-葡萄糖-6-磷酸
D-果糖-6-磷酸

图 9-20

(b)

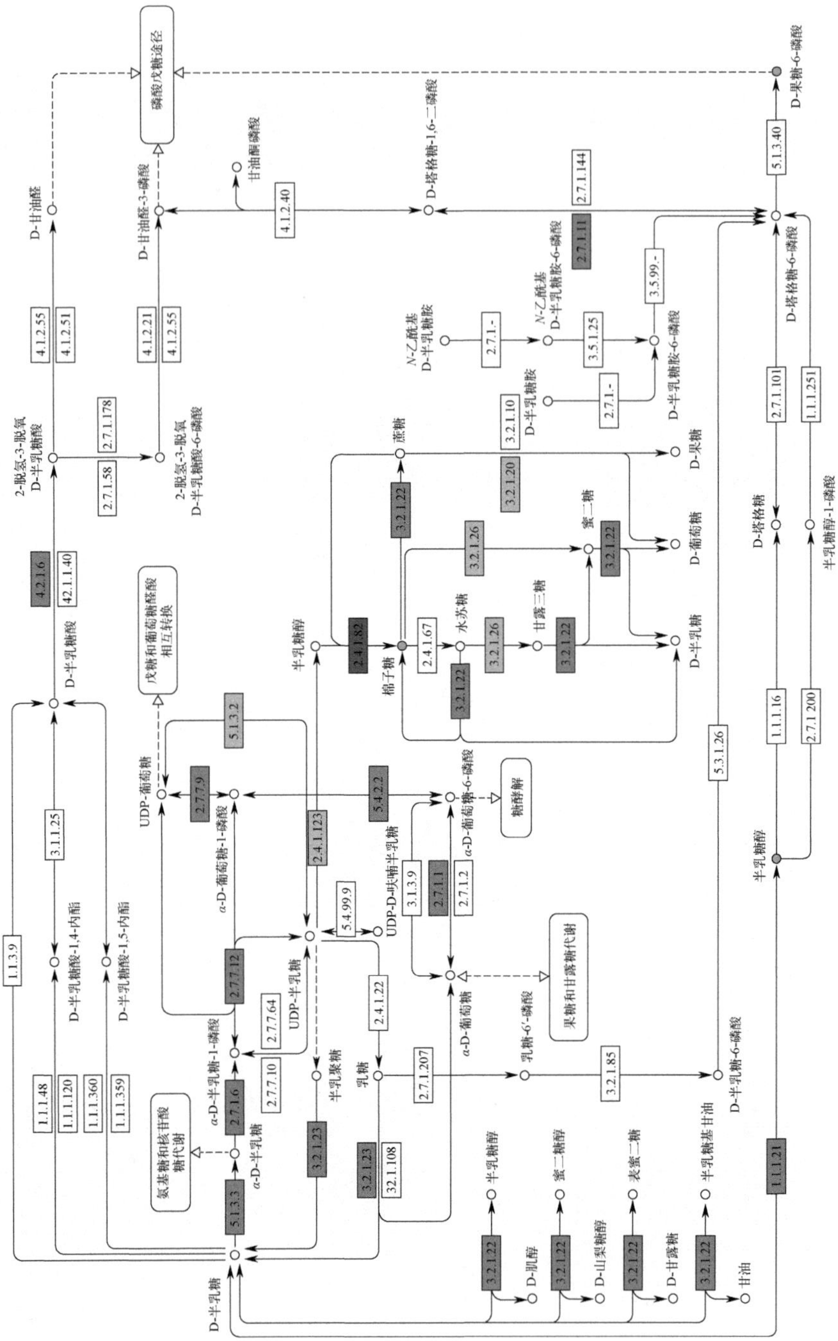
磷酸戊糖途径
D-甘油醛
2-脱氢-3-脱氧
D-半乳糖酸
4.1.2.55
4.1.2.51
4.2.1.6
42.1.1.40
D-半乳糖酸
2.7.1.58
2.7.1.178
2-脱氢-3-脱氧
D-半乳糖酸-6-磷酸
4.1.2.21
4.1.2.55
D-甘油醛-3-磷酸
4.1.2.40
甘油酮磷酸
D-塔格糖-1,6-二磷酸
2.7.1.144
2.7.1.11
5.1.3.40
D-果糖-6-磷酸
戊糖和葡萄糖醛酸
相互转换
1.1.3.9
3.1.1.25
D-半乳糖酸-1,4-内酯
D-半乳糖酸-1,5-内酯
1.1.1.48
1.1.1.120
1.1.1.360
1.1.1.359
UDP-葡萄糖
5.1.3.2
2.7.7.9
α-D-葡萄糖-1-磷酸
2.7.7.12
2.7.7.64
2.7.7.10
α-D-半乳糖-1-磷酸
2.7.1.6
α-D-半乳糖
氨基糖和核苷酸
糖代谢
5.1.3.3
D-半乳糖
UDP-半乳糖
2.4.1.123
5.4.99.9
UDP-D-呋喃半乳糖
半乳聚糖
3.2.1.23
3.2.1.23
32.1.108
乳糖
2.4.1.22
2.7.1.207
乳糖-6'-磷酸
3.2.1.85
D-半乳糖-6-磷酸
5.3.1.26
5.4.2.2
α-D-葡萄糖-6-磷酸
糖酵解
3.1.3.9
2.7.1.1
2.7.1.2
α-D-葡萄糖
果糖和甘露糖代谢
半乳糖醇
2.4.1.82
棉子糖
2.4.1.67
水苏糖
3.2.1.22
3.2.1.26
甘露三糖
3.2.1.22
蔗糖
3.2.1.22
3.2.1.26
蜜二糖
3.2.1.22
D-半乳糖
D-葡萄糖
D-果糖
3.2.1.20
3.2.1.10
N-乙酰基
D-半乳糖胺
2.7.1.-
N-乙酰基
D-半乳糖胺-6-磷酸
3.5.1.25
D-半乳糖胺
2.7.1.-
D-半乳糖胺-6-磷酸
3.5.99.-
D-塔格糖-6-磷酸
2.7.1.101
1.1.1.251
D-塔格糖
半乳糖醇-1-磷酸
1.1.1.16
2.7.1.200
半乳糖醇
1.1.1.21
3.2.1.22
半乳糖醇
D-肌醇
蜜二糖醇
D-山梨糖醇
表蜜二糖
D-甘露糖
半乳糖基甘油
甘油

(c)

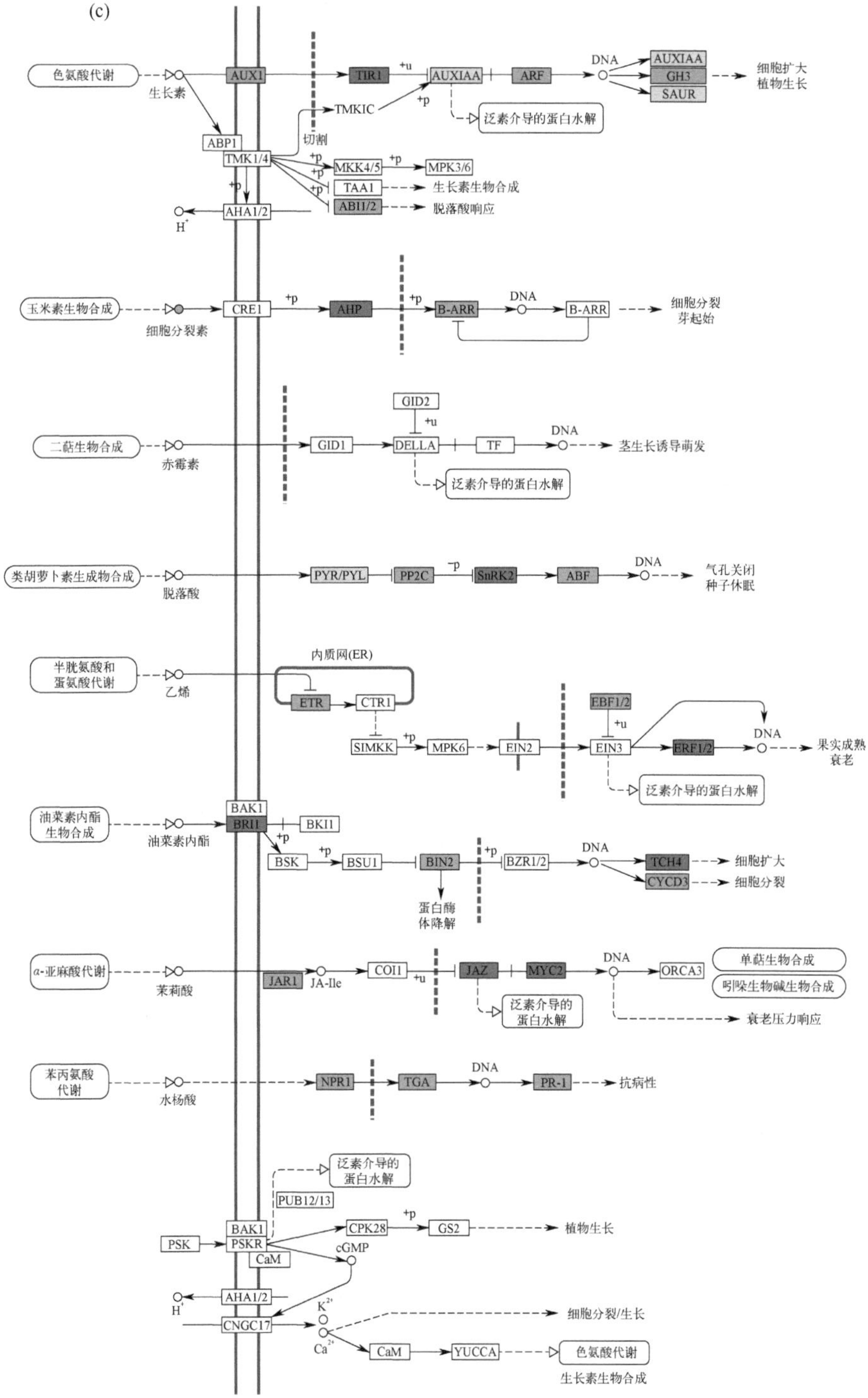
色氨酸代谢
生长素
AUX1
TIR1
+u
AUXIAA
ARF
DNA
AUXIAA
GH3
SAUR
细胞扩大
植物生长
TMKIC
+p
泛素介导的蛋白水解
切割
ABP1
TMK1/4
MKK4/5
MPK3/6
TAA1
生长素生物合成
ABI1/2
脱落酸响应
AHA1/2
H+
玉米素生物合成
细胞分裂素
CRE1
AHP
B-ARR
B-ARR
细胞分裂
芽起始
GID2
二萜生物合成
赤霉素
GID1
DELLA
TF
茎生长诱导萌发
类胡萝卜素生成物合成
脱落酸
PYR/PYL
PP2C
SnRK2
ABF
气孔关闭
种子休眠
内质网(ER)
半胱氨酸和
蛋氨酸代谢
乙烯
ETR
CTR1
SIMKK
MPK6
EIN2
EBF1/2
EIN3
ERF1/2
果实成熟
衰老
油菜素内酯
生物合成
油菜素内酯
BAK1
BRI1
BKI1
BSK
BSU1
BIN2
BZR1/2
TCH4
CYCD3
细胞扩大
细胞分裂
蛋白酶
体降解
α-亚麻酸代谢
茉莉酸
JAR1
JA-Ile
COI1
JAZ
MYC2
ORCA3
单萜生物合成
吲哚生物碱生物合成
衰老压力响应
苯丙氨酸
代谢
水杨酸
NPR1
TGA
PR-1
抗病性
PUB12/13
PSK
PSKR
CaM
CPK28
GS2
植物生长
cGMP
K2+
Ca2+
CNGC17
细胞分裂/生长
YUCCA
色氨酸代谢
生长素生物合成

图 9-20

(d)

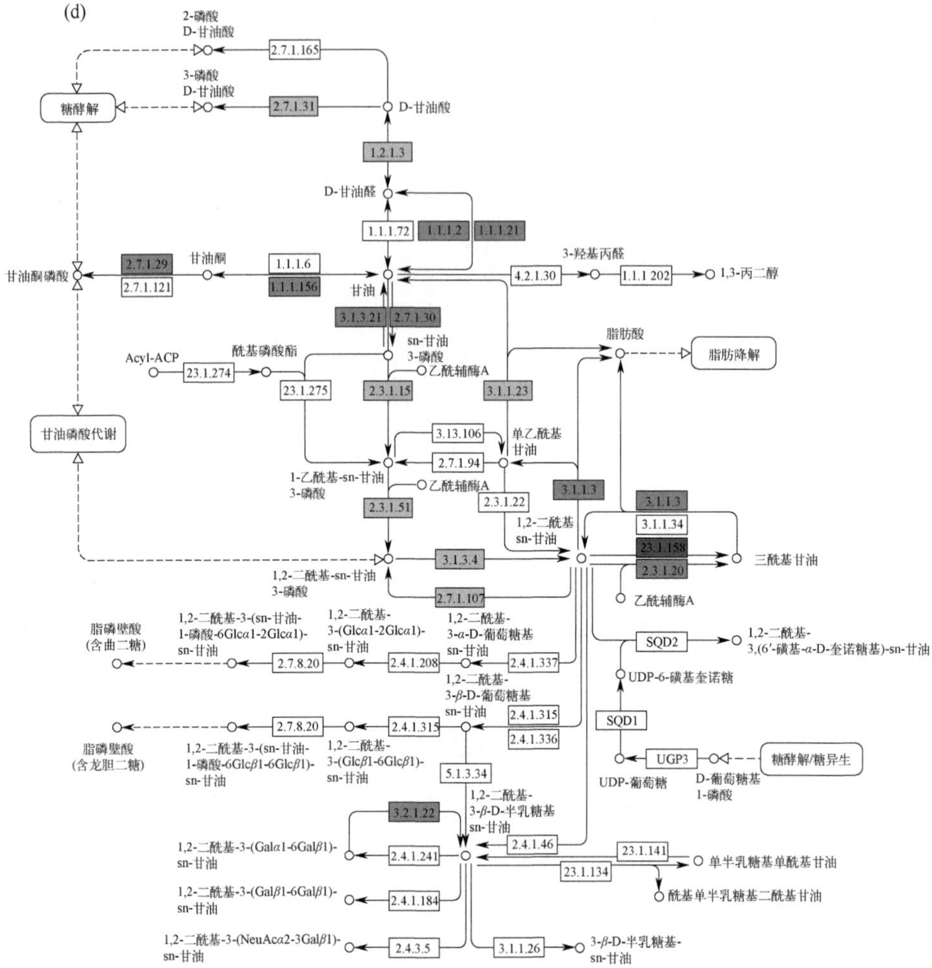
2-磷酸
D-甘油酸
2.7.1.165
3-磷酸
D-甘油酸
2.7.1.31
D-甘油酸
糖酵解
1.2.1.3
D-甘油醛
1.1.1.72
1.1.1.2
1.1.1.21
3-羟基丙醛
2.7.1.29
2.7.1.121
甘油酮
1.1.1.6
1.1.1.156
4.2.1.30
1.1.1.202
1,3-丙二醇
甘油酮磷酸
甘油
3.1.3.21
2.7.1.30
sn-甘油
3-磷酸
脂肪酸
脂肪降解
Acyl-ACP
酰基磷酸酯
23.1.274
23.1.275
乙酰辅酶A
2.3.1.15
3.1.1.23
甘油磷酸代谢
3.13.106
单乙酰基
甘油
2.7.1.94
1-乙酰基-sn-甘油
3-磷酸
乙酰辅酶A
2.3.1.22
3.1.1.3
2.3.1.51
1,2-二酰基
sn-甘油
3.1.1.3
3.1.1.34
23.1.158
2.3.1.20
三酰基甘油
3.1.3.4
1,2-二酰基-sn-甘油
3-磷酸
2.7.1.107
乙酰辅酶A
脂磷壁酸
(含曲二糖)
1,2-二酰基-3-(sn-甘油-
1-磷酸-6Glcα1-2Glcα1)-
sn-甘油
1,2-二酰基-
3-(Glcα1-2Glcα1)-
sn-甘油
1,2-二酰基-
3-α-D-葡萄糖基
sn-甘油
SQD2
1,2-二酰基-
3,(6′-磺基-α-D-奎诺糖基)-sn-甘油
2.7.8.20
2.4.1.208
2.4.1.337
UDP-6-磺基奎诺糖
1,2-二酰基-
3-β-D-葡萄糖基
sn-甘油
2.4.1.315
2.4.1.336
SQD1
2.7.8.20
2.4.1.315
脂磷壁酸
(含龙胆二糖)
1,2-二酰基-3-(sn-甘油-
1-磷酸-6Glcβ1-6Glcβ1)-
sn-甘油
1,2-二酰基-
3-(Glcβ1-6Glcβ1)-
sn-甘油
UGP3
糖酵解/糖异生
5.1.3.34
UDP-葡萄糖
D-葡萄糖基
1-磷酸
1,2-二酰基-
3-β-D-半乳糖基
sn-甘油
3.2.1.22
2.4.1.46
1,2-二酰基-3-(Galα1-6Galβ1)-
sn-甘油
2.4.1.241
23.1.141
单半乳糖基单酰基甘油
23.1.134
酰基单半乳糖基二酰基甘油
1,2-二酰基-3-(Galβ1-6Galβ1)-
sn-甘油
2.4.1.184
1,2-二酰基-3-(NeuAcα2-3Galβ1)-
sn-甘油
2.4.3.5
3.1.1.26
3-β-D-半乳糖基-
sn-甘油

(e)

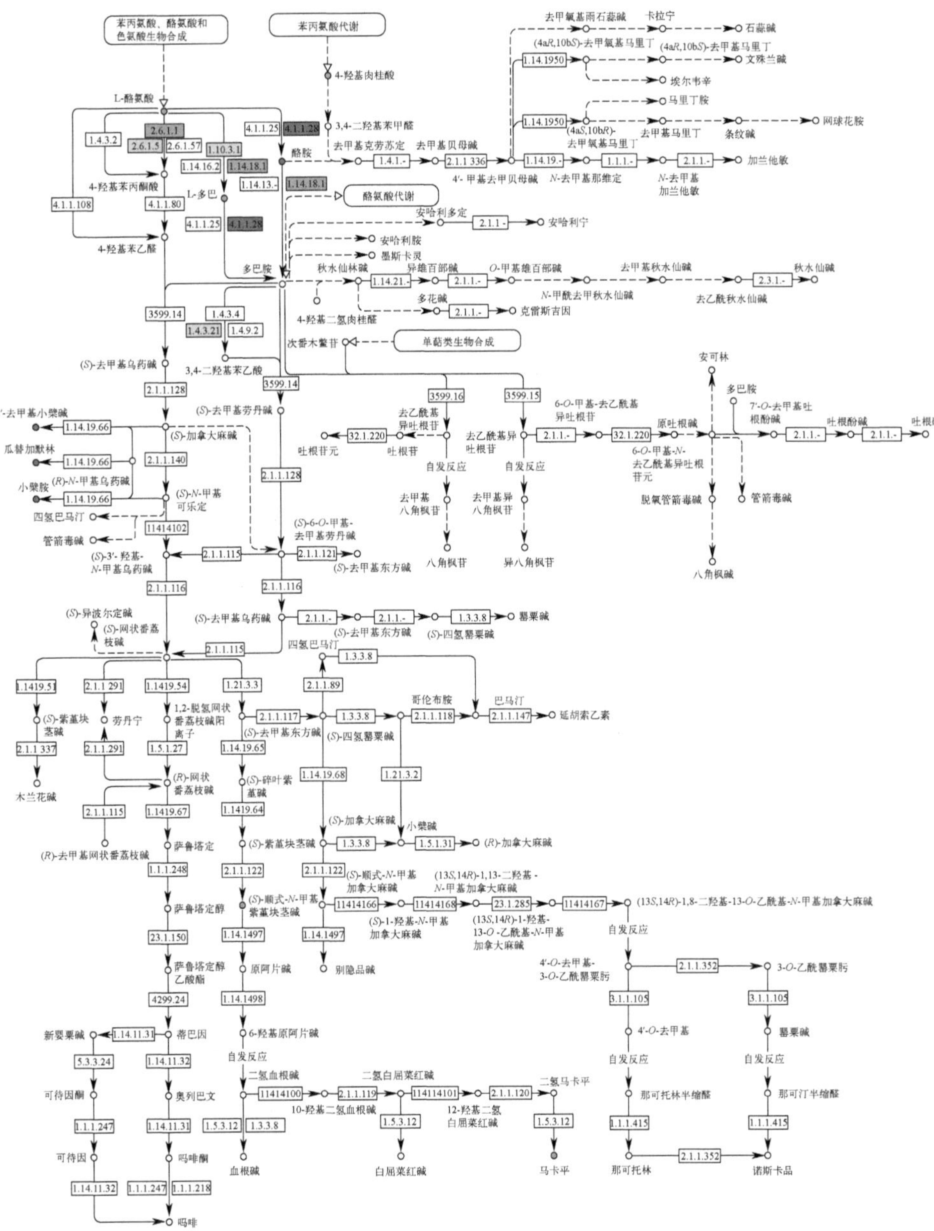

图 9-20　SWCNTs-COOH 处理下盐地碱蓬 DEGs 与 DEMs 联合分析的关键共有通路

（a）淀粉和蔗糖代谢；（b）半乳糖代谢；（c）植物激素信号转导；（d）甘油酯代谢；（e）异喹啉生物碱生物合成

注：圆圈代表代谢物，方框代表基因。黑色表示上调，深灰色表示下调，浅灰色表示通路存在混合调控（既有上调也有下调）

谢通路中富集的 D-葡萄糖、肌醇半乳糖苷和棉子糖以及 D-甘露糖均呈上调趋势［图 9-20（a）、9-20（b）］。棉子糖作为植物体内的一种糖类化合物，可以通过调节细胞渗透压缓解盐胁迫的影响[51]。表明盐碱胁迫下，可溶性糖在盐地碱蓬对 SWCNTs-COOH 的响应中发挥了重要作用。

植物激素作为植物生长的重要调节剂在调节植物生长发育方面具有关键作用，尤其在胁迫环境下[64]。植物激素信号转导通路中细胞分裂素的上调表明，盐地碱蓬通过调节膜脂组成增强植物对盐碱胁迫的适应性，进而提高膜的流动性和稳定性，维持细胞结构的完整性[65]［图 9-20（c）］。

异喹啉生物碱是植物体内一种重要的生物碱，具有多种生物活性，尤其是抗氧化特性[66]。盐碱胁迫下，高浓度的 SWCNTs-COOH 通过调节盐地碱蓬中异喹啉生物碱的生物合成提高抗逆性［图 9-19，图 9-20（d）］。这一结果与以往研究发现的 CNTs 可以通过影响异喹啉生物碱的合成，缓解龙葵和小麦的非生物胁迫结果一致[67]。

尿苷二磷酸葡萄糖（UDP-葡萄糖）是细胞壁组分（纤维素）的重要前体，还可参与胼胝质、半纤维素等重要聚合物的合成[68, 69]。这些聚合物对维持植物细胞壁的结构完整性至关重要。图 9-20（e）显示，在甘油酯代谢通路中，UDP-葡萄糖的表达上调，表明在盐碱胁迫下，高浓度的 SWCNTs-COOH 能通过增强盐地碱蓬细胞壁的弹性维持各项细胞活动[70]。表明，SWCNTs-COOH 主要通过维持细胞结构完整性、调控还原性糖平衡及激素代谢减轻盐地碱蓬所受的盐碱胁迫。

9.4 小结

本研究表明 SWCNTs-COOH 以剂量依赖的方式显著促进了盐碱胁迫下盐地碱蓬的生长，凸显了其作为重要的碳基纳米材料用于调控植物非生物胁迫的潜力。浓度为 60mg/L 的 SWCNTs-COOH 能高效地从叶片转运至根部，显著增加植株高度、鲜质量和干质量。从机制上看，SWCNTs-COOH 的体外施加通过激活盐地碱蓬的多条代谢通路提高了非生物胁迫抗性。这种调控作用可能源于以下机制：①调节胁迫响应关键基因的表达，尤其是参与苯丙烷生物合成、Toll 和 Imd 信号通路以及角质、木栓质和蜡质生物合成的基因；②增强了与光合作用和碳通量相关的代谢通路，如戊糖磷酸途径、乙醛酸和二羧酸代谢及碳代谢通路；③提高了保护性代谢物（如可溶性糖、氨基酸、尿苷二磷酸葡萄糖、细胞分裂素和生物碱）

的水平，从而增强了盐地碱蓬的胁迫耐受性。

综上，整合形态学、转录组学和代谢组学分析，本研究阐明了 SWCNTs-COOH 在调节盐碱胁迫下植物生长发育的分子机制。这些结果不仅凸显了 SWCNTs-COOH 在植物修复中的应用前景，还拓展了碳基纳米材料在可持续农业和生态修复中的潜在作用。

参考文献

[1] Zhou H, Li Y, Feng S, et al. Joint analysis of transcriptome and metabolome revealed the difference in carbohydrate metabolism between super hybrid rice and conventional rice under salt stress[J]. Plant Stress, 2023, 10: 100251.

[2] Kahaer Y, Tashpolat N. Estimating salt concentrations based on optimized spectral indices in soils with regional heterogeneity[J]. J Spectrosc, 2019, 2019(1): 2402749.

[3] Wang Y, Huang L, Du F, et al. Comparative transcriptome and metabolome profiling reveal molecular mechanisms underlying OsDRAP1-mediated salt tolerance in rice[J]. Sci Rep, 2021, 11(1): 5166.

[4] Sun J, He F, Shao H, et al. Effects of biochar application on Suaeda salsa growth and saline soil properties[J]. Environ Earth Sci, 2016, 75(8): 1-6.

[5] Song J, Wang B. Using euhalophytes to understand salt tolerance and to develop saline agriculture: Suaeda salsa as a promising model[J]. Ann Bot, 2015, 115(3): 541-553.

[6] Yang MingFeng Y M, Song Jie S J, Wang BaoShan W B. Organ-specific responses of vacuolar H^+-ATPase in the shoots and roots of C3 halophyte Suaeda salsa to NaCl[J]. 2010(3): 308-314.

[7] Shalaby T, Bayoumi Y, Eid Y, et al. Can nanofertilizers mitigate multiple environmental stresses for higher crop productivity?[J]. Sustainability, 2022, 14(6): 3480.

[8] An J, Hu P, Li F, et al. Emerging investigator series: molecular mechanisms of plant salinity stress tolerance improvement by seed priming with cerium oxide nanoparticles[J]. Environmental Science: Nano, 2020, 7(8): 2214-2228.

[9] Munns R. Genes and salt tolerance: bringing them together[J]. New Phytol, 2005, 167(3): 645-663.

[10] Gorai M, Ennajeh M, Khemira H, et al. Influence of NaCl-salinity on growth, photosynthesis, water relations and solute accumulation in *Phragmites australis*[J]. Acta Physiol Plant., 2010, 33(3): 963-971.

[11] Fu L, Wang Z, Dhankher O P, et al. Nanotechnology as a new sustainable approach for controlling crop diseases and increasing agricultural production[J]. J Exp Bot, 2020, 71(2): 507-519.

[12] Wu M, Su H, Li C, et al. Effects of foliar application of single-walled carbon nanotubes on carbohydrate metabolism in crabapple plants[J]. Plant Physiol BioChem, 2023, 194: 214-222.

[13] Kandhol N, Aggarwal B, Bansal R, et al. Nanoparticles as a potential protective agent for arsenic toxicity alleviation in plants[J]. Environ Pollut, 2022, 300: 118887.

[14] Tripathi D K, Ahmad P, Sharma S, et al. Nanomaterials in plants, algae and microorganisms[M]. Elsevier, 2019: 23-42.

[15] Martínez-Ballesta M C, Zapata L, Chalbi N, et al. Multiwalled carbon nanotubes enter broccoli

cells enhancing growth and water uptake of plants exposed to salinity[J]. J Nanobiotechnol, 2016, 14: 1-14.

[16] Sigala-Aguilar N A, Salomé-Abarca L F, López M G, et al. Bioactive metabolites upregulation in tomato seedlings (*Solanum lycopersicum* L.) through non-soil damaging foliar applications of multi-walled carbon nanotubes[J]. Sci Hortic, 2024, 338: 113603.

[17] Chen X, Chu S, Chi Y, et al. Unraveling the role of multi-walled carbon nanotubes in a corn-soil system: Plant growth, oxidative stress and heavy metal(loid)s behavior[J]. Plant Physiol Biochem, 2023, 200: 107802.

[18] Cañas J E, Long M, Nations S, et al. Effects of functionalized and nonfunctionalized single-walled carbon nanotubes on root elongation of select crop species[J]. Environ Toxicol Chem, 2008, 27(9): 1922-1931.

[19] Liné C, Larue C, Flahaut E. Carbon nanotubes: Impacts and behaviour in the terrestrial ecosystem-A review[J]. Carbon, 2017, 123: 767-785.

[20] Hao Y, Ma C, Zhang Z, et al. Carbon nanomaterials alter plant physiology and soil bacterial community composition in a rice-soil-bacterial ecosystem[J]. Environ Pollut, 2018, 232: 123-136.

[21] Liu Y, Li J, Shi J, et al. Combined metabolome and transcriptome analysis reveals the key pathways involved in the responses of soybean plants to high Se stress[J]. Ecotox Environ Safe, 2024, 287: 117262.

[22] Chen X, Wang J, Wang R, et al. Insights into growth-promoting effect of nanomaterials: Using transcriptomics and metabolomics to reveal the molecular mechanisms of MWCNTs in enhancing hyperaccumulator under heavy metal(loid)s stress[J]. J Hazard Mater, 2022, 439: 129640.

[23] Zheng Y, Liu Z, Wang H, et al. Transcriptome and genome analysis to identify C2H2 genes participating in low-temperature conditioning-alleviated postharvest chilling injury of peach fruit[J]. Food Qual Saf, 2022, 4: 500-509.

[24] Liu X, Du Y, Na X, et al. Integrative transcriptome and metabolome revealed the molecular mechanism of Bacillus megaterium BT22-mediated growth promotion in Arabidopsis thaliana[J]. J Plant Physiol, 2023, 285: 153995.

[25] Huang C, Liu Y, Lu J, et al. Integrated physiological, transcriptomics, and metabolite analysis reveal photosynthetic toxicity related to the bisphenol A stress response mechanism in pepper (*Capsicum annuum* L.)[J]. Environ Pollut, 2025, 381: 126530.

[26] Ravi S, Young T, Macinnis-Ng C, et al. Untargeted metabolomics in halophytes: The role of different metabolites in New Zealand mangroves under multi-factorial abiotic stress conditions[J]. Environ Exp Bot, 2020, 173: 103993.

[27] Henna Parveen K, Muhammed J, Sneha V K, et al. OMICS strategies: Revealing the enigma of salinity tolerance in mangroves[J]. Crop Design, 2024, 3(2): 100052.

[28] Luo Y, Huang X, Sha A, et al. Analysis of growth physiological changes and metabolome of highland barley seedlings under cadmium (Ⅱ) stress[J]. Environ Pollut, 2025, 367: 125664.

[29] Fondi M, Liò P. Multi-omics and metabolic modelling pipelines: challenges and tools for systems microbiology[J]. Microbiol Res, 2015, 171: 52-64.

[30] Zhang H, Wang Y, Yang J, et al. Reprogramming of metabolome and transcriptome shaped the

elevational adaptation of quercus variabilis by regulating leaf functional traits[J]. Plant Cell Environ, 2025, 48(8): 6189-6208.

[31] Chen Z, Zhao J, Cao J, et al. Opportunities for graphene, single-walled and multi-walled carbon nanotube applications in agriculture: A review[J]. Crop Design, 2022, 1(1): 100006.

[32] Zhong M, Yu H, Jiang Y, et al. Physiological and molecular mechanisms of carbon quantum dots alleviating Cu^{2+} toxicity in Salvia miltiorrhiza bunge[J]. Environ Pollut, 2024, 358: 124521.

[33] Kolbert Z, Molnár Á, Kovács K, et al. Nitro-oxidative response to internalized multi-walled carbon nanotubes in Brassica napus and Solanum lycopersicum[J]. Ecotox Environ Safe, 2023, 267: 115633.

[34] Fan X, Mao Q, Zou D, et al. Responses of Brassica napus to soil cadmium under elevated CO_2 concentration based on rhizosphere microbiome, root transcriptome and metabolome[J]. Plant Physiol BioChem, 2024, 216: 109127.

[35] Dong Q, Wu Y, Li B. Multiple insights into lignin-mediated cadmium detoxification in rice (*Oryza sativa*)[J]. J Hazard Mater, 2023, 458: 131931.

[36] Wang H, Takano T, Liu S. Screening and evaluation of saline-alkaline tolerant germplasm of rice (*Oryza sativa* L.) in soda saline-alkali soil[J]. Agronomy, 2018, 8(10): 8100205.

[37] Yu X. Spatiotemporal Dynamics and Driving Factors of Soil Salinization: A Case Study of the Yutian Oasis, Xinjiang, China[J]. Land, 2024, 1313:13111941.

[38] Fan X, Xu J, Lavoie M, et al. Multiwall carbon nanotubes modulate paraquat toxicity in Arabidopsis thaliana[J]. Environ Pollut, 2018, 233: 633-641.

[39] Tripathi D K, Shweta, Singh S, et al. An overview on manufactured nanoparticles in plants: Uptake, translocation, accumulation and phytotoxicity[J]. Plant Physiol Biochem, 2016, 110: 2-12.

[40] Zhang H, Yue M, Zheng X, et al. Physiological effects of single- and multi-walled carbon nanotubes on rice seedlings[J]. IEEE Trans NanobioSci, 2017, PP(7): 1-1.

[41] Asli S, Neumann P M. Colloidal suspensions of clay or titanium dioxide nanoparticles can inhibit leaf growth and transpiration via physical effects on root water transport[J]. Plant Cell & Environment, 2010, 32(5): 577-584.

[42] Li M, Wang L, Zhang J, et al. Single-walled carbon nanotubes promotes wood formation in Populus davidiana×P. bolleana[J]. Plant Physiol BioChem, 2022, 184: 137-143.

[43] Dongwei D, Mingkun M, Xiaoyang Z, et al. Potential secretory transporters and biosynthetic precursors of biological nitrification inhibitor 1,9-decanediol in rice as revealed by transcriptome and metabolome analyses[J]. Rice Sci, 2024, 31(1): 87-102.

[44] Li A, Wu Q, Yang S, et al. Dissection of genetic architecture for desirable traits in sugarcane by integrated transcriptomics and metabolomics[J]. Int J Biol Macromol, 2024, 280: 136009.

[45] Liu Y, Wu S, Qin X, et al. Combined dynamic transcriptome and flavonoid metabolome reveal the role of Mo nanoparticles in the nodulation process in soybean[J]. Sci Total Environ, 2024, 945: 173733.

[46] Yang X, Zhao H, Kosma D K, et al. The acyl desaturase CER17 is involved in producing wax unsaturated primary alcohols and cutin monomers[J]. Plant Physiol, 2017, 173(2): 1109-1124.

[47] Ranathunge K, Kim Y X, Wassmann F, et al. The composite water and solute transport of barley (Hordeum vulgare) roots: effect of suberized barriers[J]. Ann Bot, 2017, (4): 629-643.

[48] Li J, Yang W, Li Y, et al. Integration of transcriptome, metabolome and high-throughput amplicon sequencing to compare the performance of wild and cultivated psammosilene tunicoides to reveal the beneficial plant-microbe interactions for domestication[J]. Environ Exp Bot, 2024, 218: 105587.

[49] Locke A M, Barding G A, Sathnur S, et al. Rice SUB1A constrains remodelling of the transcriptome and metabolome during submergence to facilitate post-submergence recovery[J]. Plant Cell Environ, 2017, 41(4): 721-736.

[50] Moco S, Schneider B, Vervoort J. Plant micrometabolomics: The analysis of endogenous metabolites present in a plant cell or tissue[J]. J Proteome Res, 2009, 8(4): 1694-1703.

[51] Jia B, Cui X, Zhang Z, et al. Arbuscular mycorrhizal fungi regulate amino acid metabolism, phytohormones and glycolysis pathway to promote the growth of Suaeda salsa under combined Cd and NaCl stresses[J]. Plant Physiol BioChem, 2024, 214: 108921.

[52] Batista-Silva W, Heinemann B, Rugen N, et al. The role of amino acid metabolism during abiotic stress release[J]. Plant Cell Environ, 2019, 42: 1630-1644.

[53] Alfosea-Simón M, Simón-Grao S, Zavala-Gonzalez E A, et al. Physiological, nutritional and metabolomic responses of tomato plants after the foliar application of amino acids aspartic acid, glutamic acid and alanine[J]. Front Plant Sci, 2012, 11: 581234.

[54] Gudrun W, Todd C D, Maurizio T, et al. Physiological implications of arginine metabolism in plants[J]. Front Plant Sci, 2015, 6: 534.

[55] Ghosh U K, Islam M N, Siddiqui M N, et al. Proline, a multifaceted signalling molecule in plant responses to abiotic stress: understanding the physiological mechanisms[J]. Plant Biol, 2022, 24: 227-239.

[56] Bisbis M B, Gruda N, Blanke M. Potential impacts of climate change on vegetable production and product quality-A review[J]. J Clean Prod, 2018, 170(jan.1): 1602-1620.

[57] Cao X, Luo J, Wang X, et al. Responses of soil bacterial community and Cd phytoextraction to a Sedum alfredii -oilseed rape (*Brassica napus* L. and *Brassica juncea* L.) intercropping system[J]. Sci Total Environ, 2020, 723: 138152.

[58] Long J, Huang S, Bai Y, et al. Transcriptional landscape of cholangiocarcinoma revealed by weighted gene coexpression network analysis[J]. Brief Bioinform, 2021, 22: 1-17.

[59] Wu T, Hu E, Xu S, et al. clusterProfiler 4.0: A universal enrichment tool for interpreting omics data[J]. The Innovation, 2021, 2(3): 51-62.

[60] Huang X, Wang Y, Li F, et al. Physiological activities, transcriptomes and metabolomes of Pyropia yezoensis conchocelis unveil the roles of pyPGK, pyBCKDHA, and pyDLD in response to freshwater soaking[J]. Int J Biol Macromol, 2025, 285: 138193.

[61] Yang Z, Wang J, Wang W, et al. Physiological, cytological and multi-omics analysis revealed the molecular response of Fritillaria cirrhosa to Cd toxicity in Qinghai-Tibet Plateau[J]. J Hazard Mater, 2024, 472: 134611.

[62] Wang H, Wei X, Mo C, et al. Integrated full-length transcriptome and metabolome analysis reveals the defence response of melon to gummy stem blight[J]. Plant Cell Environ, 2024, 47(6): 1997-2010.

[63] Fasahat P, Aghaeezadeh M, Jabbari L, et al. Sucrose accumulation in sugar beet: From fodder beet selection to genomic selection[J]. Sugar Tech, 2018, 20(6): 635-644.

[64] Peleg Z, Blumwald E. Hormone balance and abiotic stress tolerance in crop plants[J]. Curr Opin Plant Biol, 2011, 14: 290-295.

[65] Xing M, Li W, Yu H, et al. Physiological and transcriptome analyses reveal copper toxicity responses in tomato plants[J]. Environ Exp Bot, 2024, 224(000): 14.

[66] Singh S, Pathak N, Fatima E, et al. Plant isoquinoline alkaloids: Advances in the chemistry and biology of berberine[J]. Eur J Med Chem, 2021, 226: 113839.

[67] Wang D, Saleh N B, Byro A, et al. Nano-enabled pesticides for sustainable agriculture and global food security[J]. Nat Nanotechnol, 2022, 17: 347-360.

[68] Kohlberger M, Thalhamer T, Weiss R, et al. Arabidopsis MAP-kinase 3 phosphorylates UDP-glucose dehydrogenase: A key enzyme providing UDP-sugar for cell wall biosynthesis[J]. Plant Mol Biol Rep, 2018, 36(5): 870-877.

[69] Langer, Silvia E, Oviedo, et al. Effects of heat treatment on enzyme activity and expression of key genes controlling cell wall remodeling in strawberry fruit[J]. Plant Physiol Bioch, 2018, 130: 334-344.

[70] Rahman F U, Zhu Q, Zhang K, et al. Transcriptome and metabolome analyses provide insights into the fruit softening disorder of papaya fruit under postharvest heat stress[J]. Food Chem, 2024, 460: 140771.

附录 1

缩略语对照表

缩写	英文全称	中文名称
A	adenineand	腺嘌呤
Adr	adrenaline	肾上腺素
AFB_1	aflatoxin B_1	黄曲霉毒素 B_1
AFM	atomicforce microscopy	原子力显微镜
AgNPs	silver nanoparticles	银纳米粒子
AMO	amoxicillin	阿莫西林
AO	acridine orange	吖啶橙
2-AP	2-aminopurine	2-氨基嘌呤
apt	aptamer	核酸适配体
AuMNPs	gold nanoparticles	即金纳米颗粒
AuNPs	gold nanoparticles	金纳米颗粒
CA	citric acid	柠檬酸
Ca MV 35S	cauliflower mosaic virus 35S promoter	花椰菜花叶病毒 35S 启动子
Ca^{2+}	calcium	钙离子
CAP	chloramphenicol	氯霉素
C-Apt	the complementary sequence of aptamer	适配体的互补序列
CAT	catalase	过氧化氢酶
CCD	central composite design	中心复合设计
CDs	carbon dots	碳点
CdSe/ZnS	cadmium selenide/zinc sulfide	硒化镉/硫化锌量子点

续表

缩写	英文全称	中文名称
CdTeQDs	cadmium telluride quantum dots	碲化镉量子点
CIP	ciprofloxacin	环丙沙星
CL	chip immunoassay	芯片免疫分析
CLEIA	chemiluminescent enzyme immunoassay	化学发光酶联免疫分析
CNDs	carbon dots	碳纳米点
CNPs	carbon nanospheres	碳纳米球
CNTs	carbon nanotubes	碳纳米管
CPDs	carbonized polymer dots	碳化聚合物点
CQDs	carbon quantum dots	碳量子点
CRET	chemiluminescence resonance energy transfer	化学发光共振能量转移
$CuInS_2$ QDs	copper indium sulfide quantum Dots	硫化铜铟量子点
DEGs	differentially expressed genes	差异表达基因
DEMs	differentially expressed metabolites	差异表达代谢物
DIL	1,1′-dioctadecyl-3,3,3′,3′-tetramethyl-indocarbocyanineperchlorate	1,1′-二十八烷基-3,3,3′,3′-四甲基吲哚菁高氯酸盐
DLS	dynamic light scattering	动态光散射
DON	vomitoxin	呕吐毒素
dsDNA	double-stranded DNAs	双链 DNA
DSPME	molecularly imprinted dispersive solid-Phase microextraction coupled with capillary electrophoresis	分子印迹分散固相微萃取-毛细管电泳法
EDC	1-ethyl-3-(3-dimethylaminopropyl)-carbodiimide	1-乙基-3-(3-二甲氨基丙基)碳二亚胺
Exo Ⅰ	exonuclease Ⅰ	核酸外切酶Ⅰ
FET	solution-gated field effect transistor	溶液栅场效应晶体管
FIA	fluorescence immunoassay	荧光免疫分析
FPIA	fluorescence polarization immunoassay	荧光偏振免疫分析
FRET	Fluorescent resonant energy transfer	荧光共振能量转移
FT-IR	Fourier-transform infrared spectra	傅里叶变换红外光谱
GEN	gentamicin	庆大霉素

续表

缩写	英文全称	中文名称
Glu	glucose	葡萄糖
GMOs	genetically modified organisms	转基因生物
GNRs	aptamer-modified gold nanorods	适配体适配体修饰的金纳米棒
GO	graphene oxide	氧化石墨烯
GOQDs	graphene oxide quantum dots	氧化石墨烯量子点
GQDs	graphene quantum dots	石墨烯量子点
H. pylori	*Helicobacter pylori*	幽门螺杆菌
HIV	human immunodeficiency virus	人类免疫缺陷病毒
HPLC	high-performance liquid chromatography	高效液相色谱
ICP-MS	inductively coupled plasma mass spectrometer	电感耦合等离子体质谱法
IgG	Immunoglobulin G	免疫球蛋白 G
INS	insulin	胰岛素
K^+	potassium ion	钾离子
KAN	kanamycin	卡那霉素
K-Apt	K-aptamer	钾离子适配体
L-Cys	L-cysteine	L-半胱氨酸
L-Gly	L-glycin	L-甘氨酸
L-His	L-histidine	L-组氨酸
LOD	limit of detection	检出限
LSPR	localized surface plasmon resonance	局域表面等离子体共振
MAB	molecular aptamer beacon	分子适配体信标
MDA	malondialdehyde	丙二醛
MeOH	methanol	甲醇
Mg^{2+}	magnesium	镁离子
MIPs	molecularly imprinted polymers	分子印迹聚合物
MoS_2	Molybdenum Disulfide	二硫化钼
MT_1	single-base-mismatched target DNA	单碱基错配目标 DNA
MT_2	two-base-mismatched target DNA	两个碱基错配目标 DNA

续表

缩写	英文全称	中文名称
MT_3	three-base-mismatched target DNA	三碱基错配目标 DNA
MWCNTs	multi-walled carbon nanotubes	多壁碳纳米管
NHS	*N*-hydroxysuccinimide	*N*-羟基琥珀酰亚胺酯
NOSt	NOS terminator gene sequences	NOS 基因序列
Nt	non-complementary target DNA	非互补目标 DNA
OTA	ochratoxin A	赭曲霉毒素 A
OTB	ochratoxin B	赭曲霉毒素 B
POD	peroxidase	过氧化物酶
PrPC	prion protein	朊病毒蛋白
PSA	prostate specific antigen	前列腺特异性抗原
（HNP）PtCu	hierarchical nanoporous (HNP) PtCu	分级纳米多孔合金
QDs	quantum dots	量子点
R-CDs	red emission carbon dots	红色发射碳点
rGOQDs	reduced graphene oxide quantum dots	还原性石墨烯量子点
ROS	reactive oxygen species	活性氧
SDM	sulfadimathoxine	磺胺二甲氧嘧啶
SDZ	sulfadiazine	磺胺嘧啶
SELEX	systematic evolution of ligands by exponential enrichment	指数富集的配体系统进化
SMM-FIA	small molecule microarray fluorescence immunoassay	小分子微阵列荧光免疫
SMO	sulfathiazole	磺胺噻唑
SMZ	sulfamethazine	磺胺二甲嘧啶
SOD	superoxide dismutase	超氧化物歧化酶
SPCEs	screen-printed carbon electrodes	丝网印刷碳电极
SPY	sulfapyridine	磺胺吡啶
SSB	single-stranded DNA-binding protein	单链 DNA 结合蛋白
ssDNA	single-stranded DNA	单链 DNA
ssDNA	single stranded capture DNA	单链捕获 DNA
SWCNTs-COOH	carboxylated single-walled carbon nanotubes	羧基化单壁碳纳米管

续表

缩写	英文全称	中文名称
T	thymine	胸腺嘧啶
TAMRA	6-carboxytetramethylrhodamine	6-羧基四甲基罗丹明
TEM	transmission electron microscopy	透射电子显微镜
TET	tetracycline	四环素
UA	uric acid	尿酸
UCNPs	upconversion nanoparticles	上转换纳米颗粒
UCNPs@MIP	molecular imprinting method based on upconverting nanoparticles	上转换纳米粒子分子印迹法
WGCNA	weighted gene co-expression network analysis	加权基因共表达网络分析
ZEN	zearalenone	玉米赤霉烯酮

附录 2

通路/代谢物编码对照表

编码	中文解析
ko00010	糖酵解 / 糖异生
ko00020	柠檬酸循环（三羧酸循环）
ko00030	戊糖磷酸途径
ko00040	戊糖和葡糖醛酸相互转化
ko00051	果糖和甘露糖代谢
ko00053	抗坏血酸和醛糖酸代谢
ko00061	脂肪酸生物合成
ko00062	脂肪酸延长
ko00071	脂肪酸降解
ko00073	角质、木栓质和蜡生物合成
ko00100	类固醇生物合成
ko00130	泛醌和其他萜类-醌生物合成
ko00190	氧化磷酸化
ko00195	光合作用
ko00196	光合作用-天线蛋白
ko00220	精氨酸生物合成
ko00230	嘌呤代谢
ko00240	嘧啶代谢
ko00250	丙氨酸、天冬氨酸和谷氨酸代谢
ko00260	甘氨酸、丝氨酸和苏氨酸代谢

续表

编码	中文解析
ko00261	单环 β-内酰胺生物合成
ko00270	半胱氨酸和蛋氨酸代谢
ko00280	缬氨酸、亮氨酸和异亮氨酸降解
ko00300	赖氨酸生物合成
ko00310	赖氨酸降解
ko00330	精氨酸和脯氨酸代谢
ko00332	碳青霉烯生物合成
ko00340	组氨酸代谢
ko00350	酪氨酸代谢
ko00360	苯丙氨酸代谢
ko00380	色氨酸代谢
ko00400	苯丙氨酸、酪氨酸和色氨酸生物合成
ko00402	苯并噁嗪类生物合成
ko00405	吩嗪生物合成
ko00410	β-丙氨酸代谢
ko00430	牛磺酸和亚牛磺酸代谢
ko00450	硒化合物代谢
ko00460	氰基氨基酸代谢
ko00480	谷胱甘肽代谢
ko00500	淀粉和蔗糖代谢
ko00511	其他聚糖降解
ko00520	氨基糖和核苷酸糖代谢
ko00524	新霉素、卡那霉素和庆大霉素生物合成
ko00543	胞外多糖生物合成
ko00561	甘油酯代谢
ko00564	甘油磷脂代谢
ko00565	醚脂代谢

续表

编码	中文解析
ko00591	亚油酸代谢
ko00592	α-亚麻酸代谢
ko00600	鞘脂代谢
ko00620	丙酮酸代谢
ko00627	氨基苯甲酸降解
ko00630	乙醛酸和二羧酸代谢
ko00643	苯乙烯降解
ko00650	丁酸代谢
ko00660	C_5-支链二元酸代谢
ko00670	叶酸介导的一碳单位池
ko00680	甲烷代谢
ko00710	光合生物的碳固定过程
ko00730	硫胺素代谢
ko00740	核黄素代谢
ko00770	泛酸和辅酶 A 生物合成
ko00780	生物素代谢
ko00785	硫辛酸代谢
ko00790	叶酸生物合成
ko00860	卟啉代谢
ko00900	萜类骨架生物合成
ko00901	吲哚生物碱生物合成
ko00902	单萜生物合成
ko00904	二萜生物合成
ko00905	油菜素甾醇生物合成
ko00906	类胡萝卜素生物合成
ko00908	玉米素生物合成
ko00910	氮代谢

续表

编码	中文解析
ko00920	硫代谢
ko00940	苯丙烷类生物合成
ko00941	类黄酮生物合成
ko00942	花青素生物合成
ko00943	异黄酮生物合成
ko00944	黄酮和黄酮醇生物合成
ko00945	二苯乙烯类、二芳基庚烷类和姜酚生物合成
ko00946	类黄酮降解
ko00950	异喹啉生物碱生物合成
ko00960	托烷、哌啶和吡啶生物碱生物合成
ko00965	甜菜红素生物合成
ko00966	硫代葡萄糖苷生物合成
ko00970	氨酰-tRNA 生物合成
ko00980	细胞色素 P450 介导的异生物质代谢
ko00982	药物代谢-细胞色素 P450
ko00999	多种植物次生代谢物生物合成
ko01040	不饱和脂肪酸生物合成
ko01051	安莎霉素生物合成
ko01100	代谢途径
ko01200	碳代谢
ko01210	2-氧羧酸代谢
ko01230	氨基酸生物合成
ko01232	核苷酸代谢
ko01240	辅因子生物合成
ko01250	核苷酸糖生物合成
ko02010	ABC 转运蛋白
ko02024	群体感应

续表

编码	中文解析
ko02026	生物膜形成-大肠杆菌
ko03008	真核生物核糖体生物发生
ko03010	核糖体
ko03018	RNA 降解
ko03030	DNA 复制
ko03040	剪接体
ko03050	蛋白酶体
ko03060	蛋白质输出
ko03070	细菌分泌系统
ko03250	病毒生命周期-HIV-1
ko03430	错配修复
ko03460	范科尼贫血通路
ko04010	MAPK 信号通路
ko04011	MAPK 信号通路-酵母
ko04016	MAPK 信号通路-植物
ko04064	NF-κB 信号通路
ko04066	HIF-1 信号通路
ko04068	FoxO 信号通路
ko04070	磷脂酰肌醇信号系统
ko04072	磷脂酶 D 信号通路
ko04075	植物激素信号转导
ko04111	细胞周期-酵母
ko04120	泛素介导的蛋白水解
ko04130	囊泡运输中的 SNARE 相互作用
ko04137	线粒体自噬-动物
ko04141	内质网中的蛋白质加工
ko04144	内吞作用

续表

编码	中文解析
ko04145	吞噬体
ko04146	过氧化物酶体
ko04148	胞葬作用
ko04152	AMPK 信号通路
ko04212	长寿调节通路-线虫
ko04213	长寿调节通路-多物种
ko04340	Hedgehog 信号通路
ko04390	Hippo 信号通路
ko04391	Hippo 信号通路-果蝇
ko04392	Hippo 信号通路-多物种
ko04612	抗原加工与提呈
ko04620	Toll 样受体信号通路
ko04621	NOD 样受体信号通路
ko04624	Toll 和 Imd 信号通路
ko04626	植物-病原体相互作用
ko04710	昼夜节律
ko04711	昼夜节律-果蝇
ko04712	昼夜节律-植物
ko04714	产热作用
ko04721	突触囊泡循环
ko04722	神经营养因子信号通路
ko04911	胰岛素分泌
ko04918	甲状腺激素合成
ko04964	近端小管碳酸氢盐重吸收
ko04966	集合管酸分泌
GO:0000324	真菌型液泡
GO:0009507	叶绿体

续表

编码	中文解析
GO:0030447	丝状生长
GO:0030687	核糖体大亚基前体
GO:0044429	线粒体部分
GO:0071852	真菌型细胞壁组成或生物合成
GO:0090567	生殖枝系统发育
GO:0000322	储存液泡
GO:0002181	胞质翻译
GO:0003735	核糖体结构成分
GO:0005618	细胞壁
GO:0005739	线粒体
GO:0005840	核糖体
GO:0005911	细胞间连接
GO:0009277	真菌型细胞壁
GO:0009505	植物型细胞壁
GO:0009506	胞间连丝
GO:0009507	叶绿体
GO:0009526	质体被膜
GO:0009532	质体基质
GO:0009534	叶绿体类囊体
GO:0009535	叶绿体类囊体膜
GO:0009536	质体
GO:0009570	叶绿体基质
GO:0009579	类囊体
GO:0009908	花发育
GO:0009941	叶绿体被膜
GO:0010494	胞质应激颗粒
GO:0015934	核糖体大亚基

续表

编码	中文解析
GO:0016491	氧化还原酶活性
GO:0022613	核糖核蛋白复合体生物合成
GO:0022625	胞质核糖体大亚基
GO:0022626	胞质核糖体
GO:0022627	胞质核糖体小亚基
GO:0030312	外部包被结构
GO:0030684	核糖体前体，细胞组分
GO:0031976	质体类囊体
GO:0034357	光合膜
GO:0042254	核糖体生物合成
GO:0042651	类囊体膜
GO:0043934	孢子形成
GO:0044391	核糖体亚基
GO:0044429	线粒体部分
GO:0044434	叶绿体部分
GO:0044435	质体部分
GO:0044436	类囊体部分
GO:0044445	胞质部分
GO:0045229	外部包被结构组成
GO:0048046	质外体
GO:0048367	枝系统发育
GO:0048827	叶性器官发育
GO:0055035	质体类囊体膜
GO:0055044	共质体
GO:0055114	氧化还原过程
GO:0071554	细胞壁组成或生物合成
GO:0090567	生殖枝系统发育

续表

编码	中文解析
GO:0098798	线粒体蛋白复合体
GO:0099402	植物器官发育
GO:1990904	核糖核蛋白复合体
MW0137651	黄酮母核 +3 位氧取代，1 个甲氧基，氧-己糖醛酸-阿魏酰基己糖醛酸
MADN0517	硫异烟酰胺
MEDN0835	D-葡糖醛酸-6,3-内酯
MEDN1106	黄烷酮
MEDP1005	*β*-丙氨酸
MEDP1084	十二烷基肉碱
MEDP1442	*O*-丁酰基肉碱
MEDP1674	缬氨酸-缬氨酸-缬氨酸
MEDP2121	正十五胺
MEDTP01228	茵芋碱
MW0000521	里托德里纳
MW0005077	4-羟基-5-(4-羟基-3-甲氧基苯基)戊酸
MW0007578	三聚氰胺;1,3,5-三嗪-2,4,6-三胺
MW0008146	*N*-(3-氨基丙基)-3-(3,4-二羟苯基）丙氨酸
MW0011145	(3b,16a,20*R*)-3,16,20,22,25-五羟基-5-葫芦烯-11-酮 3-[葡萄糖基-(1→6)-葡萄糖苷]
MW0011326	NCGC00180415-03_$C_{30}H_{46}O_6$_(3*β*,5*ξ*,9*ξ*,18*ξ*)-3,19-二羟基-熊-12-烯-24,28-二酸
MW0011719	岩白菜素 C
MW0012196	12,15-顺式-鳞叶鬼臼素 A
MW0013074	2,2-二甲基丁酸
MW0049118	环西番莲苷Ⅶ
MW0049253	(2*R*-3-癸酰氧基-2-羟丙基)十五烷酸酯
MW0050206	1-亚油酰基-3-二十二碳六烯酰基-sn-甘油
MW0053418	灵芝酸 F
MW0061362	磷脂酰甘油 [16:0/20:3 (5*Z*,8*Z*,11*Z*)]

续表

编码	中文解析
MW0063324	网织氨酚
MW0103096	竹节参皂苷 R14
MW0103915	3-异丙基-6-甲基-2,5-二氧代哌嗪
MW0105387	7-羟基辛酸
MW0110194	酪氨酸-精氨酸-精氨酸
MW0117359	1-(2-氨基乙基)-苯并咪唑
MW0120654	5-*O*-甲基维斯阿米醇苷
MW0120792	5-(噻吩-2-基)异噁唑-3-羧酸
MW0120904	5-(2-硝基亚苄基)嘧啶-2,4,6 (1*H*,3*H*,5*H*)-三酮
MW0125634	*N*-烯丙基-*N*'-(4*H*-1,2,4-三唑-3-基)硫脲
MW0127906	(2*E*)-2-氰基-3-(4-乙氧基-3-甲氧基苯基)-*N*-(呋喃-2-基甲基)丙-2-烯酰胺
MW0129214	{3-[5-羟基-8-(2-羟基丙-2-基)-2-氧代-2*H*,8*H*,9*H*-呋喃并[2,3-*h*]苯并吡喃-4-基]丙氧基}磺酸
MW0129290	{4-[2,3-二氧代-3-(2,4,6-三羟基-3-甲氧基苯基)丙基]-2-羟基-6-甲氧基苯基}氧磺酸
MW0130597	2-{[(2*E*)-3-(3,4-二羟基苯基)丙-2-烯酰基]氧}-3-[4-羟基-3-(磺氧基)苯基]丙酸
MW0132885	3-[2,4-二羟基-3-(3-甲基丁-2-烯-1-基）苯基]-1-(3,4-二羟基苯基)丙-1-酮
MW0137404	阿里拉糖 B
MW0137651	6′-*O*-阿魏酰蔗糖
MW0139667	五味子素
MW0140607	(*R*)-茚地酮 A
MW0142356	2-己异戊烯基-6-羟基苯酚；3-己异戊烯基儿茶酚
MW0143289	4-肉桂酰-Mussatioside
MW0144442	木通皂苷 Ste
MW0144995	*α*-利巴唑；*N*1-(*α*-D-核糖基)-5,6-二甲基苯并咪唑
MW0145474	精氨酸-苯丙氨酸-缬氨酸-天冬氨酸
MW0145565	精氨酸-缬氨酸-异亮氨酸-色氨酸-甘氨酸
MW0155333	苯丙氨酸-丝氨酸-亮氨酸-苯丙氨酸-天冬氨酸
MW0158533	酪氨酸-赖氨酸-精氨酸-谷氨酸

续表

编码	中文解析
MW0158715	甲基酪氨酸-色氨酸-羟基
MW0164126	乳环肽 5′-磷酸(3-)
MW0166168	前苯二甲酸 A
MW0168281	1,2-二油酰基-sn-甘油-3-磷酸酯
pmp001276	1-亚麻酰单甘油酯-二葡萄糖苷
ZINC13378062	1,6-双(4-羟基苄基)-4-甲氧基-9,10-二氢菲-2,7-二醇
ZINC40867307	*N*-异丁酰黄杨胺酸
ZINC85647830	5-表-迪奥斯海绵素 A